U0358728

全国科学技术名词审定委员会

公　布

科学技术名词·工程技术卷（全藏版）

3

# 船 舶 工 程 名 词

## CHINESE TERMS IN SHIP ENGINEERING

船舶工程名词审定委员会

国家自然科学基金资助项目
中国船舶工业总公司资助项目

科 学 出 版 社

北 京

# 内 容 简 介

　　本书是全国科学技术名词审定委员会审定公布的船舶工程名词，内容包括：船舶种类及船舶检验规范、国际公约和证书；船舶总体；船舶性能及其试验；船体结构、强度及振动；船舶舾装；船舶机械；船舶电气；船舶通信、导航；专用船特有设备；船舶防污染；船舶腐蚀与防护；船舶工艺；海洋油气开发工程设施与设备等 13 大类，共 3 606 条。本书对每条词都给出了定义或注释。这些名词是科研、教学、生产、经营以及新闻出版等部门使用的船舶工程规范名词。

**图书在版编目（CIP）数据**

　　科学技术名词. 工程技术卷：全藏版 / 全国科学技术名词审定委员会审定.
—北京：科学出版社，2016.01
　　ISBN 978-7-03-046873-4

　　I. ①科…　II. ①全…　III. ①科学技术–名词术语　②工程技术–名词术语
IV. ①N-61 ②TB-61

　　中国版本图书馆 CIP 数据核字（2015）第 307218 号

责任编辑：李玉英 / 责任校对：陈玉凤
责任印制：张　伟 / 封面设计：铭轩堂

**科 学 出 版 社** 出版
北京东黄城根北街 16 号
邮政编码：100717
http://www.sciencep.com
北京厚诚则铭印刷科技有限公司印刷
科学出版社发行　各地新华书店经销
*
2016 年 1 月第　一　版　　开本：787×1092 1/16
2016 年 1 月第一次印刷　　印张：16
字数：359 000
**定价：7800.00 元（全 44 册）**
（如有印装质量问题，我社负责调换）

# 全国科学技术名词审定委员会
# 第三届委员会委员名单

特邀顾问： 吴阶平　　　钱伟长　　　朱光亚

主　　任： 卢嘉锡

副主任： 路甬祥　　　许嘉璐　　　章　综　　　林　泉　　　黄　黔

　　　　　马　阳　　　孙　枢　　　于永湛　　　张振东　　　丁其东

　　　　　汪继祥　　　潘书祥

委　　员 （以下按姓氏笔画为序）：

| | | | | |
|---|---|---|---|---|
| 马大猷 | 王　爨 | 王大珩 | 王之烈 | 王亚辉 |
| 王树岐 | 王绵之 | 王窝骧 | 方鹤春 | 卢良恕 |
| 叶笃正 | 吉木彦 | 师昌绪 | 朱照宣 | 仲增墉 |
| 华茂昆 | 刘天泉 | 刘瑞玉 | 米吉提·扎克尔 | |
| 祁国荣 | 孙家栋 | 孙儒泳 | 李正理 | 李廷杰 |
| 李行健 | 李　竞 | 李星学 | 李焯芬 | 肖培根 |
| 杨　凯 | 吴凤鸣 | 吴传钧 | 吴希曾 | 吴钟灵 |
| 吴鸿适 | 沈国舫 | 宋大祥 | 张　伟 | 张光斗 |
| 张钦楠 | 陆建勋 | 陆燕荪 | 陈运泰 | 陈芳允 |
| 范维唐 | 周　昌 | 周明煜 | 周定国 | 罗钰如 |
| 季文美 | 郑光迪 | 赵凯华 | 侯祥麟 | 姚世全 |
| 姚贤良 | 姚福生 | 夏　铸 | 顾红雅 | 钱临照 |
| 徐　僖 | 徐士珩 | 徐乾清 | 翁心植 | 席泽宗 |
| 谈家桢 | 黄昭厚 | 康景利 | 章　申 | 梁晓天 |
| 董　琨 | 韩济生 | 程光胜 | 程裕淇 | 鲁绍曾 |
| 曾呈奎 | 蓝　天 | 褚善元 | 管连荣 | 薛永兴 |

# 船舶工程名词审定委员会委员名单

# 船舶工程名词编制委员会委员名单

# 序

　　科技名词术语是科学概念的语言符号。人类在推动科学技术向前发展的历史长河中,同时产生和发展了各种科技名词术语,作为思想和认识交流的工具,进而推动科学技术的发展。

　　我国是一个历史悠久的文明古国,在科技史上谱写过光辉篇章。中国科技名词术语,以汉语为主导,经过了几千年的演化和发展,在语言形式和结构上体现了我国语言文字的特点和规律,简明扼要,蓄意深切。我国古代的科学著作,如已被译为英、德、法、俄、日等文字的《本草纲目》、《天工开物》等,包含大量科技名词术语。从元、明以后,开始翻译西方科技著作,创译了大批科技名词术语,为传播科学知识,发展我国的科学技术起到了积极作用。

　　统一科技名词术语是一个国家发展科学技术所必须具备的基础条件之一。世界经济发达国家都十分关心和重视科技名词术语的统一。我国早在1909年就成立了科技名词编订馆,后又于1919年中国科学社成立了科学名词审定委员会,1928年大学院成立了译名统一委员会。1932年成立了国立编译馆,在当时教育部主持下先后拟订和审查了各学科的名词草案。

　　新中国成立后,国家决定在政务院文化教育委员会下,设立学术名词统一工作委员会,郭沫若任主任委员。委员会分设自然科学、社会科学、医药卫生、艺术科学和时事名词五大组,聘任了各专业著名科学家、专家,审定和出版了一批科学名词,为新中国成立后的科学技术的交流和发展起到了重要作用。后来,由于历史的原因,这一重要工作陷于停顿。

　　当今,世界科学技术迅速发展,新学科、新概念、新理论、新方法不断涌现,相应地出现了大批新的科技名词术语。统一科技名词术语,对科学知识的传播,新学科的开拓,新理论的建立,国内外科技交流,学科和行业之间的沟通,科技成果的推广、应用和生产技术的发展,科技图书文献的编纂、出版和检索,科技情报的传递等方面,都是不可缺少的。特别是计算机技术的推广使用,对统一科技名词术语提出了更紧迫的要求。

　　为适应这种新形势的需要,经国务院批准,1985年4月正式成立了全国自然科学名词审定委员会。委员会的任务是确定工作方针,拟定科技名词术语审定工作计划、实施方案和步骤,组织审定自然科学各学科名词术语,并予以公布。根据国务院授权,委员会审定公布的名词术语,科研、教学、生产、经营以及新闻出版等各部门,均应遵照使用。

全国自然科学名词审定委员会由中国科学院、国家科学技术委员会、国家教育委员会、中国科学技术协会、国家技术监督局、国家新闻出版署、国家自然科学基金委员会分别委派了正、副主任担任领导工作。在中国科协各专业学会密切配合下,逐步建立各专业审定分委员会,并已建立起一支由各学科著名专家、学者组成的近千人的审定队伍,负责审定本学科的名词术语。我国的名词审定工作进入了一个新的阶段。

这次名词术语审定工作是对科学概念进行汉语订名,同时附以相应的英文名称,既有我国语言特色,又方便国内外科技交流。通过实践,初步摸索了具有我国特色的科技名词术语审定的原则与方法,以及名词术语的学科分类、相关概念等问题,并开始探讨当代术语学的理论和方法,以期逐步建立起符合我国语言规律的自然科学名词术语体系。

统一我国的科技名词术语,是一项繁重的任务,它既是一项专业性很强的学术性工作,又涉及到亿万人使用习惯的问题。审定工作中我们要认真处理好科学性、系统性和通俗性之间的关系;主科与副科间的关系;学科间交叉名词术语的协调一致;专家集中审定与广泛听取意见等问题。

汉语是世界五分之一人口使用的语言,也是联合国的工作语言之一。除我国外,世界上还有一些国家和地区使用汉语,或使用与汉语关系密切的语言。做好我国的科技名词术语统一工作,为今后对外科技交流创造了更好的条件,使我炎黄子孙,在世界科技进步中发挥更大的作用,作出重要的贡献。

统一我国科技名词术语需要较长的时间和过程,随着科学技术的不断发展,科技名词术语的审定工作,需要不断地发展、补充和完善。我们将本着实事求是的原则,严谨的科学态度作好审定工作,成熟一批公布一批,提供各界使用。我们特别希望得到科技界、教育界、经济界、文化界、新闻出版界等各方面同志的关心、支持和帮助,共同为早日实现我国科技名词术语的统一和规范化而努力。

全国自然科学名词审定委员会主任

钱 三 强

1990 年 2 月

# 前　　言

为适应船舶工程科学技术的发展,进一步规范船舶工程科技名词的概念表述,受全国科学技术名词审定委员会(原称全国自然科学名词审定委员会,以下简称全国名词委)委托,中国造船工程学会于 1992 年 4 月在北京成立了船舶工程名词审定委员会和船舶工程名词编制委员会,负责对船舶工程领域内的科技概念的汉语命名进行审定。

根据全国名词委的"科学技术名词的审定原则及方法",船舶工程名词审定委员会考虑到船舶工程领域的实际情况及工程名词审定工作的特殊性,制定了"船舶工程名词编审细则"、"船舶工程名词词条编写要求"等文件,对船舶工程名词审定的选词、命名、定义方法、编排等作出了规定。

1992 年 7 月船舶工程名词编制委员会在广泛调研的基础上完成了船舶工程名词词目稿,提出词目 5 000 余条。1992 年 8 月船舶工程名词编制委员会召开第二次工作会议,对词目草案进行了协调、筛选,初步确定了 3 600 余条词目。其后,船舶工程名词编制委员会在经过认真分析研究和参阅大量相关资料的基础上,对确定的中文词条及其外文对应词作了进一步的修改,完成了定义的撰写,并于 1993 年 5 月完成了船舶工程名词征求意见一稿,6 月在全国范围内征求意见。1993 年 8 月船舶工程名词编制委员会召开了第三次工作会议,对征求意见一稿反馈意见进行了研讨和集中处理,11 月完成了船舶工程名词征求意见二稿,12 月再一次在全国范围内征求意见。1994 年 6 月船舶工程名词编制委员会召开了第四次工作会议,部分审定委员会委员和特邀的船舶工程界老专家出席了本次会议。会上对征求意见二稿反馈意见处理结果向与会代表做了汇报,对有关重要修改建议的处理结果予以说明,对征求意见二稿中的名词、定义、英文对应词等作了进一步修改、补充,并于 1994 年 6 月完成了船舶工程名词送审稿。1995 年 4 月下旬,船舶工程名词审定委员会在北京召开了船舶工程名词终审会,对船舶工程名词编制委员会提交的船舶工程名词送审稿进行了审查。1995 年 11 月至 1996 年 7 月间杨槱、袁随善、何志刚、许学彦、顾宏中、蔡颐等先生受全国名词委的委托,对上报的船舶工程名词进行了认真复审,所提出的意见经船舶工程名词审定委员会研究和讨论,对上报稿又进行了修改,于1997 年 1 月完成了本批船舶工程专业基本名词的审定工作。并报请全国名词委审批公布。

本次公布的船舶工程名词是船舶工程领域经常使用的专业基本词,共 3 606 条,划分为 13 部分。根据全国名词委的要求并结合船舶工业的实际情况,本次公布的船舶工程名词除中文名词及其对应的英文词外,对每一中文名词均附以定义或注释,以便更确切地规范其概念。由于目前船舶行业术语标准已形成一个比较完整的体系,因此船舶工程名词主要以现行有效的术语国家标准、国家军用标准、行业标准及有关国际标准和规范为参考资料,以求两者的协调一致,并从学科体系完整角度考虑,对词条作必要的补充。

在四年多的审定过程中,船舶工程界及相关学科的专家、学者给予了积极的帮助和热忱的支持,提出了许多有益的意见和建议。中国船舶工业总公司对这项工作在经费上给予了主要的支持,中国船舶工业总公司综合技术经济研究院自始至终承担了审定的组织、协调、汇总及草案的印制等工作,保障了审定工作的顺利完成。本委员会在此一并表示衷心地感谢。我们希望各界人士在使用过程中提出宝贵意见,使之渐臻完善。

船舶工程名词审定委员会

1997 年 2 月

# 编 排 说 明

一、本批公布的是船舶工程基本名词。

二、全书分为船舶种类及船舶检验规范、国际公约和证书;船舶总体;船舶性能及其试验;船体结构、强度及振动;船舶舾装;船舶机械;船舶电气;船舶通信、导航;专用船特有设备;船舶防污染;船舶腐蚀与防护;船舶工艺;海洋油气开发工程设施与设备等13大类。

三、正文按汉文名词所属学科的相关概念体系排列,汉文名后给出了与该词概念对应的英文名。

四、每个汉文名都附有相应的定义或注释。当一个汉文名有两个不同的概念时,则用"(1)"、"(2)"分开。

五、一个汉文名词对应几个英文同义词时,一般将最常用的放在前面,并用","分开。

六、凡英文词的首字母大、小写均可时,一律小写。

七、"[ ]"中的字为可省略的部分。

八、主要异名和释文中的条目用楷体表示,"又称"、"简称"、"俗称"可继续使用;"曾称"为被淘汰的旧名。

九、正文后所附的英文索引按英文字母顺序排列;汉文索引按汉语拼音顺序排列。所示号码为该词在正文中的序码。索引中带"＊"者为规范名的异名和在释文中的条目。

# 目　　录

# 01. 船舶种类及船舶检验规范、国际公约和证书

**01.001 船舶工程** ship engineering, maritime engineering
船舶和海上构造物设计、建造、维修的理论研究和工程技术的总称。

**01.002 船[舶]** ship, vessel
用于交通、运输、捕捞水生物、开发海底矿藏、港湾服务、运动游览、科学调查及测量、工程作业、救险、国防军事等水上、水面及水下各种运载工具的统称。

**01.003 艇** boat, craft
指小型船。但潜艇不论其排水量大小均称艇。

**01.004 筏** raft
用竹、木材、皮、橡胶或塑料等,经简单连接或充气组成的简易、轻便水面运载、作业或救生工具。

**01.005 舰艇** naval ship, warship
又称"军舰"。执行作战和军事辅助任务的各类军事用船的统称。包括战斗舰艇和辅助舰船。习惯上排水量在 500t 以上者称舰,排水量在 500t 以下者称艇。

**01.006 战斗舰艇** combatant ship, combat ship
具有直接作战能力的各种舰艇的统称。

**01.007 水面战斗舰艇** surface combat ship
活动在水面上的各种战斗舰艇的统称。

**01.008 航空母舰** aircraft carrier
以舰载机为主要武器并作为其海上活动基地的大型水面战斗舰艇。

**01.009 巡洋舰** cruiser
主要用于远洋作战,具有较强独立作战能力和指挥职能的大型水面战斗舰艇。

**01.010 驱逐舰** destroyer
一般指装备多种武器,以中远海作战为主的水面战斗舰艇。

**01.011 护卫舰** frigate
以护航、反潜或警戒巡逻为主要任务的水面战斗舰艇。

**01.012 护卫艇** coastal escort, gun boat
又称"炮艇"。在基地海域执行护卫、警戒巡逻任务的小型水面战斗舰艇。

**01.013 猎潜艇** submarine chaser
在基地海域用以搜索和攻击敌潜艇的小型水面战斗舰艇。

**01.014 导弹快艇** guided missile boat, fast attack craft, FAC
在近海以舰对舰导弹为主要武器的小型高速水面战斗舰艇。

**01.015 鱼雷快艇** torpedo boat, fast attack craft, FAC
在近海以鱼雷为主要武器的小型高速水面战斗舰艇。

**01.016 破雷舰** special minesweeper
又称"雷区突破舰"。利用舰体碰撞或本身产生的水压场或特种设备产生的强大磁场和噪声场诱发水雷引信起爆的舰艇。

**01.017 扫雷舰艇** minesweeper
使用探测设备和扫雷具来发现和排除水雷

的舰艇。包括扫雷舰和扫雷艇。

**01.018 猎雷舰艇** minehunter
能搜索、测定水雷位置并予以排除的舰艇。
包括猎雷舰和猎雷艇。

**01.019 布雷舰艇** minelayer
专门用于布设水雷的舰艇。包括布雷舰和
布雷艇。

**01.020 登陆战舰艇** amphibious warfare
　　　　　ships and crafts
又称"两栖战舰艇"。专门用于登陆作战的
各种舰艇的统称。

**01.021 登陆舰** landing ship
能运送登陆部队、坦克、车辆及火炮等武器
装备远洋航行,并在敌岸滩头直接登陆的中
型舰艇。

**01.022 登陆艇** landing craft
运送登陆先遣部队和武器装备作近距离航
行,并在敌岸滩头阵地抢滩登陆的艇。

**01.023 潜[水]艇** submarine
主要在水下也可在水面执行作战任务的舰
艇。

**01.024 常规潜艇** conventional submarine
以柴油机－电机、蓄电池或不依靠外来空气
的动力装置(AIP)等为推进动力源的潜艇。

**01.025 核潜艇** nuclear submarine
以核能为推进动力源的潜艇。

**01.026 辅助舰船** auxiliary ship
又称"军辅船","勤务舰船"。执行海上战斗
保障、技术保障和后勤保障任务而不直接参
加对敌作战的各种舰艇的统称。

**01.027 航行补给船** underway replenish-
　　　　　ment ship
在航行状态下,利用专门的补给装置和(或)
舰载直升机等为水面战斗舰艇补给各种消

耗品的辅助舰船。

**01.028 供应船** tender, supply ship, supply
　　　　　vessel
为军、民船舶或近海设施提供维修勤务或供
应物资、器材的船。

**01.029 侦察船** scout ship
通过技术侦察获取军事情报的辅助舰船。

**01.030 靶船** target craft
专供舰艇、飞机、岸炮及陆上导弹等实弹射
击或捕捉海上目标等训练用的辅助舰船。

**01.031 消磁船** degaussing ship
为舰艇检查并消减舰艇自身固定磁性的辅
助舰船。

**01.032 导弹卫星跟踪测量船** missile range
　　　　　instrumentation ship, instrumented
　　　　　tracking and telemetry ship
又称"航天综合测量船"。在海上对洲际导
弹、人造卫星和宇宙飞船等实施跟踪、遥测、
通信、指挥及控制等任务的辅助舰船。

**01.033 医院船** hospital ship
专门用于对伤病员及海上遇险者进行海上
救护、治疗和运送的辅助舰船。

**01.034 防险救生船** rescue ship
用于援救打捞失事舰艇、飞机、落水人员的
辅助舰船。

**01.035 试验船** research ship
专门用于对新式武器、舰载设备进行试验研
究的辅助舰船。

**01.036 修理船** repair ship
为舰艇和舰载机提供修理勤务的辅助舰船。

**01.037 训练船** training ship
又称"实习船"。用于训练海军院校学员或
船员的船。

**01.038 捞雷船** torpedo recovery ship

专门在海上打捞回收操演用鱼雷及训练用水雷的辅助舰船。

**01.039 商船** merchant ship, commercial ship
从事商务活动的船舶的统称。

**01.040 运输船** transport ship
专门从事运载业务的船舶的统称。

**01.041 客船** passenger ship
专门运送旅客的船舶。

**01.042 客货船** passenger-cargo ship
同时运载旅客和货物的船舶。

**01.043 旅游船** excursion vessel, tourist ship, pleasure trip ship, recreation ship
又称"游览船"。供旅游者旅行游览用的船。

**01.044 货船** cargo ship, freighter, cargo carrier
运载货物的船舶的统称。

**01.045 干货船** dry cargo ship
以运载干燥货物为主,也可装运成桶液货的货船。

**01.046 杂货船** general cargo ship
又称"统货船"。以运载成包、成捆、成桶等杂件货为主,也可装运某些散装货的干货船。

**01.047 多用途货船** multipurpose cargo ship, general purpose ship
可运载集装箱、木材、矿砂、谷物或其他杂货等多种货物的干货船。

**01.048 散货船** bulk carrier, bulk cargo ship
专运散装货的干货船。

**01.049 运煤船** coal carrier
专运煤炭的散货船。

**01.050 矿砂船** ore carrier
专运矿砂的散货船。

**01.051 矿油船** ore/oil carrier
运载矿砂和原油的货船。

**01.052 油散矿船** ore/bulk/oil carrier, OBO
运载矿砂、散货或原油的货船。

**01.053 运木船** timber carrier, log carrier
专运原木和材木的货船。

**01.054 液货船** tanker, liquid cargo ship
用于运载散装液态货物的货船的统称。

**01.055 油船** oil tanker, oil carrier
运载散装石油类货物的液货船。

**01.056 原油油船** crude oil tanker
运载原油的油船。

**01.057 成品油船** product carrier
以运载除原油外的各种石油产品为主的油船。

**01.058 液化天然气船** liquified natural gas carrier, LNG
运载散装液化天然气的液货船。

**01.059 液化石油气船** liquified petroleum gas carrier, LPG
运载液化石油气的液货船。可以是散装也可以用罐装。

**01.060 化学品船** chemical tanker, chemical carrier
运载液态化学物质的液货船。

**01.061 冷藏船** refrigerator ship, refrigerated [cargo] carrier
专运要求保鲜的鱼、肉、水果、蔬菜等时鲜易腐货物的货船。

**01.062 集装箱船** container ship

运输货物集装箱的货船。

**01.063 滚装船** roll on-roll off ship, Ro-Ro ship, drive on-drive off ship
运载装货车辆或以滚动方式在水平方向装卸集装箱的货船。

**01.064 运畜船** cattle carrier
专门运载牲畜的货船。

**01.065 载驳船** barge carrier, lighter aboard ship
专运货驳的船。

**01.066 渡船** ferry
往返于内河或海峡两岸或在湖泊、水库或岛屿间从事短途渡运旅客、货物、行李和车辆的船。

**01.067 驳船** barge, lighter
本身无动力或只设简单的推进装置,依靠拖船或推船带动的或由载驳船运输的平底船。

**01.068 工程船** working ship, work ship
按不同工程技术作业的要求,装备各种相应的专用设备从事水面、水下各种工程技术作业的船舶的统称。

**01.069 海洋调查船** oceanographic research ship
各种专门从事海洋科学调查研究的船舶的统称。

**01.070 挖泥船** dredger
借机械或流体动力的挖泥设备,挖取、提升和输送水下地表层的泥土、沙、石块和珊瑚礁等沉积物的船。

**01.071 起重船** floating crane, crane barge
又称"浮吊"。甲板上装有起重设备,专供水上作业起吊重物用的船。

**01.072 打桩船** floating pile driver, pile driving barge
在甲板端部或中部设有打桩或压桩设备,用于水上工程打桩的船。

**01.073 打捞船** salvage ship
用于打捞水下沉船、沉物的船。

**01.074 航标船** buoy tender
又称"布标船"。设有起放航标的起重机和绞盘等设备,在航道与其附近的暗礁、浅滩、岩石处进行航标布设、巡检、补给、修理、维护作业的船。

**01.075 布缆船** cable layer
又称"电缆布设船"。设有布缆机等专用设备,在海上布设和维修水底电缆的船。

**01.076 [水道]测量船** survey ship, hydrographical ship
专门从事勘测航道、河床、海底地貌;测定水深、水质与水流情况的船。

**01.077 破冰船** icebreaker, icebreaking ship
借船体重力和动能或其他方法破碎冰层,为其他船舶通过冰区开辟航道的船。

**01.078 渔政船** fishery administration ship
执行渔政管理任务,具有执法性质的船。

**01.079 渔船** fishing vessel
捕捞鱼类、鲸类、海豹、海象或其他海洋生物的船。

**01.080 捕鲸船** whaler
专门猎捕鲸类的渔船。

**01.081 捕鲸母船** whale factory ship
主要用于对捕鲸船捕获的鲸类进行加工的船。

**01.082 渔业基地船** fishing depot ship
起渔业基地作用的各种生产性辅助船舶的统称。

**01.083 拖船** tug, tugboat, tow boat, towing vessel

设有拖曳设备,专用于在水上拖曳船舶或其他浮体的船。

**01.084　[顶]推船**　pusher, push boat
艏部装有顶推联结装置,供顶推与其配套的驳船用的船。

**01.085　港务船**　harbor craft
各种专门从事港务工作的船舶的统称。

**01.086　农用船**　agricultural vessel
各种农业用船的统称。

**01.087　浮油回收船**　oil skimmer, oil recovery ship
装有浮油捕集器,用以拦截、回收和处理海面浮油的船。

**01.088　趸船**　pontoon
平底长方形的非自航船。最常见的是供停靠船舶、上下旅客、装卸货物用的系泊于岸边的浮码头。

**01.089　游艇**　pleasure craft, yacht, refreshment boat
专供游览或水上运动用的小艇。

**01.090　工作艇**　jolly boat, work boat
设置在大船上,进行各种水上杂务工作的小艇。

**01.091　消防船**　firefighting ship
用于扑灭船舶或港口岸边火灾的船。

**01.092　赛艇**　racing boat, runner boat
专供水上与航海运动竞赛和训练用的小船。

**01.093　舢板**　sampan
以人力划桨、摇橹推进的无甲板小船。

**01.094　海船**　sea-going ship
适宜于在海洋区域航行的船。

**01.095　远洋船**　ocean going ship
适宜于在大洋上作长距离航行的船。

**01.096　极区船**　arctic vessel
适宜于在北冰洋或南极圈内海区航行的船。

**01.097　沿海船**　coaster vessel
适宜于在沿海各港口间航行的船。

**01.098　海峡[渡]船**　channel ship, channel ferry
往返于海峡两岸和岛屿间的渡船。

**01.099　内河船**　inland vessel, inland navigation vessel
航行于内陆江、河、湖泊、水库的船。

**01.100　排水型船**　displacement ship
航行于水面,其重量全靠水的浮力支承的船。

**01.101　全潜船**　underwater ship
又称"潜水船"。能潜没在水下航行的船。

**01.102　半潜船**　semi-submerged ship
浮态介于排水型船和全潜船之间的船。

**01.103　高性能船**　high performance craft
为提高航速而发展的各种新型船舶的统称。包括滑行艇、水翼艇、气垫船、小水线面双体船以及采用各种助升措施的船舶。

**01.104　滑行艇**　planing boat, glider
高速航行时仅部分艇底接触水面,其重量大部分靠水动力作用产生的升力支承,处于滑行状态的艇。

**01.105　气垫船**　air-cushion vessel, hovercraft
利用高于大气压的空气在船底与支承表面间形成气垫,使全部或部分船体脱离支承表面而高速航行的船。

**01.106　水翼艇**　hydrofoil craft
高速航行时靠艇体下部所装水翼产生水动升力将艇体托出水面航行的艇。

**01.107　冲翼艇**　ram-wing craft, aerofoil

boat

利用安装在船体上的机翼贴近水面或地面飞行时的表面效应所产生的气动升力支承船重,能在水面航行或作低空飞行的高速艇。

**01.108　小水线面双体船**　small waterplane area twin hull, SWATH

为改善耐波性,减少兴波阻力,将双体船的片体在水线处缩小宽度造成狭长流线型面的高速船舶。

**01.109　机动船**　power-driven ship, self-propelled vessel

又称"自航船"。依靠本船主机动力来推进的船。

**01.110　蒸汽机船**　steam ship, steamer

以往复式蒸汽机为主机的船。

**01.111　汽轮机船**　steam turbine ship

以汽轮机为主机的船。

**01.112　柴油机船**　diesel ship, motor ship

以柴油机为主机的船。

**01.113　燃气轮机船**　gas turbine ship

以燃气轮机为主机的船。

**01.114　核动力船**　nuclear[-powered] ship

以核能作为推进动力源的船。

**01.115　电力推进船**　electrically propelled ship, electric propulsion ship

利用电源驱动推进电动机带动推进器而航行的船。

**01.116　机帆船**　power-sail ship, motor sailer

备有风帆装置的机动船。

**01.117　非机动船**　non-powered ship, non-propelled ship

又称"非自航船"。本船无主机,依靠人力、风力、水力或其他船只带动的船。

**01.118　帆船**　sailer, sailing boat

利用风帆,靠风力推进的船。

**01.119　螺旋桨船**　screw ship, propeller vessel

用螺旋桨作推进器的船。

**01.120　平旋推进器船**　cycloidal propeller ship, Voith-Schneider ship

又称"直翼推进器船"。用平旋推进器推进的船。

**01.121　喷水推进船**　hydrojet propelled ship, waterjet [propelled] boat

船内装水泵,向船后喷射水流,利用其反作用力推进的船。

**01.122　喷气推进船**　airjet propelled boat

利用向后喷气所产生的反作用力推进的船。

**01.123　单体船**　mono-hull ship

只具有一个船体的船。

**01.124　双体船**　catamaran, twin-hull ship

具有两个相互平行的船体,其上部用强力构架联成一个整体的船。

**01.125　多体船**　multi-hulled ship

具有两个或两个以上的船体,其上部用强力构架联成一个整体的船。

**01.126　双壳船**　double-skin ship, double hull ship

除船底为双层底外,舷侧也具有内外两层壳板的船。

**01.127　平甲板船**　flush deck ship

上甲板连续全通,其上无船楼的船。

**01.128　长艏楼船**　long forecastle ship

艏楼长度大于 0.15 倍船长,且不小于艏楼高度 6 倍的船。

**01.129 长艉楼船** long poop ship
艉楼长度大于 0.15 倍船长,且不小于艉楼高度 6 倍的船。

**01.130 中机型船** amidships-engined ship
主机舱位于船长中部的船。

**01.131 艉机型船** stern-engined ship
主机舱位于船尾部的船。

**01.132 艏升高甲板船** raised foredeck ship
上甲板艏部作台阶形升高的船。

**01.133 艉升高甲板船** raised quarter-deck ship
上甲板艉部作台阶形升高的船。

**01.134 单甲板船** single-decked ship
只有一层连续甲板的船。

**01.135 双甲板船** double-decked ship
设有两层连续甲板的船。

**01.136 多甲板船** multi-decked ship
设有两层以上连续甲板的船。

**01.137 钢船** steel ship
用钢材作为船体结构主要材料的船。

**01.138 木船** wooden vessel
用木材作为船体结构主要材料的船。

**01.139 水泥船** concrete ship
用水泥、砂石、钢筋或钢丝网等作为船体结构基本材料的船。

**01.140 轻合金船** light alloy ship
用轻合金作为船体结构主要材料的船。

**01.141 玻璃钢船** fiberglass reinforced plastic ship, FRP ship
用玻璃钢即玻璃纤维增强塑料作为船体结构基本材料的船。

**01.142 船级** class of ship
由船级社授予的表明船舶技术状况及安全程度已达到船级社规范要求的船舶级别。

**01.143 船级社** classification society, register of shipping
主要从事船舶监造、检验以核定船级的民间验船机构。

**01.144 国际船级社协会** International Association of Classification Societies, IACS
为加强各船级社的联系,统一解释国际公约,协调各国船级社规范,由主要海运国家的船级社参加的国际性联合组织。

**01.145 入级** classification
经船厂或船东申请,船舶接受船级社检验,取得船级的过程。

**01.146 入级检验** classification survey
船舶为了取得船级,由船级社依据该社所制定的规范对船舶所进行的检验。

**01.147 入级符号** character of class, character of classification
船级社对批准入级的船舶的船体和设备及货物冷藏装置,根据其适用条件所授予的该船级社特定的一个或多个特征符号。

**01.148 入级标志** class notation
船级社在授予的入级符号后所附加的表征船舶类型、特种任务、货物种类、航区、冰区加强以及其他含义的一个或一组标志。

**01.149 船舶入级和建造规范** rules for classification and construction of ships
船级社对船体结构和设备,船用材料,保证船舶在海上安全航行所必需的系统、装置、设备的设计、建造、安装、试验等所作的涉及安全和质量方面的最低标准和综合性技术规定以及船舶入级和检验规定。

**01.150 入级证书** classification certificate, certificate of class

船级社根据其"船舶入级和建造规范"规定，对船舶进行检验后所颁发的证明船舶符合规范要求并已授予船级和相应的入级符号和标志的证书。

**01.151 国际海事组织** International Maritime Organization, IMO

联合国主管海运事务的专门机构。它是以促进海上安全和防止海上污染为目标，从事国际间协调管理的技术性组织。

**01.152 国际船舶载重线公约** International Convention on Load Line, ILLC

为谋求船舶安全航行，由国际海事组织制定的有关船舶载重线和干舷核定等方面规定的国际公约。

**01.153 国际海上人命安全公约** International Convention for the Safety of Life at Sea, SOLAS

为确保船舶在海上航行时人命的安全，由国际海事组织制定的有关船舶分舱、稳性；机电设备；防火、探火和灭火；救生设备与装置；无线电报与无线电话；航行安全；谷物装运；危险货物的装运和核能船舶等诸方面的安全规定的国际公约。

**01.154 国际海上避碰规则** International Regulations for Preventing Collisions at Sea, COLREGS

为防止、避免海上船舶之间的碰撞，由国际海事组织制订的海上交通规则。

**01.155 国际船舶吨位丈量公约** International Convention on Tonnage Measurement of Ships

为统一国际航行船舶的吨位丈量，由国际海事组织制定的有关测定船舶总吨位和净吨位规则的国际公约。

**01.156 国际防止船舶造成污染公约** International Convention for the Prevention of Pollution from Ships, MARPOL

为保护海洋环境，由国际海事组织制定的有关防止和限制船舶排放油类和其他有害物质污染海洋方面的安全规定的国际公约。

**01.157 国际集装箱安全公约** International Convention for Safety Container, CSC

为保证在正常营运中集装箱的装卸、堆放和运输的安全，由国际海事组织制定的有关集装箱结构、安全、试验、检查等方面的要求和规定的国际公约。

**01.158 国际散装运输危险化学品船舶构造与设备规则** International Code for the Construction and Equipment of Ships Carrying Dangerous Chemicals in Bulk, IBC code

为确保海上安全运输散装危险液态化学品，由国际海事组织制定的关于这类运输船舶的设计、构造和设备方面的强制性规定。

**01.159 国际散装运输液化气体船舶构造和设备规则** International Code for the Construction and Equipment of Ships Carrying Liquefied Gases in Bulk, IGC code

为确保海上安全运输散装液化气体，由国际海事组织制订的关于这类运输船舶的设计、构造和设备方面的强制性规定。

**01.160 船旗国** flag state
指船尾所悬挂的国旗所属的国家。即对船舶进行注册登记授予船舶国籍的国家。

**01.161 船籍港** port of registry
又称"登记港"。船舶所有者登记其所有权的港口。

**01.162 法定检验** statutory survey
为确保船舶安全航行，由船旗国政府主管机

关或其授权的船级社,根据国际公约、本国政府的法令、法规所进行的检验。

**01.163  国际船舶载重线证书**  International Load Line Certificate

船旗国政府法定检验机构或其授权的船级社,根据"国际船舶载重线公约"的规定,对从事国际航行的船舶进行检验和勘划载重线标志后所颁发的证明该船的载重线和干舷符合公约要求的证书。

**01.164  客船安全证书**  Passenger Ship Safety Certificate

船旗国政府的法定检验机构或其授权的船级社,根据"国际海上人命安全公约"的规定,对从事国际航行的客船进行检验,合格后所颁发的安全合格证书。

**01.165  货船构造安全证书**  Cargo Ship Safety Construction Certificate

船旗国政府法定检验机构或其授权的船级社,根据"国际海上人命安全公约"有关规定,对从事国际航行的货船进行检验后所颁发的证明船体和设备符合公约要求的安全合格证书。

**01.166  货船设备安全证书**  Cargo Ship Safety Equipment Certificate

船旗国政府法定检验机构或其授权的船级社,根据"国际海上人命安全公约"的有关规定,对从事国际航行的货船进行检验后所颁发的证明船上救生设备、消防设备、导航设备和遇险信号符合公约要求,且导航灯、号型、声信号设备等符合国际海上避碰规则规定的安全合格证书。

**01.167  货船无线电安全证书**  Cargo Ship Safety Radio Certificate

船旗国政府法定检验机构或其授权的船级社,根据"国际海上人命安全公约"的有关规定,对从事国际航行的货船进行检验后,所颁发的证明船上无线电装置(包括救生艇上

无线电装置)符合公约要求的安全合格证书。

**01.168  货船安全证书**  Cargo Ship Safety Certificate

用以替代货船构造安全证书、货船设备安全证书、货船无线电安全证书的证书。

**01.169  免除证书**  Exemption Certificate

根据"国际海上人命安全公约"的规定,船旗国政府主管机关在特殊情况下,对从事国际航行的某些船舶所签发的准予免除遵守公约附则某些条文或全部条文要求的证书。

**01.170  国际吨位证书**  International Tonnage Certificate

船旗国政府法定检验机构或其授权的船级社,根据"国际船舶吨位丈量公约"对从事国际航行的船舶进行丈量,核定船舶的总吨位和净吨位后所颁发的证书。

**01.171  国际防止油污证书**  International Oil Pollution Prevention Certificate, IOPP cert.

船旗国政府法定检验机构或其授权的船级社,根据"国际防止船舶造成污染公约"附则Ⅰ"防止油污规则"的规定,对从事国际航行的船舶进行检验后所颁发的证明船舶结构、设备、系统、舾装、布置、材料及其状况等各个方面均符合该规则要求的合格证书。

**01.172  国际防止散装运输有毒液体物质污染证书**  International Pollution Prevention Certificate for the Carriage of Noxious Liquid Substances in Bulk

船旗国政府法定检验机构或其授权的船级社,根据"国际防止船舶造成污染公约"附则Ⅱ"控制散装有毒液体物质污染规则"的规定,对从事国际航行的船舶进行检验后所颁发的证明船舶设计、构造和设备符合该规则要求的证书。

**01.173 国际防止生活污水污染证书** International Sewage Pollution Prevention Certificate

船旗国政府法定检验机构或其授权的船级社，根据"国际防止船舶造成污染公约"附则Ⅳ"防止船舶生活污水污染规则"的规定，对从事国际航行的船舶进行检验后所颁发的证明船舶的设备及其状态完全合格，符合该规则要求的证书。

**01.174 国际散装运输液化气体适装证书** International Certificate of Fitness for the Carriage of Liquefied Gases in Bulk

船旗国政府法定检验机构或其授权的船级社，根据"国际散装运输液化气体船舶构造和设备规则"的规定，对液化气体船进行检验后所颁发的证明该船的结构、设备、附件、装置和材料及其状况在各方面均为合格，且该船符合该规则的要求的证书。

**01.175 国际散装运输危险化学品适装证书** International Certificate of Fitness for the Carriage of Dangerous Chemicals in Bulk

船旗国政府法定检验机构或其授权的船级社，根据"国际散装运输危险化学品船舶构造和设备规则"的规定，对液体化学品船进行检验后所颁发的证明该船的构造与设备符合该规则要求的证书。

**01.176 船舶国籍证书** Certificate of Ship's Nationality

船旗国政府颁发的证明船舶已具备各种必要的法定的安全合格证书，并已在该国登记注册具有该国国籍的证书。

# 02. 船 舶 总 体

**02.001 总布置** general arrangement
对全船的分舱、上层建筑、舱室、通道以及主要设备、装置等所作的全面规划和布置。

**02.002 舱室布置** interior arrangement
又称"舱内布置"。对舱室内部的设备、装置和管系等所作的布置。

**02.003 机舱布置** engine room arrangement
对机舱的主、辅机及其他设备、装置所作的布置。

**02.004 梯道布置** stairway and passage way arrangement
为保证人、物在各层甲板及其上、下之间能安全和顺利通行，对全船扶梯、通道所作的全面、统一的规划和布置。

**02.005 舱** compartment
一般指主船体内部，由纵、横舱壁或其他构件分隔而成，供船上人员生活、工作或安置、存放、装载各种设备、物品、货物等的空间。

**02.006 舱室** space
船上一切围蔽空间的统称。

**02.007 艏尖舱** fore peak
位于防撞舱壁以前的舱。

**02.008 艉尖舱** afterpeak
位于艉部最后一道水密舱壁以后的舱。

**02.009 底边舱** bottom side tank
一般指散货船上，位于货舱底部两侧角隅处的舱。

**02.010 顶边舱** top side tank
一般指散货船上，位于货舱顶部两侧角隅处的舱。

**02.011 边舱** wing tank

位于船侧的舱。

**02.012 底舱** hold
最下层的舱。

**02.013 双层底舱** double bottom tank
由内底板与船底外板构成的舱。

**02.014 深舱** deep tank
通常指舱的深度较深,用于储存液体的舱。

**02.015 甲板间舱** tweendeck space
通常指设置在两层甲板之间的舱。

**02.016 空隔舱** cofferdam
又称"隔离舱"。为避免两个相邻舱所载的不同液体相互渗透或满足某些规范要求,而在其间设置的狭小隔离空间。

**02.017 罗经甲板** compass deck
在驾驶室顶上安装标准磁罗经的甲板。

**02.018 驾驶甲板** navigation deck, bridge deck
布置有驾驶室的甲板。

**02.019 艇甲板** boat deck
放置救生艇或工作艇及艇架的甲板。

**02.020 游步甲板** promenade deck
为旅客散步提供较多活动面积的甲板。

**02.021 起居甲板** accommodation deck
主要布置起居舱室的甲板。

**02.022 直升机甲板** helicopter deck
供直升机停放、起飞和降落的甲板。

**02.023 上甲板** upper deck
从艏到艉的最上层连续甲板。

**02.024 起货机平台** winch platform
安置起货机的平台。

**02.025 通道** passage, alleyway
供人员通行或货物运输的过道。

**02.026 内通道** interior alleyway
非敞露的通道。

**02.027 外通道** exterior passage way
敞露的通道。

**02.028 跳板** ramp
联系船与码头的通道设备。

**02.029 驾驶室** wheel house, navigation bridge
驾驶人员指挥和操纵船舶的舱室。

**02.030 海图室** chart room
设有海图桌和必要的航海仪器,进行海图作业和存放海图、航海日志以及有关航海资料的舱室。

**02.031 报务室** radio room
安置无线电通信设备,进行对外通信联络的舱室。

**02.032 雷达室** radar room
安置并操作雷达发射和接收设备的舱室。

**02.033 机舱** engine room
安置主机和辅机及其附属设备的舱。

**02.034 机舱集控室** engine control room
安置主机和重要辅机的集中控制、测量和监视设备及必要的通信设施的舱室。

**02.035 反应堆舱** reactor room
核动力船上安置核反应堆的舱。

**02.036 锅炉舱** boiler room
安置锅炉及其附属设备的舱。

**02.037 泵舱** pump room
安置泵的舱。

**02.038 锚链舱** chain locker
储藏锚链的舱。

**02.039 舵机舱** steering engine room, steering gear room

安置舵机的舱。

**02.040 通风机室** fan room
安置通风机及控制设备的舱室。

**02.041 空调机室** air-conditioning unit room
安置空气调节设备及其控制器的舱室。

**02.042 消防控制室** fire-control room
安置全船消防和能紧急切断主辅机所有燃油源的控制设备的舱室。

**02.043 应急发电机室** emergency generator room
安置应急发电机组及其控制设备的舱室。

**02.044 蓄电池室** battery room
安置蓄电池的舱室。

**02.045 货油控制室** cargo oil control room
油船上监控货油装卸、配载的舱室。

**02.046 陀螺罗经室** gyrocompass room
安置陀螺罗经的主罗经及其附属设备的舱室。

**02.047 桅室** mast room
设置在上甲板上，位于桅的周围或门型桅的两柱间的舱室。

**02.048 声呐舱** sonar transducer space
安置声呐升、降装置及能源转换设备的舱。

**02.049 计程仪舱** log room
安置计程仪的舱。

**02.050 泡沫室** foam room
存放灭火泡沫剂和混合柜及其装置的舱室。

**02.051 二氧化碳室** $CO_2$ room
存放二氧化碳灭火装置的舱室。

**02.052 测深仪舱** echo sounder room
安置测量船底与水底距离的仪器的舱。

**02.053 机修间** work shop
修理各种机械设备用的舱室。

**02.054 电工间** electrician's store
储存和检修电工器料的舱室。

**02.055 木工间** carpenter's store
木工作业和储存木工器材用的舱室。

**02.056 储藏室** store
船上各种供储藏物品的舱室的统称。

**02.057 损管设备室** damage control equipment room
储存供船体损伤事故后堵漏和修理用的工具、设备的舱室。

**02.058 油漆间** paint store
储藏油漆和油漆工具的舱室。

**02.059 粮食库** provision store
储藏粮食的仓库。

**02.060 冷藏库** refrigerating chamber
冷藏食品用的仓库。

**02.061 冷冻机室** refrigerator room
安置冷冻机及其控制设备的舱室。

**02.062 起居舱室** accommodation, living quarter
船上居住舱室、厨房、餐厅、盥洗室、浴室、厕所、娱乐场所等与人员生活有关的各种舱室的统称。

**02.063 居住舱室** cabin
船上人员住宿的舱室。

**02.064 船长室** captain room
船长办公和住宿的舱室。

**02.065 大副室** chief officer room
大副办公和住宿的舱室。

**02.066 二副室** 2nd officer room
二副办公和住宿的舱室。

**02.067　三副室**　3rd officer room
三副办公和住宿的舱室。

**02.068　轮机长室**　chief engineer room
轮机长办公和住宿的舱室。

**02.069　大管轮室**　1st engineer room
大管轮办公和住宿的舱室。

**02.070　二管轮室**　2nd engineer room
二管轮办公和住宿的舱室。

**02.071　三管轮室**　3rd engineer room
三管轮办公和住宿的舱室。

**02.072　船员室**　crew room
普通船员的居住舱室。

**02.073　客舱**　passenger cabin
设有固定座位或铺位,专供旅客休息的舱室。

**02.074　货舱**　cargo hold, cargo space
装载货物的各种舱的统称。

**02.075　货油舱**　cargo oil tank
装载散装油类货物的舱。

**02.076　集装箱舱**　container hold
专供装载集装箱的舱。

**02.077　冷藏货舱**　refrigerated cargo hold
专供装载冷藏货物的舱。

**02.078　车辆舱**　vehicle hold
装载车辆的舱。

**02.079　液化天然气舱**　liquified natural gas tank
装载液化天然气的舱。

**02.080　液化石油气舱**　liquified petroleum gas tank
装载液化石油气的舱。

**02.081　邮件舱**　mail room
装载邮件的舱。

**02.082　行李舱**　luggage room
装载旅客行李的舱。

**02.083　液舱**　liquid tank
储存燃油、滑油、压载水、淡水等各种船用液体的舱的统称。

**02.084　燃油舱**　fuel oil tank
储存燃油的舱。

**02.085　滑油舱**　lubricating oil tank
储存润滑油的舱。

**02.086　溢油舱**　overflow oil tank
储存从油舱通过溢流管溢出的油的舱。

**02.087　污油舱**　sludge tank, dirty oil tank
储存污油及污油水的舱。

**02.088　压载水舱**　ballast water tank
用于注水加载来调整船的浮态和稳性,以改善船的航行性能的水舱。

**02.089　专用压载水舱**　segregated ballast tank, SBT
在货油舱区间的双壳体内设置供装压载水的舱。用以隔绝和保护货油和燃油系统,其容量必需满足有关公约或法规的要求。

**02.090　污液舱**　slop tank
又称"污油水舱"。油船上或散装运输有毒液体的液货船上,用以收集洗舱水和其他油性混合物或残余物和水混合物的舱。

**02.091　淡水舱**　fresh water tank
储存淡水的舱。

**02.092　饮水舱**　drinking water tank
储存饮用水的舱。

**02.093　锅炉水舱**　feed water tank
储存锅炉用水的舱。

**02.094　污水舱**　bilge water tank

在船底部及两侧储存污水的舱。

**02.095  循环滑油舱**  circulating lubricating
oil tank
位于主机底座下,为主机连续运转提供循环
滑油的舱。

**02.096  全降落区标志**  full landing area
mark
绘制在直升机起降平台或露天甲板上,表示
能降落各种直升机和悬降安全区的图形符
号。

**02.097  限制降落区标志**  restricted landing
area mark
绘制在直升机起降平台或露天甲板上,表示
仅能起降限定的直升机型和悬降安全的图
形符号。

**02.098  悬降区标志**  winching area mark
绘制在直升机起降平台或露天甲板上,表示
直升机仅能悬降作业的图形符号。

**02.099  船体型表面**  molded hull surface
不包括船壳板及附体在内的船体外形的设
计表面。

**02.100  裸船体**  bare hull, naked hull
由船体型表面所围封的船体。

**02.101  型排水体积**  molded volume
任一水线面下,船舶裸船体所排开的水的
体积。

**02.102  附体**  appendages
水线以下突出于船体型表面以外的物体。
包括轴包套、艉轴架、艉轴、舵、螺旋桨、舭龙
骨、方龙骨、减摇鳍、导流罩等,但不包括外
板。

**02.103  主要要素**  principal particulars
船体主尺度、载重量、载客量、主机型号及
其主要参数、航速、船员定额、续航力等的总
称。

**02.104  中站面**  midstation plane
通过垂线间长或设计水线长的中点,并垂直
于水平面的横向平面。

**02.105  基面**  base plane
通过龙骨线与中站面的交点,并垂直于中站
面的水平面。

**02.106  中线面**  center line plane
通过船体中线,并垂直于基面的纵向平面。

**02.107  主坐标平面**  principal coordinate
planes
由三个直角坐标轴组成,固定于船舶上的坐
标平面。即基面、中线面和中站面。

**02.108  基线**  base line
基面与中线面或横向垂直平面相交的直线。

**02.109  主尺度**  principal dimensions
船体外形大小的基本量度,即船的长度、宽
度、深度和吃水。

**02.110  总长**  length overall
船舶最前端至最后端之间包括外板和两端
永久性固定突出物(如顶推装置等)在内的
水平距离。符号"$L_{OA}$"。

**02.111  垂线间长**  length between perpen-
diculars
艏垂线与艉垂线之间的水平距离。符号
"$L_{PP}$"。

**02.112  水线长**  waterline length
与基面相平行的任一水线平面与船体型表
面艏艉端交点之间的水平距离。

**02.113  设计水线长**  designed waterline
length
船舶处于设计状态时的水线长。符号
"$L_{WL}$"。

**02.114  满载水线长**  load waterline length
船舶处于满载状态时的水线长。

**02.115 型宽** molded breadth
一般指船体型表面之间垂直于中线面的最大水平距离。在水动力试验中特指设计水线上在船中处的宽度。

**02.116 水线宽** waterline breadth
与基面相平行的任一水线平面处,船体型表面之间垂直于中线面的最大水平距离。

**02.117 片体水线宽** waterline breadth of demihull for catamaran
双体船水线处片体宽度。

**02.118 最大宽** extreme breadth
指船舶包括外板和永久性固定突出物,如护舷材、水翼等在内,垂直于中线面的最大水平距离。

**02.119 型深** molded depth
在船的中横剖面处,沿船舷自平板龙骨上缘至上层连续甲板横梁上缘的垂直距离;对甲板转角为圆弧形的船舶,则由平板龙骨上缘量至横梁上缘延伸线与肋骨外缘延伸线的交点。

**02.120 吃水** draft, draught
泛指船体在水面以下的深度。

**02.121 型吃水** molded draft
船舶中站处基面至水面之间的垂直距离。

**02.122 设计吃水** designed draft
基面与设计水线平面间的垂直距离。

**02.123 结构吃水** scantling draft
船体结构设计所依据的吃水。

**02.124 艏吃水** fore draft
在艏垂线处的型吃水。

**02.125 艉吃水** after draft
在艉垂线处的型吃水。

**02.126 平均吃水** mean draft
艏吃水和艉吃水的平均值。当有横倾时,则

指左右舷测壁值平均值。

**02.127 外形吃水** navigational draft
指包括任何附体或水线下突出物在内的船舶最低点至水面的垂直距离。

**02.128 翼航吃水** foil borne draft
水翼艇在翼航状态时的吃水。即水翼底浸水深度。

**02.129 龙骨净空** keel clearance
水翼艇在翼航状态时,艇底离水面的平均净空高度。

**02.130 垫升船底净空** hovering hull clearance
气垫船在垫升状态时,船底离开水面的净空高度。

**02.131 垫航吃水** hovering draft
侧壁式气垫船在垫升状态时的吃水。

**02.132 船底净空** box clearance
小水线面船主船体底板离开水面的高度。

**02.133 片体间距** demihull spacing
双体船片体中线之间的距离。

**02.134 满载吃水** loaded draft
船舶处于满载排水量状态时的平均吃水。

**02.135 空载吃水** light draft
指船舶空载无货,但有船员、备品及燃料、水、粮食等消耗品时的吃水。

**02.136 吃水标志** draft mark
在船的艏、艉及舯的两舷以数字和线条标明该处外形吃水值的标志。

**02.137 型线图** lines plan
在三个相互垂直的投影面上的剖切线、投影线和外廓线表示船体型表面形状的图样。三个视图分别为:以船体型表面及甲板舷墙等与各站的横向垂直平面的交线在正视方向的投影图为横剖线图;与中线面及其相平

行的各纵向垂直平面的交线在侧视方向的
投影图为纵剖线图;以船体型表面与对称于
中线面一舷平行于基面的各水线面的交线
及甲板边线舷墙顶线在俯视方向的投影图
为半宽水线图。

**02.138 艏垂线** forward perpendicular
艏柱前缘与设计水线交点处的垂线。

**02.139 艉垂线** after perpendicular
舵柱后缘与设计水线交点的垂线。对无舵
柱船舶为舵杆中心线。

**02.140 格子线** grid
在型线图中,由基线、水线、站线、纵剖线、中
心线、半宽边框线等水平线和垂直线组成的
矩形格子。

**02.141 站** ordinate station
在型线图中,沿基线将垂线间长或设计水线
长分成若干间距的各点,及其在半宽水线图
上沿中线面的相应投影点。

**02.142 中站** midstation
位于垂线间长或设计水线长中点处的站。

**02.143 站线** station ordinates
在型线图中通过各站点并垂直于基线和中
心线的直线。

**02.144 型线** molded lines
船体型表面及有关附体型表面的外廓线,投
影线及与剖切平面的交线。

**02.145 数学型线** mathematical lines
采用数学公式表示的船体型线。

**02.146 型值** offsets
决定型线空间位置的各点坐标值。

**02.147 型值表** table of offsets
用以表达型值的表或表册。

**02.148 横剖面** transverse sections
以平行于中站面的平面剖切裸船体或船体

所形成的剖面。

**02.149 中横剖面** midship section
位于中站处的横剖面。

**02.150 最大横剖面** maximum section
横剖面中型值最大的剖面。

**02.151 水线面** water plane
由水线所围封的平面。

**02.152 中纵剖面** longitudinal section in
center plane
以中线面剖切裸船体或船体所形成的剖面。

**02.153 纵剖线** buttocks
平行于中线面的平面与船体型表面的交线。

**02.154 横剖线** body lines
平行于中站面的平面与船体型表面的交线。

**02.155 斜剖线** diagonal
斜交于基面和中线面,但垂直于中站面的斜
平面与船体型表面的交线。

**02.156 外廓线** profile
中线面与船体型表面的交线。

**02.157 水线** waterline
在任何吃水及倾斜情况下,水面与船体型
表面的交线。

**02.158 设计水线** designed waterline
船舶在预期设计状态自由正浮于静水上时,
船体型表面与水面的交线。也即对应于设
计排水量的水线。

**02.159 满载水线** loaded waterline
船舶在满载状态自由正浮于静水中时,船体
型表面与水面的交线。也即对应于满载排
水量的水线。

**02.160 甲板线** deck line
甲板边线和甲板中线的统称。

**02.161 甲板边线** deck side line

甲板型表面的边缘线,对于甲板舷边圆弧形的金属船体,则指横梁上缘延伸线与肋骨外缘延伸线之交点的连接线。

**02.162 甲板中线** deck center line
甲板型表面与中线面的交线。

**02.163 舷弧** sheer
甲板边线在中纵剖面上投影的纵向曲度。其值以各站处甲板边线与型深的高度差表示。

**02.164 梁拱** camber
在船的中横剖面处甲板的横向拱度,其值以甲板中线与甲板边线的高度差表示。

**02.165 梁拱线** camber curve
具有梁拱的甲板,横向垂直平面与甲板型表面的交线。

**02.166 舭** bilge
指船底和船舷之间的连接部分。呈圆弧的舭称"圆舭(soft chine)";呈尖角的舭称"尖舭(hard chine)"。

**02.167 舭部升高** deadrise
在最大横剖面上,自船底斜升线与舷侧切线的交点至基面的垂直距离。

**02.168 舭部半径** bilge radius
舭部呈圆弧形时,最大横剖面上舭部的圆弧半径。

**02.169 龙骨线** keel line
船体型表面的底部与中线面的交线。对于木质船舶,为龙骨槽口下缘线在中线面上的投影线。

**02.170 龙骨设计斜度** rake of keel
龙骨线呈直线时与设计水线的纵向斜度。其值以龙骨线的延伸线与艏艉垂线的两交点距设计水线的高度差表示。

**02.171 龙骨折角线** knuckle line of keel, chine line of keel
船底具有舭部升高时,各横向垂直平面上平板龙骨板的折角点在船体型表面上形成的纵向连线。

**02.172 龙骨水平半宽** half-siding
中线面与龙骨折角线之间水平距离。对具有方龙骨的船为方龙骨半宽。

**02.173 折角线** knuckle line
船体表面或船体结构曲度突变呈折角而形成的棱角交线。

**02.174 隧道顶线** tunnel top line
隧道型艉的船舶通过轴中心线并垂直于基面的平面与船体型表面底部的交线。

**02.175 内倾** tumble home
设计水线以上船长中部舷侧表面向内的倾斜距离。其值以最大横剖面上自横梁上缘线与肋骨外缘线之交点距中线面的水平距离与设计水线半宽值之差表示。

**02.176 外倾** flare
设计水线以上舯部舷侧表面向外的倾斜距离。其值以最大横剖面上自横梁上缘线与肋骨外缘线之交点距中线面的水平距离与设计水线半宽值之差表示。

**02.177 外飘** flare
指设计水线以上艏部舷侧表面向外的倾斜。

**02.178 方艉浸宽** immersed transom beam
方艉端面在设计水线处的宽度。

**02.179 方艉浸深** immersed transom draft
方艉端面最低点至设计水线之间的垂直距离。

**02.180 船型系数** coefficients of form
用以表示船体线型肥瘦特征的各种无量纲系数的统称。

**02.181 方形系数** block coefficient

与基面相平行的任一水线面下,型排水体积
与其相对应的水线长、水线宽、平均型吃水
的乘积之比。其中长和宽常用垂线间长和
满载水线宽。

**02.182 棱形系数** prismatic coefficient
与基面相平行的任一水线面下,型排水体积
与其相对应的水线长、最大横剖面面积的乘
积之比。其中长常用垂线间长。

**02.183 垂向棱形系数** vertical prismatic co-
efficient
与基面相平行的任一水线面下,型排水体积
与其相对应的水线面面积、平均型吃水的乘
积之比。

**02.184 水线面系数** waterline coefficient
与基面相平行的任一水线面的型面积与相
对应的水线长、水线宽的乘积之比,其中长
和宽常用垂线间长和满载水线宽。

**02.185 中横剖面系数** midship section co-
efficient
与基面相平行的任一水线面下,中横剖面面
积与相对应的水线宽和吃水的乘积之比。
其中宽常用满载水线宽。

**02.186 最大横剖面系数** maximum trans-
verse section coefficient
与基面相平行的任一水线面下,最大横剖面
面积与其相对应的水线宽和吃水的乘积之
比。其中宽常用满载水线宽。

**02.187 主尺度比** dimension ratio
船体主尺度比值的统称。

**02.188 长宽比** length breadth ratio
垂线间长与设计水线宽之比值。

**02.189 长深比** length depth ratio
垂线间长与型深之比值。

**02.190 宽深比** breadth depth ratio
型宽与型深之比值。

**02.191 宽度吃水比** breadth draft ratio
设计水线宽与设计吃水之比值。

**02.192 长度吃水比** length draft ratio
垂线间长与设计吃水之比值。

**02.193 吃水型深比** draft depth ratio
设计吃水与型深之比值。

**02.194 前体** fore body
中横剖面前的船体部分。

**02.195 后体** after body
中横剖面后的船体部分。

**02.196 水线平行段** parallel waterline
平行于中线面的设计水线中部线段。

**02.197 水线前段** waterline beginning
水线平行段以前的设计水线前部线段。

**02.198 水线后段** waterline ending
水线平行段以后的设计水线后部线段。

**02.199 平行中体** parallel middle body
设计水线面下具有同样横剖面的船体部分。

**02.200 进流段** entrance
设计水线面下,最大横剖面或平行中体前端
到船体最前端的部分。

**02.201 去流段** run
设计水线面下,最大横剖面或平行中体后
端到船体最后端的部分。

**02.202 肩** shoulder
指进流段或去流段紧邻平行中体的部分,与
进流段紧邻部分称"前肩(forward shoul-
der)",与去流段紧邻部分称"后肩(after
shoulder)"。

**02.203 半进流角** half angle of entrance
设计水线前端处的切线与中线面的夹角。

**02.204 方艉端面** transom
方艉船体的艉端型表面。

**02.205 艏踵 forefoot**
艏柱与龙骨连接的部分。

**02.206 艉踵 aftfoot**
艉柱与龙骨连接的部分。

**02.207 轴包套 shaft bossing**
由艉外板和眼镜形肋骨组成的船体两边,突出于船体型表面以外全部或局部围蔽推进器轴或其他外伸部件的水下船体部分。对仅围蔽推进器轴的最后一只船体轴承的轴包套,称"短轴包套(short bossing)";从船壳起围蔽整个推进器轴、轴承和支架直至推进器为止的轴包套,称"长轴包套(long bossing)"。

**02.208 艉轴架 propeller shaft bracket, propeller struts, A-bracket**
又称"人字架"。装在船体外面的艉轴支架。

**02.209 艉鳍 deadwood skeg**
俗称"呆木"。位于船尾底部中线面上或在其两侧,供坐坞和提高直线航行稳定性的船体鳍状部分。

**02.210 双艉鳍 twin-skeg**
双桨船为提高伴流及降低黏压阻力,从船体后半体沿推进器轴方向做成的两个单体;或沿推进器轴方向,顺流线做成的联接在船体上的鳍状凸体,推进器轴从中穿出。

**02.211 前倾型艏 raked bow**
艏柱侧形呈直线前倾或接近直线前倾型式的艏部。

**02.212 直立型艏 vertical bow**
艏柱侧形与艏垂线重合或接近重合,呈直线型式的艏部。

**02.213 破冰型艏 icebreaker bow**
设计水线以下艏柱侧形与基面成夹角型式的艏部。

**02.214 球鼻艏 bulbous bow**
设计水线平面以下呈球鼻形的艏部。

**02.215 椭圆艉 elliptical stern**
具有较短的艉伸部,折角线以上呈椭圆体向上扩大,折角线以下与船体底部线形相连续的艉部。

**02.216 方艉 transom stern**
设计水线面以上艉端面为平面或微凸的曲面且与中线面垂直相交,并与外板成折角相交的艉部。

**02.217 巡洋舰艉 cruiser stern**
艉部侧形显凸形,满载水线具有较长的延伸部的艉部。

**02.218 隧道艉 tunnel stern**
为提高推进效率,增大螺旋桨直径,将螺旋桨所在处船体底部线型局部设计成隧道状拱形曲面,并向前延伸与相邻的船体型表面平顺连接的艉部。

**02.219 球形艉 bulbous stern**
为增大伴流提高船身效率及改善伴流分布的不均匀性,在推进器轴出口处剖面接近圆形或卵圆形并向前延伸与相邻的船体表面平顺连接的艉部。

**02.220 球臌型剖面 bulb section**
艏或艉在设计水线以下局部呈球形臌出的横剖面。

**02.221 U型剖面 U-section**
底部近似弧形而舷侧明显趋于垂直,如同U字形的横剖面。

**02.222 V型剖面 V-section**
底部相对尖瘦而舷侧明显呈直线外倾,如同V字形的横剖面。

**02.223 气垫面积 cushion area**
气垫船的气垫部分在基面上的投影面积。

**02.224 排水量 displacement**

船舶或物体自由浮于水中且保持静态平衡时所排开水的重量。

**02.225 型排水量** molded displacement
任一水线下，船舶型排水体积的排水量。

**02.226 总排水量** total displacement
任一水线下，型排水量与附体的排水量的总和。对于金属船体尚应包括外板的排水量在内。

**02.227 空船重量** light weight
船舶装备齐全但无装载时的重量。

**02.228 满载排水量** full load displacement
船舶最大装载时的排水量。

**02.229 设计排水量** designed displacement
设计吃水时船舶的总排水量。

**02.230 储备排水量** displacement margin
船舶设计时预先计入设计排水量中的一项备用量。

**02.231 载重量** deadweight
船舶允许装载的可变载荷的最大值。此值为满载排水量与空船重量的差值。

**02.232 载货量** cargo dead weight
载重量中允许装载货物的最大值。

**02.233 有酬载荷** payload
商用船舶装载客、货，可以计费的载重量。

**02.234 载重量系数** deadweight displacement ratio
载重量与满载排水量的比值。

**02.235 压载** ballast
专门用来改变船舶的浮态和重心位置的固体物和液体物的总称。

**02.236 干舷** freeboard
按载重线规范定义的船长中点处，自该规范的甲板线上边缘量至相关载重水线之间

的垂直距离。

**02.237 干舷甲板** freeboard deck
用以计算干舷的基准甲板。

**02.238 载重线** loadline
按载重线规范，根据船舶航行的区带、区域和季节期而定的载重水线。

**02.239 载重线标志** loadline mark
按载重线规范计算和规定的式样，勘绘于船体两舷中部的载重水线的标志。

**02.240 载重量标尺** deadweight scale
在空船重量至满载排水量之间，标有平均吃水及与其对应的总排水量、载重量、每厘米吃水吨数以及载重线标志的图表。

**02.241 液舱容积** tank capacity
液舱中扣除骨架后的容积。

**02.242 货舱容积** cargo capacity
货舱散装舱容和包装舱容的统称。

**02.243 散装舱容** grain cargo capacity
货舱中扣除骨架后的容积。

**02.244 包装舱容** bale cargo capacity
装载包装货物时货舱所能提供的最大容积。

**02.245 膨胀容积** allowance for expansion
考虑液体因温升发生体积膨胀等情况而在液体舱柜里留出的相应空间容积。

**02.246 容积曲线** capacity curve
液舱、货舱等舱柜的容积及几何形心位置随其不同装载高度而变化的曲线。

**02.247 舱容图** capacity plan
绘有全船各货舱、液舱等舱柜的布置位置，并标明各舱柜的容积及其几何形心位置的图。

**02.248 积载** stowage
对货物在船上所作的正确合理的配置与堆

装。

**02.249 积载因数** stowage factor
积载每吨货物所占据的立方米容积。

**02.250 全船积载因数** ship's stowage factor
全船的货舱容积与载货量之比。

**02.251 吨位** tonnage
按吨位规范丈量核定的船舶容积。

**02.252 总吨位** gross tonnage
按吨位规范丈量核定的船舶总容积。

**02.253 净吨位** net tonnage
按吨位规范丈量核定的有效容积。

**02.254 苏伊士运河吨位** Suez canal tonnage
按苏伊士运河当局规定的规范丈量核定的

吨位。

**02.255 巴拿马运河吨位** Panama canal tonnage
按巴拿马运河当局规定的规范丈量核定的吨位。

**02.256 吨位丈量** tonnage measurement
为核定船舶的吨位所进行的丈量和计算。

**02.257 围蔽处所** enclosed spaces
吨位丈量中,除永久的或可移动的天棚外,由船壳、固定的或可移动的隔壁、甲板或盖板所围成的所有处所。

**02.258 免除处所** excluded spaces
按吨位规范,吨位丈量中不列入围蔽处所内的处所。

# 03. 船舶性能及其试验

**03.001 浮性** buoyancy
船舶在各种载重状态下保持一定浮态的性能。

**03.002 浮态** floating condition
船舶在静水中的平衡状态。

**03.003 正浮** floating on even keel, zero trim
船舶无横倾和纵倾时的浮态。

**03.004 横倾** list, heel
船舶左右舷具有吃水差的浮态。

**03.005 横倾角** angle of list, angle of heel
船舶在有横倾时的水线面与正浮时水线面之间的夹角。

**03.006 纵倾** trim
船舶实际水线纵向不平行于基线时的浮态。

**03.007 纵倾角** angle of trim
船舶在有纵倾时的水线面与正浮时水线面之间的夹角。

**03.008 艏倾** trim by bow
以基线为基准的艏吃水大于艉吃水的纵倾状态。

**03.009 艉倾** trim by stern
以基线为基准的艉吃水大于艏吃水的纵倾状态。

**03.010 纵倾调整** trim adjustment
调整船舶在各种装载状态下具有合适的艏、艉吃水。

**03.011 浮力** buoyancy force
作用于船舶浸水外表面上的静水压力之垂向分力的合力。

**03.012　损失浮力**　lost buoyancy
船舶破损进水后对应于破损前所失去的浮力。

**03.013　储备浮力**　reserve buoyancy
船舶设计水线面以上船体水密部分的体积所能提供的浮力。

**03.014　浮心**　center of buoyancy
船舶排水体积的形心。

**03.015　漂心**　center of floatation
船舶水线面的形心。

**03.016　重心**　center of gravity
船舶各部分重力的合力的作用点。

**03.017　静水力曲线**　hydrostatic curve
表示船舶正浮状态时的浮性要素、初稳性要素和船型系数等与吃水间关系的各曲线的总称。

**03.018　邦戎曲线**　Bonjean's curves
在型线图各站线上,以吃水为纵坐标,相应的横剖面面积及其对基平面的力矩为横坐标绘制的两组曲线。

**03.019　横剖面面积曲线**　curve of sectional areas
表示设计水线面以下各横剖面面积沿船长分布的曲线。

**03.020　费尔索夫图谱**　Firsov's diagram
以艏吃水为横坐标,艉吃水为纵坐标,绘有等排水体积和等浮心纵向坐标两组曲线的图谱。

**03.021　水线面面积曲线**　curve of areas of waterplanes
船舶水线面面积和吃水的关系曲线。

**03.022　每厘米吃水吨数曲线**　curve of tons per centimeter of immersion
船舶吃水平均改变1cm引起排水量的变化

吨数与吃水的关系曲线。

**03.023　每厘米纵倾力矩曲线**　moment to change trim one centimeter curve
船舶纵倾改变1cm所需的力矩与吃水的关系曲线。

**03.024　型排水体积曲线**　curve of molded displaced volumes versus draft
船舶型排水体积与吃水的关系曲线。

**03.025　总排水量曲线**　total displacement curve
船舶总排水量与吃水的关系曲线。

**03.026　稳性**　stability
又称"复原性"。船舶在外力作用消除后恢复其原平衡位置的性能。

**03.027　横稳性**　transverse stability
船舶横倾时的稳性。

**03.028　纵稳性**　longitudinal stability
船舶纵倾时的稳性。

**03.029　初稳性**　initial stability
船舶作小角度倾斜时的稳性。

**03.030　静稳性**　statical stability
在静态外力作用下,不计及倾斜角速度的稳性。

**03.031　动稳性**　dynamical stability
在动态外力作用下,计及倾斜角速度的稳性。

**03.032　破舱稳性**　damaged stability
船舶破损进水后的剩余稳性。

**03.033　大倾角稳性**　stability at large angle
船舶作大角度横向倾斜时的稳性。

**03.034　复原力矩**　righting moment, restoring moment
船舶在外力作用倾斜时,重力和浮力使船恢

复正态所形成的力矩。

**03.035 复原力臂** righting lever, restoring lever

重心至船舶倾斜后浮力作用线的距离。

**03.036 稳性衡准数** stability criterion numeral

船舶倾覆力矩与规定的倾斜力矩的比值。

**03.037 横倾力矩** heeling moment

使船舶产生横倾的外力矩。

**03.038 纵倾力矩** trimming moment

使船舶产生纵倾的外力矩。

**03.039 最小倾覆力矩** capsizing moment

使船舶倾覆的最小外力矩。

**03.040 风压倾斜力矩** wind heeling moment

由风力作用使船舶倾斜的外力矩。

**03.041 计算风力作用力臂** rated wind pressure lever

船舶正浮时受风面积中心到假定水动力中心的垂向距离。

**03.042 稳心** metacenter

船舶浮心曲线的曲率中心。

**03.043 横稳心** transverse metacenter

船舶横倾时的稳心。

**03.044 纵稳心** longitudinal metacenter

船舶纵倾时的稳心。

**03.045 稳心半径** metacentric radius

船舶浮心曲线的曲率半径。船舶横向倾斜时的稳心半径称横稳心半径;船舶纵向倾斜时的稳心半径称纵稳心半径。

**03.046 稳心曲线** locus of metacenters

稳心的轨迹曲线。

**03.047 重稳距** metacentric height

又称"稳心高","稳性高"。船舶稳心与重心之间的垂向距离。

**03.048 初重稳距** initial metacentric height

船舶正浮或小角度倾斜时横稳心与重心之间的垂向距离。

**03.049 修正后初重稳距** virtual initial metacentric height

经过自由液面修正和其他修正后的重稳距。

**03.050 静稳性曲线** statical stability curve

船舶于某一装载情况下,复原力臂(矩)与横倾角的关系曲线。

**03.051 稳性消失角** angle of vanishing stability

静稳性曲线图上复原力臂超过最大值后降低为零时所对应的横倾角。

**03.052 最大复原力臂角** angle of maximum righting lever

静稳性曲线图上复原力臂最大值所对应的横倾角。

**03.053 动稳性曲线** curve of dynamical stability

复原力矩所做的功与横倾角的关系曲线,即静稳性曲线的积分曲线。

**03.054 动横倾角** dynamical heeling angle

船舶在动态外力作用下,外力矩所做的功等于复原力矩所消耗的功时产生的横倾角。

**03.055 动倾覆角** dynamical upsetting angle

最小倾覆力矩所对应的动横倾角。

**03.056 形状稳性力臂曲线** cross curves of stability

一组对应于一定横倾角的形状稳性力臂和型排水体积的关系曲线。

**03.057 自由液面** free surface

船舶倾斜时,舱柜内液体能自由流动的液

面。

**03.058  自由液面修正  free surface correction**
由于自由液面的影响而对船舶稳性所作的修正。

**03.059  进水角  flooding angle**
船舶横向倾斜,当舷外水开始由开口进入船内时的横倾角。

**03.060  极限重心垂向坐标曲线  curve of limiting positions of center of gravity**
在符合稳性规范要求的条件下,以各排水量为横坐标,船舶重心至基线最大距离允许值为纵坐标的关系曲线。

**03.061  不沉性  insubmersibility**
又称"抗沉性"。船舶破损浸水后仍保持一定浮态和稳性的能力。

**03.062  水密分舱  watertight subdivision**
利用水密舱壁将船分隔为若干水密舱室,以满足船舶不沉性的要求。

**03.063  容积渗透率  volume permeability**
船舶破损后,舱室在限界线下被水浸占的容积与其总容积的比率。

**03.064  面积渗透率  surface permeability**
船舶破损后,舱室实际浸水的水表面面积与该表面处的总面积的比率。

**03.065  业务衡准数  criterion of service numeral**
按规范表示客船营运特征的数值。

**03.066  分舱因数  factor of subdivision**
由船长和船舶的业务衡准数决定的,用以确定许可舱长的因数。

**03.067  可浸长度  floodable length**
船上某点的可浸长度是指沿船长方向上,以该点为中心的舱在规定的分舱载重线和渗透率情况下破损进水后,船不致淹过限界线的最大允许舱长。

**03.068  许可舱长  permissible length**
船舶各处主水密舱舱长中点处的可浸长度和分舱因数的乘积。

**03.069  破舱水线  flood waterline**
船舶破损浸水后的水线。

**03.070  损失水线面面积  lost waterplane area**
船破损浸水后水线面浸水部分的面积。

**03.071  分舱吃水  subdivision draft**
在决定船舶分舱时所用的吃水。

**03.072  分舱载重线  subdivision loadline**
在决定船舶分舱时所用的水线。

**03.073  最深分舱载重线  deepest subdivision loadline**
相应于分舱要求所允许的最大吃水的水线。

**03.074  限界线  margin line**
船舶分舱计算中,为检查船舶破损浸水后的水线是否超过极限位置而作的在船侧距舱壁甲板上表面以下不少于 76mm 处,并平行于甲板边线的一根限制线。

**03.075  对称浸水  symmetrical flooding**
船破损后假定船内左右两舷对称位置上等量的浸水。

**03.076  不对称浸水  unsymmetrical flooding**
船内左右两侧不对称的浸水。

**03.077  扶正注水  counter flooding**
有选择地向舱柜注水以减少由于不对称浸水而造成船舶过大倾斜的措施。

**03.078  船舶快速性  ship resistance and performance**
表征船舶在规定的主机功率情况下于静水中达到一定航速的能力。

**03.079 船舶阻力 ship resistance**
船舶运动过程中,流体作用于船体上,阻止其运动的力。

**03.080 湿面积 wetted surface**
浸没在水中的船体表面面积。

**03.081 滑行艇底面积 planing bottom area**
滑行艇在静水中滑行底部(包括防溅条)的水平投影面积。

**03.082 滑行航态湿面积 wetted area underway of planning hull**
滑行艇在滑行航态时由底部的随边、折角线和喷溅根线所围的浸水面积。

**03.083 航速 ship speed**
船舶在静水中单位时间内对地直线航行的距离。

**03.084 拖曳航速 towing speed**
船舶被拖曳或船舶拖曳他船(物)时的航速。

**03.085 自由航速 free running speed**
船舶不拖曳他船(物)时的航速。

**03.086 设计航速 design speed**
船舶设计时要求达到的航速。

**03.087 服务航速 service speed**
运输船舶在一定海况及主机营运工况下经常使用的航速。

**03.088 试航速度 trial speed**
船舶在规定的试航条件下所测定的航速。

**03.089 总阻力 total resistance**
船舶在静水直线匀速航行时受到摩擦阻力、兴波阻力、黏压阻力等各种水阻力之总和。

**03.090 摩擦阻力 frictional resistance**
流体流经物体时由流体切应力的合力所形成的阻力。

**03.091 黏性阻力 viscous resistance**
流体流经物体时,由于黏性作用所形成的阻力。

**03.092 压阻力 pressure resistance**
流体流经物体时由流体法向力的合力所形成的阻力。

**03.093 黏压阻力 viscous pressure resistance**
流体流经物体时,由于黏性所引起的压力差而形成的阻力。

**03.094 兴波阻力 wave making resistance**
船舶航行时兴起的重力波使船体周围的压力分布发生改变所形成的阻力,或船舶航行时兴起重力波所消耗的能量形成的阻力。

**03.095 波型阻力 wave pattern resistance**
用测量波型的方法所求得的部分兴波阻力。

**03.096 空气阻力 air resistance**
船舶水上部分由于与空气相对运动所形成的阻力。

**03.097 附体阻力 appendage resistance**
船的附体所引起的相对于裸船体阻力的增值。

**03.098 尾流阻力 resistance of trailing stream**
用测量尾流中动量损失的方法所求得的阻力。

**03.099 飞溅阻力 spray resistance**
高速船航行时,由于产生飞溅所消耗的能量而形成的阻力。

**03.100 汹涛阻力 rough-sea resistance**
船舶航行于风浪中较在静水中所增加的阻力。

**03.101 浅水阻力 shallow water resistance**
船在浅水区航行所受到的水阻力。

**03.102 浅水效应 shallow water effect**

在浅水中,由于船与水的相对速度增大以及船型波变为浅水波等影响,使航行状态和受力状况改变的作用。

**03.103　限制航道阻力**　restricted water resistance

船在限制航道区域航行时,由于航道限止所受到的水阻力。

**03.104　粗糙度阻力**　roughness resistance

由于船体表面凹凸不平而增加的黏性阻力与水力光滑表面的黏性阻力之差。

**03.105　江面坡度阻力**　drag due to surface slope

船在具有坡度的江面逆水航行时其重力沿江面的分力。

**03.106　江面坡度推力**　push due to surface slope

船在具有坡度的江面顺水航行时其重力沿江面的分力。

**03.107　阻力系数**　resistance coefficient

用阻力与动压强和湿面积乘积的比值表示阻力特征的无量纲系数。

**03.108　形状系数**　form coefficient

船体黏压阻力系数与相当于平板的摩擦阻力系数的比值。

**03.109　续航力**　endurance

船舶一次装足燃油、滑油和淡水等,按规定的装载和海况条件,以规定航速航行所能达到的最大距离。

**03.110　海军系数**　Admiralty coefficient

用以估算船舶主机功率或比较类似船舶快速性的系数。一般以 $C$ 表示:

$$C = \Delta^{2/3} V^3 / P$$

式中:

$\Delta$——排水量;

$V$——航速;

$P$——主机功率或有效功率。

**03.111　污底**　fouling

船体浸水表面由于附生藻类、贝类等生物,使粗糙度增加的现象。

**03.112　自航因子**　self-propulsion factor

在自航试验状态下船模与螺旋桨之间相互影响的参数。

**03.113　推力减额**　thrust deduction

在一定航速下,船后螺旋桨发出的推力($T$)与船被拖曳时的总阻力($R_T$)之差额。一般以 $\Delta T$ 表示:

$$\Delta T = T - R_T$$

**03.114　推力减额分数**　thrust deduction fraction

推力减额($\Delta T$)与螺旋桨推力($T$)的比值。一般以 $t$ 表示:

$$t = \Delta T / T$$

**03.115　推力减额因数**　thrust deduction factor

船的总阻力($R_T$)与螺旋桨推力($T$)的比值。一般以 $1-t$ 表示:

$$1 - t = R_T / T$$

**03.116　伴流**　wake

船舶航行时,其附近的水受船体影响而产生的伴随在船体周围流动的水流。

**03.117　标称伴流**　nominal wake

在船尾桨面处未受螺旋桨影响的轴向伴流。

**03.118　实效伴流**　effective wake

根据船模自航试验和螺旋桨敞水试验的结果在同转速、等推力(或转距)情况下求出船模航速与螺旋桨进速之差所确定的伴流。

**03.119　伴流分数**　wake fraction

船速($u$)与螺旋桨进速($u_A$)之差与船速($u$)的比值。一般以 $w$ 表示:

$$w = (u - u_A)/u$$

**03.120 伴流因数** wake factor
螺旋桨进速($u_A$)与船速($u$)的比值。一般以 $1 - w$ 表示:
$$1 - w = u_A/u$$

**03.121 有效推力** effective thrust
螺旋桨发出的推力($T$)与推力减额($\Delta T$)之差,即相当于用于克服船的总阻力的那部分推力。一般以 $T_E$ 表示:
$$T_E = T - \Delta T$$

**03.122 推力功率** thrust power
螺旋桨推力发出的推动船舶航行的功率。

**03.123 有效功率** effective power
船在静水中直线匀速航行时克服水阻力所需的功率。

**03.124 收到功率** delivered power
螺旋桨收到从主机发出并经轴系传来的功率。

**03.125 推进系数** propulsive coefficient
船的有效功率($P_E$)与主机功率($P_M$)的比值。以 $P.C.$ 表示:
$$P.C. = P_E/P_M$$

**03.126 推进效率** propulsive efficiency
有效功率($P_E$)与收到功率($P_D$)的比值。一般以 $\eta_D$ 表示:
$$\eta_D = P_E/P_D$$

**03.127 船后推进器效率** propulsive efficiency behind ship
推进器在船后工作时的推力功率($P_T$)与收到功率($P_D$)的比值。一般以 $\eta_B$ 表示:
$$\eta_B = P_T/P_D$$

**03.128 船身效率** hull efficiency
船的有效功率($P_E$)与推力功率($P_T$)的比值。一般以 $\eta_H$ 表示:

$$\eta_H = P_E/P_T$$

**03.129 相对旋转效率** relative rotative efficiency
船后推进器效率($\eta_B$)与其敞水效率($\eta_0$)的比值。以 $\eta_R$ 表示:
$$\eta_R = \eta_B/\eta_0$$

**03.130 船舶推进** ship propulsion
研究推进器驱船前进的作用原理及其水动力性能和船体与推进器间的相互影响以及推进器空泡所引起的一系列问题,提供设计性能优良的推进器的一门学科。

**03.131 推进器** propeller, propulsor
由各种动力源驱动的推船前进的各种机构的总称。

**03.132 螺旋桨** screw propeller
两个或多个叶片与毂相连,其叶面为螺旋面或近似螺旋面的船用推进器。

**03.133 右旋** right-hand turning
自船尾向艏看,螺旋桨推船前进时为顺时针的旋向。

**03.134 左旋** left-hand turning
自船尾向艏看,螺旋桨推船前进时为逆时针的旋向。

**03.135 内旋** inward turning
多桨船前进时,边螺旋桨上部向船中线面的旋向。

**03.136 外旋** outward turning
多桨船前进时,边螺旋桨下部向船中线面的旋向。

**03.137 螺旋桨直径** diameter of propeller
螺旋桨旋转时,其叶梢轨迹圆的直径。

**03.138 螺旋桨盘** propeller disc
在螺旋桨平面内,以螺旋桨中点为圆心,以螺旋桨半径为半径的圆面。

**03.139 螺旋桨盘面积** propeller disc area
螺旋桨盘的面积。

**03.140 螺旋桨基准线** propeller reference line
在正视图和侧视图上垂直于螺旋桨轴线的直线,作为螺旋桨制图时的垂向基准线。

**03.141 螺旋桨中点** center of propeller
螺旋桨基准线与螺旋桨轴线之交点。

**03.142 螺旋桨平面** propeller plan
通过螺旋桨中点且垂直于轴线的平面。

**03.143 桨毂** hub, boss
安置螺旋桨叶并将其套接于艉轴端的螺旋桨筒状部分。

**03.144 毂径** hub diameter
毂表面与螺旋桨叶母线交点处的直径。

**03.145 毂径比** hub diameter ratio
毂径与螺旋桨直径之比值。

**03.146 毂长** hub length
在螺旋桨轴线方向上毂的长度。

**03.147 桨叶** blade
呈辐射状安置于毂上的叶状部分。

**03.148 最大叶宽** maximum width of blade
螺旋桨叶展开或伸张轮廓的最大宽度。

**03.149 最大叶宽比** maximum blade width ratio
最大叶宽与螺旋桨直径之比值。

**03.150 平均叶宽** mean blade width
螺旋桨叶的展开或伸张面积除以螺旋桨叶长度之商。

**03.151 平均叶宽比** mean blade width ratio
平均叶宽与螺旋桨直径之比值。

**03.152 叶面** face of blade
船前进时,螺旋桨叶朝向船后方的一面。亦即产生压力的一面。

**03.153 叶背** back of blade
船前进时,螺旋桨叶朝向船前方的一面。亦即产生吸力的一面。

**03.154 母线** generating line
螺旋面与由螺旋桨轴线及螺旋桨基准线所确定的平面之交线。在正视图上与螺旋桨基准线相重合,在侧视图上有时与叶面参考线重合。

**03.155 叶面参考线** blade reference line
在螺旋桨图上据以确定各半径处导边和随边位置的线。有时与母线重合,亦可以各叶切面的弦长中点或最大厚度处或其他适宜的点的连线作为叶面参考线。

**03.156 面节线** face pitch line
表示螺旋桨某一半径处叶切面方向的直线,即将该处螺旋线伸开的直线。对机翼型切面系指平行于头尾线与叶面相切的直线;对月牙型切面则为连接切面导边与随边之直线。

**03.157 螺距** pitch
一定半径处母线上一点绕轴线一周,沿轴向前进的距离。若螺旋桨叶面为等螺旋面者,此距即为螺旋桨的螺距。

**03.158 面螺距** face pitch
叶切面展开后其面部为直线或大部为直线时,其面部螺旋线的螺距。

**03.159 等螺距** constant pitch
螺旋桨叶面的螺距在不同半径处皆相等时称为等螺距。

**03.160 变螺距** variable pitch
螺旋桨叶面的螺距在所有半径处均不相同时称为变螺距。

**03.161 螺距比** pitch ratio
螺旋桨的螺距与直径之比值。

**03.162 螺距角** pitch angle

螺旋桨叶于一定半径处的面节线与垂直于轴线之平面间的夹角。

**03.163 叶根** blade root

螺旋桨叶与毂相连的部分。

**03.164 根厚** root thickness

螺旋桨叶根处略去填角后的切面最大厚度。

**03.165 轴线上叶厚** blade thickness on axial line

螺旋桨叶切面的最大厚度沿半径的分布线延长至轴线上所得到的假想厚度。

**03.166 叶厚比** blade thickness ratio

轴线上叶厚与螺旋桨直径之比值。

**03.167 叶梢** blade tip

螺旋桨叶距轴线最远处。

**03.168 叶端** blade end

大侧斜螺旋桨叶轮廓之尖端。

**03.169 梢厚** blade tip thickness

叶梢的最大厚度。在叶梢部叶背削薄者,则取假定叶背未被削薄的厚度。

**03.170 梢隙** blade tip clearance

螺旋桨旋转时,叶梢与船体间的最小距离。对导管推进器,则指叶梢与导管内壁间的最小间隙。

**03.171 导边** leading edge

推船前进时螺旋桨叶的前缘。

**03.172 随边** trailing edge

推船前进时螺旋桨叶的后缘。

**03.173 纵斜** rake

在叶梢处母线与螺旋桨平面间的距离,以向后为正。

**03.174 螺旋桨纵倾角** rake angle of propeller

在螺旋桨侧视图上,母线与螺旋桨基准线间的夹角,以向后为正。

**03.175 侧斜** skew back

在螺旋桨正视图上母线至叶面参考线间的距离。

**03.176 侧斜角** skew angle

在螺旋桨平面内,任一半径处的叶面参考线转到母线位置的角位移。通常以叶梢处的角位移作为螺旋桨的侧斜角。

**03.177 投影轮廓** projected outline

螺旋桨叶边缘在垂直于桨轴线平面上的投影。

**03.178 展开轮廓** developed outline

将螺旋桨叶面近似地展开于垂直于轴线平面上的投影。

**03.179 伸张轮廓** expended outline

在螺旋桨正视图上,将叶切面在母线两侧部分的弦长分别置于相应半径的水平线上,连接各弦长端点所构成的轮廓。

**03.180 叶侧投影** side projection of blade

螺旋桨边缘在侧视图上的投影。

**03.181 叶侧投影限界** limit of side projection of blade

螺旋桨旋转时,在侧视图上各半径处叶切面的边缘在相应半径之水平线上投影点之包络线。

**03.182 投影面积** projected area

螺旋桨各叶投影轮廓内的面积之和。

**03.183 展开面积** developed area

螺旋桨各叶展开轮廓内的面积之和。

**03.184 伸张面积** expended area

螺旋桨各叶伸张轮廓内的面积之和。

**03.185 投影面积比** projected area ratio

投影面积与盘面积之比值。

**03.186 展开面积比** developed area ratio
展开面积与盘面积之比值。

**03.187 伸张面积比** expended area ratio
伸张面积与盘面积之比值。

**03.188 叶面比** blade area ratio
展开面积比或伸张面积之比的统称。

**03.189 叶切面** blade section
螺旋桨与同轴圆柱面的交切面展开后的切面。

**03.190 导边半径** radius of leading edge
叶切面导边端点的曲率半径。

**03.191 随边半径** radius of trailing edge
叶切面随边端点的曲率半径。

**03.192 翘度** set-back, wash-back
叶切面的导边或随边与面节线的距离。

**03.193 毂帽** propeller cap
装于螺旋桨毂后,用以掩护艉轴螺母并使水流光顺的护罩。

**03.194 抗谐鸣边** anti-singing edge
具有适当形状,能消除螺旋桨谐鸣的部分随边。

**03.195 叶元体** blade element
假定的组成螺旋桨的共轴弧形薄片,将其展平后其轮廓即为所在半径处的叶切面形状。

**03.196 进速** speed of advance
螺旋桨相对水沿轴向前进的速度。

**03.197 进角** advance angle
叶元体相对于未受扰动水流的运动方向与其沿圆周方向的夹角。

**03.198 螺旋桨推力** thrust of propeller
螺旋桨运转时产生的轴向力。

**03.199 螺旋桨转矩** torque of propeller
螺旋桨运转时所收到的或为克服水阻力所需的转矩。

**03.200 螺旋桨尾流** propeller race, slip-stream
螺旋桨后流出的受扰动的加速水流。

**03.201 进速系数** advance coefficient
螺旋桨每转进程与其直径之比值。以 $J$ 表示:
$$J = V_A / nD$$
式中:$V_A$——进速;
$n$——螺旋桨转速;
$D$——螺旋桨直径。

**03.202 表观进速系数** apparent advance coefficient
用船速定义的进速系数。

**03.203 进速比** advance ratio
螺旋桨进速与叶梢线速度之比值。以 $\lambda$ 表示:
$$\lambda = V_A/\pi nD$$
式中:$V_\lambda$——进速;
$n$——螺旋桨转速;
$D$——螺旋桨直径。

**03.204 滑脱** slip
螺旋桨每转进程小于其螺距的现象。以螺距与每转进程之差值来量度。滑脱与螺距的比值称滑脱比。

**03.205 推力系数** thrust coefficient
表示螺旋桨推力的无量纲系数。以 $K_T$ 表示:
$$K_T = T/\rho n^2 D^4$$
式中:$T$——螺旋桨推力;
$\rho$——水的密度;
$n$——螺旋桨转速;
$D$——螺旋桨直径。

**03.206 转矩系数** torque coefficient
表示螺旋桨转矩的无量纲系数。以 $K_Q$ 表示:

$$K_Q = Q/\rho n^2 D^5$$

式中：$Q$——螺旋桨转矩；

$\rho$——水的密度；

$n$——螺旋桨转速；

$D$——螺旋桨直径。

**03.207　船舶拖曳力**　towing force of ship

一船拖带其他船或水上建筑物航行时的拉力。

**03.208　系桩拉力**　bollard pull

船系缆于岸桩上，当螺旋桨运转时系缆上的拉力。

**03.209　螺旋桨敞水效率**　open water propeller efficiency

单独螺旋桨在均匀来流的敞水中运转时发出的推力功率与收到功率之比值。

**03.210　螺旋桨特征曲线**　characteristic curves of propeller

以螺旋桨的进速系数为横坐标，推力系数、转矩系数和螺旋桨敞水效率为纵坐标的一组性能特征曲线。

**03.211　根涡**　root vortex

自螺旋桨叶根处泄出的尾涡。

**03.212　梢涡**　tip vortex

自螺旋桨叶梢处泄出的尾涡。

**03.213　螺旋桨设计图谱**　propeller design charts

根据定序螺旋桨系列模型试验数据或用理论计算结果所绘制的供螺旋桨设计用的曲线图。

**03.214　直径系数**　Taylor's diameter constant, Taylor's advance coefficient

表示螺旋桨转速($n$)、直径($D$)与进速($V_A$)关系的系数。以 $\delta$ 表示：

$$\delta = nD/V_A$$

**03.215　收到功率系数**　Taylor's propeller coefficient based on delivered power

表示螺旋桨转速($n$)、收到功率($P_D$)与进速($V_A$)间的关系的系数。以 $B_p$ 表示：

$$B_p = nP_D/V_A$$

**03.216　推力功率系数**　Taylor's propeller coefficient based on thrust power

表示螺旋桨转速($n$)、推力功率($P_T$)与进速($V_A$)关系的系数。以 $B_u$ 表示：

$$B_u = nP_T/V_A$$

**03.217　功率载荷系数**　power loading coefficient

用螺旋桨收到功率表示其载荷的无量纲系数。以 $C_P$ 表示：

$$C_P = \frac{P_D}{\frac{1}{2}\rho V_A^3 \cdot \frac{\pi}{4}D^2}$$

式中：$P_D$——收到功率；

$\rho$——水的密度；

$V_A$——进速；

$D$——螺旋桨直径。

**03.218　推力载荷系数**　thrust loading coefficient

用螺旋桨推力表示其载荷的无量纲系数。以 $C_T$ 表示：

$$C_T = \frac{T}{\frac{1}{2}\rho V_A^2 \cdot \frac{\pi}{4}D^2}$$

式中：$T$——螺旋桨推力；

$\rho$——水的密度；

$V_A$——进速；

$D$——螺旋桨直径。

**03.219　最佳转速**　optimum revolution

在一定设计条件下效率最高的螺旋桨转速。

**03.220　最佳直径**　optimum diameter

在一定设计条件下效率最高的螺旋桨直径。

**03.221　浸深**　immersion

螺旋桨中点浸沉于静水面以下的深度。

**03.222 浸深比** immersion ratio
螺旋桨浸深与直径之比值。

**03.223 可控螺距螺旋桨** controllable-pitch propeller
船舶航行时,通过毂内机构转动螺旋桨叶,以调节螺距来适应各种工况的螺旋桨。

**03.224 对转螺旋桨** contrarotating propellers
在同轴线的内外两轴上装设的旋向相反的一对螺旋桨。

**03.225 导管推进器** ducted propeller, shrouded propeller
在螺旋桨外围有控制水流的喷管形外罩所组成的推进器。

**03.226 全回转推进器** all-direction propeller, rudder propeller
又称"Z形推进器(Z-propeller)"。可绕垂直轴作360°回转的螺旋桨或导管推进器。

**03.227 串列螺旋桨** tandem propeller
在同一轴上装有前后两个或多个旋向相同的螺旋桨。

**03.228 重叠螺旋桨** overlap propeller
前后交错布置,而螺旋桨盘在投影上部分重叠的两个螺旋桨。

**03.229 适伴流螺旋桨** wake-adapted propeller
按螺旋桨各半径处的轴向伴流的周向平均值分别选择该半径处的螺距,从而获得船与螺旋桨系统能量损失最小的螺旋桨。

**03.230 反应推进器** contra propeller, reaction propeller
固定在螺旋桨后,吸收其尾流中旋转动能的增加推力的推进器。

**03.231 喷水推进器** waterjet propulsor
推进机构位于船内,利用喷射流体所产生的

反作用力推动船舶前进的推进器。

**03.232 平旋推进器** cycloidal propeller, Voith-Schneider propeller
在旋转圆盘下装有若干可转动的直叶伸入水中,并能产生任何方向推力的推进器。

**03.233 空化螺旋桨** cavitating propeller
设计在螺旋桨部分叶背为空泡所笼罩的条件下正常工作的螺旋桨。

**03.234 超空化螺旋桨** super-cavitating propeller, full-cavitating propeller
螺旋桨叶背为充分发展的空泡所笼罩,空泡区至少伸展至随边并能在很低空泡数下有效运转的螺旋桨。

**03.235 空气螺旋桨** air screw
在空气中工作的螺旋桨。

**03.236 明轮** paddle wheel
大部分露出水面,在圆轮四周装有多个蹼板鼓水的轮式推进器。

**03.237 侧推器** thruster
在船的首部或尾部横贯船体的圆筒内置有螺旋桨产生侧向推力,用于在零速或低速下操纵船舶的装置。

**03.238 空化** cavitation
在一定的环境温度下,由于压力下降而使液体形成气相的过程。

**03.239 背空化** back cavitation
在螺旋桨叶背或水翼的上表面上产生的空化。

**03.240 云状空化** cloud cavitation
产生微小而不稳定的蒸汽泡群的空化。

**03.241 叶面空化** face cavitation
在螺旋桨叶面或水翼下表面产生的空化。

**03.242 泡沫空化** foam cavitation, burbling cavitation

形成瞬变的泡沫状稍大的蒸汽泡群的空化。

**03.243 桨毂空化** hub cavitation
近桨毂中心的低压处形成的空化。

**03.244 片状空化** sheet cavitation, laminar cavitation
光滑而厚度较薄的定常或准定常空化。

**03.245 无空化** non-cavitating, sub-cavitation
不存在空化的状态或不影响流动特性的空化状态。

**03.246 超空化** supercavitation
充分发展的附着空泡,其长度超过物体边缘的空化。

**03.247 叶梢空化** tip cavitation
在螺旋桨叶梢或水翼的翼端附近产生的表面空化。

**03.248 梢涡空化** tip vortex cavitation
在螺旋桨叶的梢涡或水翼的翼端涡低压中心处产生的空化。

**03.249 尾涡空化** trailing vortex cavitation
在螺旋桨或水翼尾涡低压中心处产生的持久空化。

**03.250 叶根空化** root cavitation
螺旋桨叶根处产生的空化。

**03.251 空化斗** cavitation bucket
以翼型切面的空化数为横坐标,攻角为纵坐标,用厚度比为参数分别绘出吸力面及压力面产生空化的一组斗状临界线。

**03.252 空化衡准** cavitation criteria
判别空化起始、发展程序及其大致后果的一般准则。

**03.253 空化数** cavitation number
环境绝对压力与饱和蒸汽压力之差与动压头之比值,是表征液–气相系统的一特征

量。

**03.254 临界空化数** critical cavitation number
空化起始的空化数。

**03.255 空泡** cavity
空化区域的气相部分。

**03.256 空泡长度** cavity length
自空泡前缘至末端沿流动方向的长度。

**03.257 空泡厚度** cavity thickness
充分发展空泡在垂直于叶切面空泡长度方向的最大厚度。

**03.258 空泡压力** cavity pressure
空泡内部的实际压力。

**03.259 不稳定空泡** non-stationary cavity
尺度随时间而变化的空泡。

**03.260 局部空泡** partial cavity
出现于物体局部位置上的准定常空泡。

**03.261 脉动空泡** pulsating cavity
空泡体积变化频率与液–气相系统固有频率相同时的空泡。

**03.262 定常空泡** steady cavity
空泡的形状在时均意义上是稳定的空泡。

**03.263 不定常空泡** unsteady cavity
交替发生伸展和溃灭的附着空泡。

**03.264 空蚀** cavitation erosion
由于空泡溃灭时产生的高压导致材料变形和剥落的过程。

**03.265 船舶操纵性** ship maneuverability
船舶按照驾驶者的指令,保持或改变航向、船速和位置的性能。

**03.266 横移** sideslip
船舶由于自身作用(如转舵)引起的位移在垂直于其中纵剖面方向上的水平分量。

**03.267 横漂 drift**

船由于自身以外的扰动作用(如风、浪、流等)所引起的位移在垂直于其中纵剖面方向的水平分量。

**03.268 螺旋桨转艏效应 propeller effect on course changing**

由于螺旋桨旋转引起左右不对称力,使船首向一方偏转的现象。

**03.269 开环操纵性 open loop maneuverability**

船舶操纵运动中不包括人或自动驾驶仪等反馈环节在内的操纵性。

**03.270 闭环操纵性 close loop maneuverability**

船舶操纵运动中包括人或自动驾驶仪等反馈环节在内的操纵性。

**03.271 静稳定性 static stability**

物体受外界小扰动作用偏离其平衡状态,当该扰动作用消失瞬间,物体能趋向原平衡状态的性能。

**03.272 动稳定性 dynamic stability**

运动物体受外界小扰动作用而偏离其稳定运动状态,当这一扰动作用消失后能回复到原先稳定运动状态附近规定范围内的性能。

**03.273 渐近稳定性 asymptotical stability**

物体受外界小扰动作用而偏离其稳定运动状态,当这一扰动作用消失后不加任何控制作用能回复到原先稳定运动的性能。

**03.274 水动力分量 hydrodynamic force components**

作用在船舶上的水动力在各坐标轴上的投影。

**03.275 水动力导数 hydrodynamic force derivatives**

作用在船上的水动力(或力矩)对其运动参数在初始平衡点进行泰勒级数展开中的偏导数。

**03.276 孟克力矩 Munk moment**

三维物体在理想流体中以一定攻角(或漂移)作定常直线运动在前半体与后半体上产生的两个大小相等、方向相反的力组成的力偶。

**03.277 直线稳定性 straight line stability**

船舶受风、浪、流等外界小扰动作用而偏离其定常直线运动,当这种扰动作用消失后不加任何控制作用,最终仍能保持直线运动(不管方向、位置有无改变)的性能。

**03.278 方向稳定性 directional stability**

船舶受风、浪、流等外界小扰动作用而偏离其定常直线运动的方向,当这种扰动作用消失后不加任何控制作用最终仍能回复到其初始定常直线运动方向(不管位置有无改变)的性能。

**03.279 位置稳定性 positional stability**

船舶受风、浪、流等外界小扰动作用而偏离其定常直线运动的航线,当这种扰动作用消失后不加任何控制作用最终能回复到初始定常直线运动航线上的性能。

**03.280 航向保持性 course keeping quality**

在舵手或自动驾驶仪的操纵下,使船舶保持在一规定的直线航向上航行的性能。

**03.281 转艏性 course changing quality**

艏向角对舵或其他操纵器作用的响应性能。

**03.282 回转性 turning quality**

船舶在舵(或其他操纵器)的作用下作回转运动的性能。

**03.283 倒航操纵性 astern maneuverability**

船舶后退时的操纵性能。

**03.284 应急操纵性 crash maneuverability**

船舶在出现紧急情况下,采用各种措施操

纵船时的操纵性能。

**03.285  操纵性衡准  criteria of maneuver-ability**
衡量船舶操纵性优劣的标准。

**03.286  可操纵域  maneuverable range**
估计风力对船舶操纵影响的一个绝对风速范围。在此范围中的任一风速下,船舶可籍舵(或其他操纵器)沿任意方向作直线航行或向左、向右转向。

**03.287  入试航速  approach speed on testing**
在任一操纵试验开始时,船舶稳定地沿直线航行时的航速。

**03.288  转舵阶段  maneuvering period**
回转试验中,自开始转舵瞬时起到转舵结束瞬时止的这一段时间。

**03.289  过渡阶段  transition period**
回转试验中,自转舵结束瞬时起到船舶开始作稳定回转运动瞬时止的这一段时间。

**03.290  稳定回转阶段  steady turning period**
回转试验中,船舶开始作稳定回转运动瞬时起到回转试验结束的这一段时间。

**03.291  回转迹线  turning path**
回转试验时,船舶重心的运动轨迹。

**03.292  回转周期  turning period**
回转试验中,船舶从初始直航开始转舵瞬时到艏向改变360°所经历的时间。

**03.293  纵距  advance**
回转试验中,自开始转舵瞬时的船舶重心位置至艏向改变90°瞬时的重心位置沿初始直航向量取的距离。

**03.294  横距  transfer**
回转试验中,自开始转舵瞬时的船舶重心位置到艏向改变90°瞬时的重心位置沿垂直

于初始直航向并向转舵一侧量取的距离。

**03.295  反向横距  kick**
在回转试验的转舵、过渡阶段中,船舶重心离开初始直航向向转舵相反一侧,沿垂直于初始直航向量取的最大距离。

**03.296  战术直径  tactical diameter**
回转试验中,艏向改变180°时其重心与初始直航向间的垂直距离。

**03.297  回转直径  steady turning diameter**
回转试验中,船舶进入稳定回转阶段后的回转圆直径。

**03.298  回转中心  center of turning circle**
回转试验中,船舶进入稳定回转阶段后的回转圆圆心。

**03.299  枢心  pivoting point**
回转试验中,船舶纵轴上横向速度等于零的这一点。

**03.300  回转速降  speed drop on turning**
船舶因回转阻力增加而使航速较入试航速降低的现象。

**03.301  回转横倾角  heel on turning**
回转运动时,船舶绕过其重心的纵轴的转角。

**03.302  回转突倾  snap heel on turning**
在回转过渡阶段,船舶由内倾变为外倾,或由外倾变为内倾,时间短暂而横倾角特别大的现象。

**03.303  初转期  initial turning time**
Z形试验中从试验开始的第一次操舵瞬时到第一次反向操舵瞬时之间的这一段时间。

**03.304  转艏滞后  course change lag**
Z形试验中,舵回复到零舵角瞬时至船达到最大转艏角瞬时之间的时间。

**03.305  超越角  overshoot angle**

Z 形试验中,反向操舵时的转艏角与其后出现的最大转艏角之差。

**03.306　纠偏期　time to check yaw**
Z 形试验中,从换操反舵瞬时到达最大转艏角瞬时之间的时间间隔。

**03.307　复向期　reach**
Z 形试验中,从开始首次操舵到船向右舷转艏后返回原艏向瞬时之间的时间间隔。

**03.308　Z 形操纵周期　time for a complete cycle in zigzag**
Z 形试验中,从开始操舵到向右舷和随后向左舷转艏完成一个循环所经过的时间间隔。

**03.309　操纵性特征曲线　maneuvering characteristics curve**
以舵角为横坐标,船舶稳定回转角速度为纵坐标所标绘成的关系曲线。

**03.310　不稳定环　"hysteresis" loop**
不具有直线稳定性的船的操纵特性曲线,在其原点附近出现形似磁滞回线的封闭曲线。

**03.311　转船力矩　moment of turning ship**
舵、螺旋桨或其他操纵器产生的水动力对船重心的力矩。

**03.312　水下侧面积　lateral underwater area**
船舶水下部分(重复的面积只计入一次)在中纵剖面上的投影面积。

**03.313　舵空化　rudder cavitation**
高速船舶在操舵后,舵的吸力面上产生的空化。

**03.314　耐波性　seakeeping qualities**
船舶在风浪中的运动性能以及为船上的人员与各种系统、装备提供良好的船体运动环境条件的能力。

**03.315　适航性　seaworthiness**
保证船舶安全航行的能力。

**03.316　耐波性衡准　criteria of seakeeping qualities**
衡量船舶耐波性优劣的标准。

**03.317　船舶摇荡　ship oscillation**
船舶在风、浪等外力作用下所产生的各种周期性运动的总称。

**03.318　纵摇　pitching**
船舶对通过其重心的横轴的周期性摇动。

**03.319　横摇　rolling**
船舶对通过其重心的纵轴的周期性摇动。

**03.320　艏摇　yawing**
船舶对通过其重心的垂向轴的周期性摇动。

**03.321　垂荡　heaving**
船舶重心沿其垂向轴的往复运动。

**03.322　纵荡　surging**
船舶重心沿其纵轴的往复运动。

**03.323　横荡　swaying**
船舶重心沿其横轴的往复运动。

**03.324　谐摇　resonance**
在外力作用的频率等于船舶固有频率时船舶所作的摇荡。

**03.325　耦合运动　coupling motion**
船舶有几种摇荡同时存在并互相影响时的运动。

**03.326　附加质量　added mass**
作用在物体上,与加速度相位相同的单位加速度的水动力。其实际效应相当于物体的质量附加了另一个质量。

**03.327　横摇阻尼　rolling damping**
船舶横摇时,由于船体与水之间存在相对速度,使能量耗散,且减小摇幅的阻尼。

**03.328　摩擦阻尼　frictional damping**
物体摇荡时,其表面与流体摩擦而产生的阻

尼。

**03.329 旋涡阻尼** eddy making damping
船舶摇荡时,在船体弯曲或突出部分形成旋涡,导致能量耗散而产生的阻尼。

**03.330 兴波阻尼** wave making damping
船舶摇荡时,因兴波耗散能量所产生的阻尼。

**03.331 舭龙骨阻尼** bilge keel damping
由于舭龙骨存在而产生的阻尼。

**03.332 升力阻尼** lift effect damping
航行船舶摇荡时,由于升力而产生的阻尼。

**03.333 扰动力** exciting force
风、浪、水流作用在物体上的交变外力。耐波性研究中主要指产生船舶摇荡的波浪作用力。

**03.334 辐射力** radiation force
理想流体中物体在静水中运动时受到的水动力。

**03.335 衍射力** diffraction force
因船体等水下物体的存在,波浪产生衍射而产生的水动力。

**03.336 动水位升高** dynamic swell-up
由于船舶摇荡而引起的舷侧水位高度的变化。

**03.337 有效干舷** effective freeboard
船舶在静水中航行时的实际干舷。

**03.338 甲板淹湿** deck wetness
波面超过并涌向甲板的现象。

**03.339 淹湿性** wetness
在风浪中船舶甲板淹湿与飞溅的程度。

**03.340 飞溅** spray
船舶在风浪中或高速航行时产生的水喷溅。

**03.341 横摇衰减曲线** curve of declining angle
船舶在自由横摇时横摇角衰减的时间历程。

**03.342 消灭曲线** curve of extinction
从衰减曲线上取相邻摇幅值的平均值为横坐标、相邻摇幅值的递减值为纵坐标所绘制的曲线。

**03.343 失速** speed loss
主机工况不变的条件下,船在风浪中的航速比静水航速减小的值。

**03.344 飞车** propeller racing
船舶在风、浪中航行时,因螺旋桨部分或全部露出水面,而使转速剧增并引起主机工况失常的现象。

**03.345 横甩** broaching
船舶在风浪作用下,因航向失控而突然转向的现象。

**03.346 波浪中平均功率增值** mean increase of power in waves
为维持船舶在波浪中与静水中相同的航速,所需功率的平均增加值。

**03.347 波浪中平均阻力增值** mean increase of resistance in waves
在相同平均航速下,船舶在波浪中所受的阻力较静水中增加的平均值。

**03.348 波浪中平均转矩增值** mean increase of torque in waves
为维持船舶在波浪中与静水相同的航速,而使螺旋桨转矩增加的平均值。

**03.349 波浪中平均推力增值** mean increase of thrust in waves
为维持船舶在波浪中与静水中相同的航速,而使螺旋桨推力增加的平均值。

**03.350 波浪中平均转速增值** mean increase of propeller revolution in waves

为维持船舶在波浪中与静水中相同的航速，而使螺旋桨转速增加的平均值。

**03.351 波浪谱 wave spectrum**
波浪位移的方差谱、波倾角谱、波数谱的统称。一般指波浪位移的方差谱，它反映了各成份波的有关量相对于频率的分布情况。

**03.352 波能波密度 wave power spectral density**
随机波浪中各波谱分量的能量幅值相对其频率的分布密度。

**03.353 响应谱 response spectrum**
船舶在不规则海浪作用下，对波浪响应的方差谱。

**03.354 浪向 sea direction**
波浪的主要行进方向与地球正北方向之间的夹角。

**03.355 遭遇角 wave encounter angle**
波浪前进方向与艏向间的水平夹角。

**03.356 顶浪 head sea**
艏向与波浪行进方向的水平夹角在 $180° \pm 15°$ 之间的波浪。

**03.357 随浪 following sea**
艏向与波浪行进方向的水平夹角在 $\pm 15°$ 之间的波浪。

**03.358 横浪 beam sea**
艏向与波浪行进方向的水平夹角在 $90° \pm 15°$ 或 $270° \pm 15°$ 之间的波浪。

**03.359 艏斜浪 bow sea**
艏向与波浪行进方向间的水平夹角在 $135° \pm 30°$ 或 $225° \pm 30°$ 之间的波浪。

**03.360 艉斜浪 quartering sea**
艏向与波浪行进方向间的水平夹角在 $45° \pm 30°$ 或 $315° \pm 30°$ 之间的波浪。

**03.361 长峰波 long crested waves**

沿单一方向传播的波浪。

**03.362 短峰波 short crested waves**
由不同方向的长峰波组成的波浪。

**03.363 规则波 regular wave**
可以用单一正弦(余弦)函数表示的波浪。

**03.364 不规则波 irregular wave**
可由不同频率且具有随机相位的正弦(余弦)波叠加而组成的波浪。

**03.365 瞬态波 transient wave**
由造波机先以高频，然后逐步降低频率所造的一系列规则波叠加而成的波。

**03.366 [频率]方向谱 directional spectrum**
又称"二维谱"。与波频和方向有关的海浪谱。

**03.367 有义波高 significant wave height**
又称"三一波高"。将所有连续测量的波高按大小排列，取其总数的三分之一大波波高的平均值。

**03.368 波倾角 slope of wave surface**
与波峰正交的垂直剖面上波浪表面的最大倾斜角。

**03.369 有效波倾角 effective wave slope**
考虑了波浪的史密斯效应以后的等效扰动力矩的等价波倾角。

**03.370 有效波倾系数 coefficient of effective wave slope**
有效波倾角与波倾角之比值。

**03.371 弗劳德－克雷洛夫假定 Froude-Kryloff hypothesis**
关于船体的存在，不改变波浪下水动压力分布特征的假定。

**03.372 船模试验水池 ship model experimental tank**
进行船舶模型试验的水池。

**03.373　拖曳水池**　towing tank
供拖曳船模进行试验的船模试验水池。拖曳方式有拖车式、重力式等。

**03.374　浅水试验水池**　shallow water tank
供研究船舶在浅水中航行性能用的船模试验水池。其特点是宽度大、深度浅。

**03.375　减压试验水池**　depressurized tank
建于气密室内的通过调节可降低水面大气压力的船模试验水池。

**03.376　耐波性试验水池**　seakeeping tank
能制造不同特征的规则波或不规则波，用于进行耐波性试验的船模试验水池。

**03.377　操纵性试验水池**　maneuvering tank, maneuvering basin
供研究船舶操纵性用的船模试验水池。一般分为自由自航船模操纵性试验水池和约束船模操纵性试验水池两种。

**03.378　风浪流试验水池**　wind, wave and current tank
在水池内能同时模拟或部分模拟风、浪、流进行模型试验的水池。

**03.379　旋臂水池**　rotating arm basin
在圆形水池中央岛设有一旋臂，船模可固定其上，当旋臂回转时，通过测量装置可测出作用在船模上有关水动力和力矩的试验水池。

**03.380　循环水槽**　circulating water channel
水作循环流动的模型试验设备。

**03.381　空化水筒**　cavitation tunnel
主要用于测试螺旋桨或其他物体产生空化现象及其性能的能调节压力的循环水筒。

**03.382　低速风洞**　low speed wind tunnel
利用空气作介质，风速一般低于0.4马赫数，用于进行模型试验的风洞。

**03.383　冰水池**　ice model tank
研究船舶在冰区中航行性能用的，池中水表面冷却成一定厚度冰层的船模试验水池。

**03.384　水下爆炸试验水池**　underwater explosion tank
研究船舶承受水下爆炸能力的试验水池。

**03.385　坐标定位拖车试验水池**　basin with $x$-$y$ plot carriage
在桥式主拖车上，装设横向移动的副拖车，使船模可同时调整纵向和横向分速度，并循指定轨迹拖航的船模试验水池。

**03.386　船体振动试验水池**　ship hull vibration testing tank
研究船体及其结构的振动的试验水池。

**03.387　模型拖车**　model towing carriage
船模试验时用来拖曳船模运动的机构。包括载人车体及其牵引机构等。

**03.388　测试段**　measuring section
（1）船模试验水池中，拖曳速度稳定，适于进行测量的水池段。
（2）空化水筒或风筒内安装测试对象的筒段。

**03.389　加速段**　accelerating section
船模试验水池中船模拖曳速度从零增至预期试验速度的水池段。

**03.390　假底**　false bottom
安装在船模试验水池中，可以上下移动，用以调节水深的活动池底。

**03.391　敞水试验箱**　open-water test boat
螺旋桨敞水试验时用以安装螺旋桨测力仪的容器。

**03.392　激流装置**　turbulence stimulator
船模在试验水池中进行拖曳试验时，安装在船模首部，使船模边界层变成紊流的装置。

**03.393 平面运动机构** planar motion mechanism

使船模能在垂直或水平面内以一定频率和振幅作规定的平面运动,来测定作用在其上的水动力和力矩的试验设备。

**03.394 数控平面运动拖车** computer controlled planar motion carriage

以数字计算机控制的大振幅平面运动机构。

**03.395 造波机** wave generator, wave maker

在船模试验水池中制造波浪的设备。

**03.396 冲箱式造波机** plunger type wave generator

装置在船模试验水池中,由机械或液压驱动的楔形箱体沿滑槽入水作垂向运动,并自动控制调节其振幅、速度、相位等,以产生不同的人工波形的设备。

**03.397 摇板式造波机** flap type wave generator

在试验水池中,用下端铰接,上端能前后摇动的摇板,制造人工波浪的设备。

**03.398 气动式造波机** pneumatic wave generator

在试验水池中,用鼓风机控制倒形箱内的空气以制造人工波浪的设备。

**03.399 蛇形造波机** snake type wave generator

在试验水池中,用大量联成一行的各单元造波机,可各自调整幅值、频率和相位以制造复杂人工波形的设备。

**03.400 消波器** wave damper

船模试验水池中消除波浪的设备。

**03.401 三自由度运动位移测量装置** displacement metering device with 3-degree of freedom

在拖曳水池中用于测量船模在迎浪(或随浪)中纵摇、垂荡及波浪中阻力增值的测量装置。是被动(由船模带动)的机械式测量装置。

**03.402 六自由度运动位移测量装置** displacement metering device with 6-degree of freedom

用于斜浪试验,测量三个线位移及三个角位移的测量装置。试验时船模运动不受约束,测量装置的纵横向小车由伺服跟踪系统驱动。是主动跟踪的机械式测量装置。

**03.403 纵向强制摇荡装置** longitudinal forced oscillatory device

用来强制船模在静水中作纵摇与垂荡运动,求取这些运动方程中的附加阻尼系数的装置。

**03.404 横向强制摇荡装置** transverse forced oscillation device

用以测量船模横荡、艏摇、横摇的水动力系数的测量装置。

**03.405 船模阻力仪** resistance dynamometer

测量船模阻力的仪器。

**03.406 纵倾测量仪** trim measuring meter

测量船模在拖曳水池试验时所产生的艏、艉倾及升沉现象的记录设备。

**03.407 激光测速仪** laser velocimeter, laser doppler velocimeter

利用光的反射和光的多普勒频移原理,即利用运动质点使光发生散射以测知质点的速度,从而求出流体速度的仪器。

**03.408 伴流仪** wake meter

测量伴流速度的仪器。

**03.409 水翼三分力仪** 3-component balance for hydrofoil

测量水翼在运动时作用在其上的水动力的仪器。

**03.410 螺旋桨测力仪** propeller dynamometer
测量螺旋桨模型推力、转矩和转速的仪器。

**03.411 推力仪** thrust meter
在船模或实船试验中用以测量螺旋桨推力的设备。

**03.412 转矩仪** torque meter
在船模或实船试验中用以测量螺旋桨转矩的设备。

**03.413 浪高仪** wave height recorder
测量和记录波浪高度的仪器。有电容式、超声波式和电阻式、伺服式等。

**03.414 波浪扰动动力仪** wave disturbance apparatus
测量船模在波浪中所受扰动力（广义）的仪器。

**03.415 波浪中阻力测量仪** resistance measuring device in waves
利用三自由度运动位移测量装置在测量运动位移的同时测出船模在波浪中（迎浪或随浪）阻力的仪器。

**03.416 垂直式阻力动力仪** vertical-type resistance dynamometer
测量船模在斜浪中航行时所受阻力的仪器。

**03.417 波浪中自航要素测量仪** self-propulsion element messuring device in waves
用以模拟实船主机各类工况并能测定其自航要素，或通过安装在推进装置同一轴上的应变式自航动力仪测出船模在波浪中的推进要素的测量仪器。

**03.418 紊流探测器** turbulence detector
探测边界层是否属于紊流流态的设备。

**03.419 舵三分力仪** 3-component balance for rudder
测量船模在运动时作用在舵上水动力的仪器。

**03.420 船模** ship model
将实船尺度按比例缩小而制成的供试验用的模型。

**03.421 标准船模** standard ship model
用于校核船模试验结果及比较各水池性能，能长期保持形状和表面光洁度不变的船模。

**03.422 重叠船模** double model
用两条相同船模的水下部分，倒正重合而成的一个船模。

**03.423 系列船模** series of ship models
有次序地改变船模中某些参数而构成的组系船模。

**03.424 螺旋桨模型** model propeller
将实际螺旋桨按比例缩小尺度而制成的供试验用的模型。

**03.425 假模** dummy model
模型试验时为探讨模型对支架和支架对模型的干扰力而制作的模型。

**03.426 假毂** dummy propeller boss
螺旋桨模型敞水和自航试验时，用来代替螺旋桨毂的摩擦阻力和扭矩，其重量和螺旋桨模型大致相等的回转体。

**03.427 试验临界雷诺数** critical Reynolds number for experiment
模型试验时，为测得稳定可靠的数值，所要达到的最低雷诺数。

**03.428 缩尺比** scale ratio
模型与实物尺度的比值。

**03.429 尺度效应** scale effect
几何相似的物体，由于大小不同而不能同时

满足所有有关的动力相似定律,而引起物体所受的力。如重力、黏性力和表面张力或力矩系数以及流态等的差异。

**03.430 阻塞比** blockage ratio
物体浸水部分横剖面积与水池测试段水面下横剖面积的比值,或物体的横剖面积与水筒(风洞)测试段横剖面积的比值。

**03.431 阻塞效应** blockage effect
物体在受池壁和池底或筒壁限制的流体中与其在无限流体中运动时,由于流场的不同而引起的受力的差异。

**03.432 阻塞修正** blockage correction
考虑到阻塞效应而作的修正。如将有限剖面水池中所作的水动力试验结果,变换为无限水域中或另一剖面水池中的数值而作的修正。

**03.433 模型拖点** model towing point
船模试验时的受力点。通常垂向取在水线面上,纵向取在船模浮心附近。

**03.434 伴流模拟** wake simulation
在空化试验水筒测试段上游装置格栅、水管群、船模等,模拟伴流的分布。

**03.435 等推力法** wake assessment by thrust identity method
将螺旋桨模型在船模后与在敞水中的试验数据进行比较,以同转速、等推力时船模速度减去螺旋桨敞水进速,以求得等推力实效伴流的计算方法。

**03.436 等转矩法** wake assessment by torque identity method
将螺旋桨模型在船模后与在敞水中的试验数据进行比较,以同转速、等转矩时的船模速度减去螺旋桨敞水进速,以求得等转矩实效伴流的计算方法。

**03.437 自航试验拖力** towing force in self-propulsion test
在船模自航试验中,为抵消船模与实船摩擦阻力系数的差异以达到相当于实船自航情况下所加于船模的拖力。

**03.438 船模自航点** self-propulsion point of model
作强制自航试验时,螺旋桨推力恰等于船模阻力及阻力增额时的情况。

**03.439 试验池实船自航点** self-propulsion point of ship under tank condition
在强制船模自航试验中,船模阻力包括阻力增额超过推力的数值等于船模与实船摩擦阻力系数差异影响的状况。

**03.440 阻力试验** resistance test
测量船模在不同航速时所受阻力的试验。

**03.441 裸船模阻力试验** naked hull resistance test
在水池中拖曳不带附体的船模,测出其在各种航速时的阻力的试验。

**03.442 船模系列试验** systematic test of ship models
系统地改变船体主尺度和船型系数的组系船模的试验。包括阻力试验、自航试验和耐波性试验等。

**03.443 自航试验** self-propulsion test
通过船模内所装的动力机构驱动螺旋桨推进船模和测力仪,以预测实船的快速性和分析螺旋桨与船体间相互作用的试验。

**03.444 纯粹自航试验** continental method of self-propulsion test
船模速度一定,调节螺旋桨转速,使其发出的推力等于摩擦阻力修正后的船模阻力所进行的试验。

**03.445 强制自航试验** English method of self-propulsion test

船模速度一定,变转速,测量螺旋桨推力和强制力的试验。

**03.446 流线试验** streamline test
为观察并摄录船模表面上流线的方向进行的试验。

**03.447 伴流测量** wake measurement, wake survey
利用毕托管或伴流仪测定船体桨盘面处伴流的大小、方向及其分布情况。

**03.448 尾流试验** wake measurement behind stern
为研究船模尾流场中能量消耗情况而进行的尾流状态的测量。

**03.449 船后螺旋桨试验** behind ship test of propeller
螺旋桨在受到船体干扰的水流中进行的试验。

**03.450 系列螺旋桨试验** systematic screw series experiments
对系列螺旋桨模型进行的组系模型试验。

**03.451 反转试验** backing propeller test
将螺旋桨模型反转进行的试验。

**03.452 锁制试验** fixed propeller test, locked propeller test
将螺旋桨模型锁制不转以测定其阻力的试验。

**03.453 部分浸水试验** partially immersed test
使螺旋桨模型部分露出水面,为检查其性能变化和吸气情况而进行的试验。

**03.454 空化试验** cavitation test
在空化水筒内以模型模拟实物的空化现象的试验。

**03.455 耐波性试验** seakeeping test

在能制造波浪的试验水池中所进行的船模试验。

**03.456 规则波中试验** experiment in regular waves
在可以用单一正弦(余弦)函数表示的波浪中进行的模型试验。

**03.457 不规则波中试验** experiment in irregular waves
在由不同频率且具有随机相位的正弦(余弦)波叠加而成的波浪中进行的模型试验。

**03.458 波浪中阻力试验** resistance test in waves
测量船模在波浪中不同航速时所受到阻力的试验。

**03.459 波浪中自航试验** self-propulsion test in waves
在波浪中船模通过装在其中的动力机构驱动螺旋桨推进船模和测力仪,以预测实船在波浪中的运动性能、砰击、失速和分析螺旋桨与船体相互作用的试验。

**03.460 瞬态波试验** transient wave test
模型以一定速度前进,使其在预定的地点与一瞬态波相遇,以测量模型响应特性的试验。

**03.461 操纵性试验** maneuverability test
对船舶作操纵性的模拟试验。一般包括 Z 形操纵、回转、航向稳定和停航试验等。

**03.462 自由自航船模试验** free-running model test
自航船模在水池中模拟实船的运动,以确定船舶运动性能的试验。

**03.463 拘束船模试验** captive model test
用专门的装置拘束住模型,使其在水池中按预定的形式运动,以确定作用在其上的水动力和力矩的试验。

**03.464 · 回转试验** turning test

测定船舶回转性能的试验。使船舶以设定速度直航稳定后,转舵到设定舵角并保持不变,船舶进入回转,当转艏达 540°时试验结束。

**03.465 航向稳定性试验** course keeping test

为确定和评估船舶航向稳定性的试验。包括螺线、逆螺线、回舵试验等。

**03.466 回舵试验** pull-out test

当操舵舵角保持某一定值(如右 15°或左 15°),船舶进入稳定回转后,操舵回中,连续测量船的回转角速度。用以评估船的航向稳定性。

**03.467 螺线试验** spiral test

操舵舵角保持某一定值(如右 15°)时,测定船舶稳定转艏角速度。然后逐步减小舵角,直至左 15°,再由左 15°直至右 15°舵角,测定相应的稳定角速度值。主要用来评估船舶航向稳定性。

**03.468 逆螺线试验** reverse spiral test

通过自动驾驶仪或人工操舵的方法,使船舶保持一定的转艏角速度,然后求出对应角速度所用舵角的平均值。用以评估船舶航向稳定性。

**03.469 航向改变试验** course change test

测定船舶操中等舵角时转向性能的试验。

**03.470 Z 形[操纵]试验** zigzag test

操舵舵角随艏向角的改变而变化使船舶的航线近似 Z 形的操纵性试验。主要用以评估船的航向改变性能。

**03.471 停船试验** stopping test

又称"惯性试验"。主机由全速正车到停车,测出船舶的惯性冲程、轨迹及其滑行时间的试验。

**03.472 紧急停船试验** crash stopping test

主机由全速正车到倒车,测出船舶的冲程、轨迹与其滑行时间的试验。

**03.473 旋臂试验** rotating-arm test

为测定船模速度导数,在圆形水池中进行的试验。

**03.474 直线拖曳试验** straight line towing test

在拖曳水池中测定船模的位置导数与控制导数进行的试验。

**03.475 偏模直拖试验** oblique model towing test

在拖曳水池中使船模以规定的不同漂角和(或)舵角按等速沿直线拖曳,用以确定船舶运动位置导数的试验。

**03.476 平面运动机构试验** planar motion mechanism test

在拖曳水池中利用平面运动机构,系统地求取被拖曳船模运动中所产生的各项力和力矩的加速度导数与速度导数的试验。

**03.477 振荡仪试验** oscillator test

在风洞或水池内,用连接船模前后部的振动仪强制船模振荡,以测定其作用力和力矩的试验。

**03.478 分段拼模试验** segmented model test

用若干分段拼成的船模所进行的振动、波浪载荷或操纵性约束船模的试验。

# 04. 船体结构、强度及振动

**04.001　船体　hull**
不包括任何设备、装置、系统等的船身结构物及上甲板以上的围蔽建筑。

**04.002　船体结构　hull structure**
组成主船体、上层建筑、甲板室等各种具体构件的总称。

**04.003　焊接船体结构　welded hull structure**
用焊接方法连接的船体结构。

**04.004　铆接船体结构　riveted hull structure**
用铆接方法连接的船体结构。

**04.005　主船体　main hull**
强力甲板及其以下部分的船体。

**04.006　甲板板架　deck grillage**
由甲板板和骨架组成的构件。

**04.007　船侧板架　side grillage**
由船侧板和骨架组成的构件。

**04.008　船底板架　bottom grillage**
由船底板和骨架组成的构件。

**04.009　舱壁板架　bulkhead grillage**
由舱壁板和骨架组成的构件。

**04.010　骨架　framing**
支承外板、甲板板、舱壁板、内底板及船底板等所有相互连接的桁材与型材的统称。

**04.011　横骨架式　transverse framing system**
横向骨材较密、纵向骨材较稀的船体骨架形式。

**04.012　纵骨架式　longitudinal framing system**
纵向骨材较密、横向骨材较稀的船体骨架形式。

**04.013　混合骨架式　combined framing system**
主船体中,部分区域采用纵骨架式,部分区域采用横骨架式的船体骨架形式。

**04.014　桁材　girder**
由腹板与面板组成的大型组合构件。

**04.015　腹板　web**
与船体板材连接的桁材立板。

**04.016　面板　face plate**
与腹板自由边正交,沿桁材方向延伸的板条。

**04.017　构件　member**
板与骨架的统称。

**04.018　列板　strake**
板材的长边沿船长方向布置并逐块端接而成的连续长板条。

**04.019　主要构件　primary member**
支持骨材或其他桁材的构件。如舱口端梁、甲板纵桁、强肋骨等。

**04.020　次要构件　secondary member**
支持板的骨材。如横梁、甲板纵骨、扶强材等。

**04.021　连续构件　continuous member**
在构件与构件相交处,连续通过未被隔断的构件。

**04.022 间断构件** intercostal member

在构件与构件相交处,被隔断的构件。

**04.023 冰带区** ice belt

可能接触浮冰的水线附近的舷侧部分。

**04.024 冰区加强** ice strengthening

对航行于冰区船舶所作的局部结构加强。

**04.025 纵骨** longitudinal

用于支承板材,并布置得较密的纵向骨材。

**04.026 纵桁** longitudinal girder, stringer

沿船长方向设置在甲板与舷侧骨架中的桁材。

**04.027 肘板** bracket

用于构件之间在节点处相互连接的板。

**04.028 折边肘板** flanged bracket

自由边缘有90°折边的肘板。

**04.029 防倾肘板** tripping bracket

为防止所支持构件失稳所设置的肘板。

**04.030 贯通肘板** through bracket

将舱壁或肋板两边的纵骨或横梁连接的肘板。

**04.031 水平肘板** horizontal bracket

近似水平装设的肘板。

**04.032 加强筋** stiffener, rib

设于高大的桁材腹板、肘板上,或管形构件壁上沿轴向布置的型材。主要用于增加结构的稳定性。

**04.033 覆板** doubling plate

为了局部加强,在原结构的部分板材上,再加焊的一块板。

**04.034 扣板** gusset plate

在腹板等高的节点处,为了加强构件连接而采用的梯形或菱形面板。

**04.035 压筋板** swaged plate

压有槽纹以增加其强度与刚度的薄板。

**04.036 人孔** manhole

构件上供人员通过而开设的孔。

**04.037 齿形孔** scallop

在桁材腹板或型材与外板、舱壁、甲板等焊接的边缘上,为便于间断焊分段围绕包角,并兼有减重、流水、透气等功能而开的一串矩形带圆角或梯形的切口。

**04.038 流水孔** drain hole

构件上为使水或其他液体能自由流通而开设的小孔。

**04.039 流水沟** gutterway

甲板或平台的边缘上用以引泄积水的沟道。

**04.040 透气孔** air hole

为使空气自由流通而在构件上开设的小孔。

**04.041 通焊孔** clearance hole

为使焊缝通过而在构件上开设的小孔。

**04.042 减轻孔** lightening hole

为减轻重量而在构件上开设的孔。

**04.043 洗舱孔** tank cleaning opening

油船甲板上开设的供洗舱用的孔。

**04.044 肘板连接** bracket connection

骨架端部用肘板与其他构件连接的方式。

**04.045 直接连接** lug connection

骨架端部不用肘板,但保持骨架端部剖面完整而与其他构件直接连接的方式。

**04.046 面板切斜连接** clip connection

骨架端部不用肘板,将面板角端切去,以便把完整的腹板与其他构件焊接的连接方式。

**04.047 切斜端** snip end

骨架端部切成斜尖形的末端。

**04.048 跨距** span

构件两支点间的距离。

**04.049 纵骨间距** spacing of longitudinals
两相邻纵骨之间的距离。

**04.050 肋距** frame spacing, spacing of frame
两相邻肋骨之间的距离。

**04.051 外板** shell plate
构成船体底部、艏部及船侧外壳的板。

**04.052 方龙骨** bar keel
船底中线处,位于肋板下面的、实心矩形剖面的纵通构件。

**04.053 平板龙骨** plate keel
船底中线处的一列纵向外板。

**04.054 龙骨翼板** garboard strake
方龙骨两边的左、右各一列纵向外板。

**04.055 船底板** bottom plating
从平板龙骨或方龙骨到舭列板间的船底外板。

**04.056 舭列板** bilge strake
舭部的列板。

**04.057 舭龙骨** bilge keel
近似垂直地装设在舭列板的外侧、沿船长一定范围延伸的条状减摇构件。

**04.058 舷侧外板** side plating
船侧舭列板以上的外板。

**04.059 舷顶列板** sheer strake
与强力甲板连接的一列外板。

**04.060 舷墙** bulwark
露天甲板边缘处的防护围墙结构。

**04.061 单底** single bottom
由船底板架构成的单层船底结构。

**04.062 双层底** double bottom
船底、内底及两者之间结构的总称。

**04.063 内底板** inner bottom plating
双层底的顶板。

**04.064 内底边板** margin plate
与外板相连的一列内底板。

**04.065 龙骨** keel
单底中线处从艏到艉贯通底部全长的纵向连续构件。

**04.066 中内龙骨** center keelson
单底中线处的纵向连续桁材。

**04.067 旁内龙骨** side keelson
单底中线两侧的纵向桁材。

**04.068 中桁材** center girder
双层底中线面内的纵向连续板材。

**04.069 旁桁材** side girder
双层底中线面两侧的纵向桁材。

**04.070 箱形中桁材** duct center girder
由与船底中线面平行且对称的两道纵向竖板与中列内底板、平板龙骨等所组成的纵向箱形结构。可作为双层底管线通道用。

**04.071 半高底桁材** half depth girder
腹板高度约为双层底高度一半的旁桁材。

**04.072 船底纵骨** bottom longitudinal
在纵骨架式船底结构中支持船底板的纵向骨材。

**04.073 内底纵骨** inner bottom longitudinal
纵骨架式双层底结构中内底板下方的纵向骨材。

**04.074 肋板** floor
船底骨架中设在肋位上的横向板材或框架结构。

**04.075 实肋板** solid floor, plate floor
用板材制成的肋板。

**04.076 水密肋板** watertight floor

在规定压力下,保持不渗水的实肋板。

**04.077　油密肋板**　oiltight floor
在规定压力下,保持不渗油的实肋板。

**04.078　组合肋板**　bracket floor
由船底横骨、内底横骨、撑材和肘板等组成的船底横向框架结构。

**04.079　轻型肋板**　lightened floor
厚度与高度都和实肋板相同,但具有较大开孔的肋板。

**04.080　艉肋板**　transom floor
船尾的最后一道肋板。斜肋骨与艉柱都与艉肋板连接。

**04.081　船底横骨**　bottom frame
组合肋板下缘与船底板相连的横向骨材或某些单底船的船底横向骨材。

**04.082　内底横骨**　reverse frame
组合肋板上缘与内底板相连的横向骨材。

**04.083　撑材**　strut
组合肋板平面内,连接旁桁材、船底横骨和内底横骨的竖向型材;以及在船底纵骨和内底纵骨的跨距中点加设的型材短支柱。

**04.084　舭肘板**　bilge bracket
舭部连接肋骨与船底结构的肘板。

**04.085　污水井**　bilge well
汇集舱底污水的井状结构。

**04.086　坞龙骨**　docking keel
某些大型船舶的船底中心线两侧,专为船舶入坞坐墩而设置的纵向箱型结构或复板。

**04.087　船侧骨架**　side framing
船侧板架中的骨架。

**04.088　肋骨**　frame
设置在肋位上,支承船侧外板的各种竖向骨材。

**04.089　主肋骨**　main frame
除艏、艉尖舱和深舱以外的底舱肋骨中,剖面尺寸相同,数量最多的肋骨。

**04.090　强肋骨**　web frame
用于局部加强或支撑舷侧纵骨或舷侧纵桁的加大尺寸的肋骨。

**04.091　深舱肋骨**　deep tank frame
位于深舱内的肋骨。

**04.092　尖舱肋骨**　peak frame
艏、艉尖舱内的肋骨。

**04.093　甲板间肋骨**　tweendeck frame
甲板与甲板之间或甲板与平台之间的肋骨。

**04.094　斜肋骨**　cant frame
不与船体横剖面平行,而作扇形布置的肋骨。

**04.095　中间肋骨**　intermediate frame
为局部加强而设在肋距中点位置的肋骨。

**04.096　舷侧纵骨**　side longitudinal
舷侧外板上的纵骨。

**04.097　舷侧纵桁**　side stringer
与肋骨相交并连接的船侧外板上的纵向桁材。

**04.098　护舷材**　fender
装设在满载水线以上、船侧外板的外表面上,用以保护舷侧的构件。

**04.099　甲板**　deck
内底板以上,封盖船内空间或将其分隔成层的大型板架。

**04.100　覆材甲板**　sheathed deck
铺有木板或其他材料的甲板。

**04.101　强力甲板**　strength deck
船体总纵弯曲时起最大抵抗作用的甲板。

**04.102　舱壁甲板**　bulkhead deck

主船体内部，所有水密横舱壁都能达到的最高层甲板。

**04.103 车辆甲板** wagon deck, vehicle deck
装载车辆的加厚甲板。

**04.104 载货甲板** cargo deck
载甲板货的强力甲板。其甲板板厚往往由局部强度决定。

**04.105 舷伸甲板** sponson deck
内河客货船在水面以上，伸出船舷以外的甲板。

**04.106 升高甲板** raised deck
部分升高的一段甲板。多设于内河船的艏、艉部。

**04.107 上层建筑甲板** superstructure deck
上层建筑结构中各层甲板的总称。

**04.108 甲板板** deck plate
甲板板架中的板材。

**04.109 甲板边板** deck stringer
强力甲板中与舷顶列板连接的一列板。

**04.110 平台** platform
船体结构中作为安装设备、人员工作等用途的局部水平板架。

**04.111 横梁** beam
设置在甲板板或平台板之下各肋位上的横向骨材。

**04.112 强横梁** web beam
设置在甲板板或平台板之下肋位上，用于局部加强或支持甲板纵骨的横向桁材。

**04.113 舱口端梁** hatch end beam
舱口前后端的强横梁。

**04.114 舱口悬臂梁** hatch side cantilever beam
从舷侧悬伸至舱口边，用以支持甲板及舱口

纵桁的悬臂强梁结构。

**04.115 甲板横桁** deck transverse
油船横舱壁之间的甲板下面，横向的大型桁材。

**04.116 半梁** half beam
舷侧至舱口边之间的横梁。

**04.117 斜梁** cant beam
甲板下与斜肋骨相连接的梁。

**04.118 艉横梁** transom beam
船尾处与斜梁连接的最后一根强横梁。

**04.119 梁肘板** beam knee
连接横梁与肋骨的肘板。

**04.120 甲板纵桁** deck girder
甲板骨架中的纵向桁材。

**04.121 舱口纵桁** hatch side girder
沿舱口边设置的纵向桁材。

**04.122 短纵桁** carling
用作局部加强的短跨距纵向桁材。

**04.123 甲板纵骨** deck longitudinal
甲板骨架中的纵向骨材。

**04.124 管形支柱** tubular pillar, pipe stanchion
圆形或矩形空心剖面支柱。

**04.125 组合支柱** built-up pillar
型材或板材组成的非封闭剖面支柱。

**04.126 双向桁架** two-direction truss
支柱之间由交叉斜杆构成的桁架。

**04.127 单向桁架** one-direction truss
支柱之间由单根斜杆构成的桁架。

**04.128 舱口** hatch, hatchway
甲板上为装卸货物、机件或供人员出入的开口统称。

**04.129 货舱口** cargo hatch
甲板上供装卸货物用的矩形大开口。

**04.130 应急舱口** escape hatch
在危险情况下,供人员脱离险区用的出口。

**04.131 舱口围板** hatch coaming
沿舱口周边设置的围板结构。

**04.132 机舱棚** engine room casing
机舱甲板开口上面的围壁和顶盖。

**04.133 围井** trunk
甲板开口四周用围壁围成的井形结构。

**04.134 围罩梯口** companion, companion way
专供人员出入,上面设有围罩的甲板开口。

**04.135 挡浪板** breakwater
甲板上用以阻挡上浪水并将其排至两舷的挡板。

**04.136 舱壁** bulkhead
分隔船内空间的竖壁或斜壁结构。

**04.137 横舱壁** transverse bulkhead
沿船宽方向的舱壁。

**04.138 纵舱壁** longitudinal bulkhead
沿船长方向的舱壁。

**04.139 斜舱壁** sloping bulkhead
与船舶基面不垂直的舱壁。

**04.140 中纵舱壁** center line bulkhead
在船体中线面内设置的纵舱壁。

**04.141 平面舱壁** plane bulkhead
由平面舱壁板与扶强材等骨架组成的舱壁。

**04.142 槽型舱壁** corrugated bulkhead
舱壁板为槽形的舱壁。

**04.143 双板舱壁** double plate bulkhead
由两层舱壁板及其间的骨架组成的舱壁。

**04.144 轻舱壁** partition bulkhead, screen bulkhead
只起分隔舱室的作用,而不承担载荷的舱壁。

**04.145 甲板间舱壁** tweendeck bulkhead
两层甲板或平台与甲板之间的舱壁。

**04.146 防撞舱壁** collision bulkhead
船首最前面的一道水密横舱壁。

**04.147 艉尖舱舱壁** afterpeak bulkhead
船尾最后面的一道水密横舱壁。

**04.148 深舱舱壁** deep tank bulkhead
组成深舱的舱壁。

**04.149 水密舱壁** watertight bulkhead
在规定压力下能保持不透水的舱壁。

**04.150 非水密舱壁** non-watertight bulkhead
无水密要求的舱壁。

**04.151 油密舱壁** oiltight bulkhead
在规定压力下能保持不透油的舱壁。

**04.152 防火舱壁** fireproof bulkhead
用以分隔防火区并能限制火灾蔓延的舱壁。

**04.153 制荡舱壁** swash bulkhead
液舱内为降低液体剧烈晃动所产生的冲击力而设置的带孔舱壁。

**04.154 制荡板** swash plate
液舱内,为降低液体剧烈晃动而装设的不伸到舱底的竖向平板。

**04.155 局部舱壁** partial bulkhead
沿船宽或船长方向仅延伸至舱室一部分的舱壁。

**04.156 舱壁座** bulkhead stool
舱壁上、下边缘与甲板或船底板之间,加装的梯形断面结构。

**04.157 舱壁龛 bulkhead recess**
舱壁的一部分凹入而形成的龛状结构。

**04.158 舱壁板 bulkhead plate**
组成舱壁的板材。

**04.159 舱壁骨架 bulkhead framing**
组成舱壁的骨架。

**04.160 舱壁扶强材 bulkhead stiffener**
舱壁骨架中,主要承受舱壁压力的骨材。

**04.161 水平桁 horizontal girder**
舱壁上,用来支持竖向扶强材或槽型舱壁的水平桁材。

**04.162 竖桁 vertical girder**
舱壁上,用来支持水平扶强材、槽形舱壁板或甲板纵桁的竖向桁材。

**04.163 轴隧 shaft tunnel**
从机舱到船尾,围罩轴系并可供人员通过的水密隧道。

**04.164 轴隧艉室 tunnel recess**
轴隧艉端的扩大部分。

**04.165 推力轴承龛 thrust block niche**
轴隧前端的扩大部分。

**04.166 主机基座 main engine foundation**
装设主机用的基座。

**04.167 辅机基座 auxiliary seating**
装设辅机用的基座。

**04.168 锅炉座 boiler foundation, boiler bearer**
装设锅炉用的基座。

**04.169 推力轴承座 thrust bearing seating**
装设推力轴承用的基座。

**04.170 艏部结构 stem structure**
防撞舱壁以前,上甲板以下的船体结构。

**04.171 艏柱 stem**
船体最前端,从船底到甲板,连接两侧外板和龙骨的构件。

**04.172 艏封板 bow transom plate**
方形船首的艏端外板。

**04.173 强胸结构 panting arrangement**
艏、艉部用以抵抗水冲击力,减小局部振动的加强结构。

**04.174 强胸横梁 panting beam**
强胸结构中,用以支撑舷侧纵桁的横构件。

**04.175 艉部结构 stern structure**
艉尖舱舱壁以后,上甲板以下的船体结构。

**04.176 艉封板 stern transom plate**
方形船尾的艉端封板。

**04.177 艉柱 stern post**
船尾端,从船底到艉肋板,连接两侧外板和龙骨的构件。

**04.178 舵柱 rudder post**
挂舵的立柱。

**04.179 挂舵臂 rudder horn**
支承半悬挂舵的臂状构件。

**04.180 推进器柱 propeller post**
艉柱结构中用以支承桨轴的竖向弓形构件。

**04.181 轴毂 propeller boss**
推进器柱中央,横向鼓出的轴承座。

**04.182 艉柱底骨 sole piece**
艉柱底部连接螺旋桨柱和舵柱或支承下舵销的杆材。

**04.183 高肋板 deep floor**
设在艏、艉端的较高的肋板。

**04.184 上层建筑 superstructure**
又称"船楼"。上甲板上由一舷伸至另一舷的,或其侧壁板离船侧外板向内不大于4%

船宽的围蔽建筑。习惯上又指上甲板以上各种围蔽建筑物的统称。

**04.185 艏楼** forecastle
船首部的船楼。

**04.186 桥楼** bridge
船中部的船楼。

**04.187 艉楼** poop
船尾部的船楼。

**04.188 甲板室** deck house
上甲板上,外侧壁板距船侧外板向内大于4%船宽的围蔽建筑。

**04.189 围壁** trunk bulkhead
上层建筑的前端壁、侧壁和后端壁的总称。

**04.190 前端壁** front bulkhead
上层建筑的前壁。

**04.191 后端壁** aft bulkhead
上层建筑的后壁。

**04.192 炉舱棚** boiler room casing
自锅炉舱通至露天的围井及顶盖。

**04.193 檐板** curtain plate
上层建筑甲板自由边缘的围板条。

**04.194 天桥** connecting bridge
架设在露天甲板之上,沟通分设的上层建筑之间的通道。

**04.195 片体** demihull
双体船的两个单体。

**04.196 连接桥** cross structure
连接两个片体的强力结构。

**04.197 抗扭箱** torsion box
为抵抗扭矩而设置的箱形结构。

**04.198 船体强度** hull strength
船体结构抵抗外界作用力的能力。

**04.199 总纵强度** longitudinal strength
船体抵抗总纵弯曲外力的能力。

**04.200 坐坞强度** docking strength
船舶进坞置于坞墩上时,船体结构抵抗自身重力与墩木反作用力的能力。

**04.201 扭转强度** torsional strength
船体抵抗外扭矩的能力。

**04.202 横向强度** transverse strength
船体横向结构抵抗相应外力的能力。

**04.203 局部强度** local strength
船体某一局部结构抵抗外力的能力。

**04.204 船体板架强度** hull grillage strength
船体板架承受载荷的能力。

**04.205 肋骨框架强度** frame ring strength
船体肋骨平面刚架承受载荷的能力。

**04.206 上层建筑强度** superstructure strength
上层建筑结构承受载荷的能力。

**04.207 波浪要素** wave parameters
表征波浪外形特征的量。主要指波型、波高和波长。

**04.208 冲击** impact
船体内部或外部与液体表面突然撞击的现象。

**04.209 砰击** slamming
波面与船底或因艏外飘以及甲板上浪发生的严重冲击,导致船体总振动的现象。

**04.210 捶击** pounding
波面对船侧或船底产生短暂强烈的冲击现象。

**04.211 拍击** slapping
波面与船体间产生不严重的冲击现象。

**04.212 晃荡** sloshing
船体内部的液体因晃动而产生对船体结构的冲击现象。

**04.213 波浪冲击载荷** wave impact load
由于波浪冲击而作用在船体上的载荷。

**04.214 海损载荷** damaged load
由海损事故引起的作用在船体结构上的载荷。

**04.215 计算状态** rated condition
船体强度计算中所选取的船舶典型工作状态。

**04.216 计算载荷** design load
又称"设计载荷"。设计计算状态下所取的作用在船体结构上的载荷。

**04.217 砰击载荷** slamming load
由砰击所引起的作用在船体结构上的载荷。

**04.218 冰块挤压力** ice-extruding force
航行于冰区的船舶所受到冰块对船体结构的挤压作用力。

**04.219 船体强度标准** strength criteria of ship
在船舶整体或局部结构的强度计算中,对应于一定的计算方案和方法所规定的应力、变形与载荷的最大容许值。

**04.220 计算水头** calculated water head
计算载荷的相当水柱高度。

**04.221 总纵弯曲** longitudinal bending
由作用在船体上的重力、浮力、波浪水动力和惯性力等引起的船体整体绕水平横轴的弯曲。

**04.222 中拱** hogging
船体舯部上拱,艏、艉部下垂的弯曲状态。

**04.223 中垂** sagging
船体舯部下垂,艏、艉部上翘的弯曲状态。

**04.224 空船重量分布** light weight distribution
空船重量沿船长方向的分布。

**04.225 载重量分布** deadweight distribution
载重量沿船长方向的分布。

**04.226 重量曲线** weight curve
表示在某一计算状态下船舶全部重量沿船长分布状况的曲线。

**04.227 浮力曲线** buoyancy curve
表示在某一计算状态下浮力沿船长分布状况的曲线。

**04.228 载荷曲线** load curve
表示船体或构件上载荷沿船长或构件长度分布状况的曲线。在总纵强度计算中,载荷曲线是重量曲线与浮力曲线相应纵坐标差值的曲线。

**04.229 静水剪力** still water shearing force
静水中,由于重力和浮力的作用而在船体横剖面上产生的剪力。

**04.230 静水弯矩** still water bending moment
静水中,由于重力和浮力的作用而在船体横剖面上产生的弯矩。

**04.231 静波浪剪力** still wave shearing force
船舶静置于波浪上,由于波面下的浮力分布相对于原静水面下的浮力分布的变化而产生的剪力。

**04.232 静波浪弯矩** still wave bending moment
船舶静置于波浪上,由于波面下的浮力分布相对于原静水面下的浮力分布的变化而产生的弯矩。

**04.233 静合成剪力** statical resultant shearing force

船体在同一状态下的静水剪力与静波浪剪力的代数和。

**04.234 静合成弯矩** statical resultant bending moment

船体在同一状态下的静水弯矩和静波浪弯矩的代数和。

**04.235 船体极限弯矩** ultimate bending moment of ship hull

中横剖面中离中和轴最远的纵向强力构件上的应力达到材料的屈服极限或临界应力时,整个剖面相应地所能承受的弯矩值。

**04.236 动弯矩** dynamical bending moment

船舶在波浪上运动时,由于波浪水动力、惯性力等作用而产生的弯矩。

**04.237 斜置修正** heading to oblique wave correction

计算内河船舶静波浪弯矩(剪力)时,考虑到船舶斜置于波浪上的情况,所引进的对水线高度沿船宽变化的修正。

**04.238 波浪水动压力修正** Smith correction

考虑到波浪中水分子运动所产生的惯性力的影响,而对按静水压力计算的浮力所作的修正。

**04.239 船体等值梁** equivalent hull girder

将所有参加总纵弯曲的纵向强力构件,不改变它们在船深方向的位置,把它们的断面积归并到船舶的中线面处而构成的就抵抗总纵弯曲而言与船体等效的梁。

**04.240 计算剖面** rated section

在等值梁计算中所选取的可能出现最大应力的船体横剖面。

**04.241 纵向强力构件** longitudinal strength member

沿船长方向布置的、参与抵抗总纵弯曲的构件。

**04.242 刚性构件** rigid member

在抵抗总纵弯曲时不致失稳的骨材及其带板。

**04.243 柔性构件** flexible member

可能失稳或其他原因使其抵抗总纵弯曲能力减弱的纵向构件。

**04.244 折减系数** reduction coefficient

在等值梁计算中,将柔性构件的剖面面积化为相当的刚性构件的剖面面积时所乘的系数。

**04.245 船体中和轴** neutral axis of hull girder

船体总纵弯曲的中性面与计算剖面的交线。

**04.246 舯剖面惯性矩** moment of inertia of midship section

等值梁计算剖面对其船体中和轴的惯性矩。

**04.247 甲板剖面模数** deck section modulus, top section modulus

计算剖面惯性矩除以船体中和轴到强力甲板边缘的距离所得之商。

**04.248 船底剖面模数** bottom section modulus

计算剖面惯性矩除以船体中和轴到船底基平面的距离所得之商。

**04.249 总纵弯曲正应力** normal stress due to longitudinal bending moment

由总纵弯曲引起的等值梁计算剖面上的正应力。

**04.250 总纵弯曲剪应力** shearing stress due to longitudinal bending moment

由总纵弯曲引起的等值梁计算剖面上的剪应力。

04.251 **船体水平弯曲强度** hull horizontal bending strength
船体抵抗水平弯曲的能力。

04.252 **船体挠度** hull deflection
船体因总纵弯矩、剪力和温度差所产生的挠度。

04.253 **船体刚度** hull stiffness
船体抵抗总纵弯曲变形的能力。

04.254 **承载能力** load carrying capacity
船体结构在破坏前按失效模式可能承受的最大载荷。

04.255 **波浪扭矩** wave torsional moment
船舶斜浪航行时，由波浪载荷在船体横剖面上所引起的扭矩。

04.256 **货物扭矩** cargo torsional moment
由于货物沿船舶中线呈左、右舷不对称装载所引起的扭矩。

04.257 **横摇扭矩** rolling torsional moment
船舶横摇运动在船体横剖面上所引起的扭矩。

04.258 **局部弯曲** local bending
船体局部结构或构件在相应的外载荷作用下引起的弯曲。

04.259 **应力集中** stress concentration
结构或构件承受载荷时，在其形状与尺寸突变处所引起应力显著增大的现象。

04.260 **带板** band plate
在船体结构的强度与稳定性计算中，被认为同骨材和桁材一起工作的并与其毗连的那一部分板。

04.261 **计算图式** rated figure
计算船体结构的局部强度时，将所计算的实际结构在保持其受力与变形主要特征的前提下,抽象为便于计算的简化力学模型。

04.262 **船体结构稳定性** hull structural stability
船体的某些结构或构件在压力或其他外力作用下保持其原有平衡状态的能力。

04.263 **船体概率强度** probabilistic strength of ship
用概率分析方法确定的船体强度。

04.264 **船体应力测量** hull stress measurement
对船体结构、构件或其结构模型在外载荷作用下所产生的应力(应变)所进行的测量工作。

04.265 **总纵强度试验** longitudinal strength test
为判断或研究船体总纵强度所进行的试验。

04.266 **局部强度试验** local strength test
为判断或研究船体局部结构强度所进行的试验。

04.267 **扭转强度试验** torsional strength test
为判断或研究大开口船或其他新型船舶的扭转强度所进行的试验。

04.268 **结构试验平台** structure testing platform
对船体或其分段、板架、构件等模型进行强度试验的专用设备。

04.269 **船体结构相似模型** hull structure similar model
按满足一定的相似准则制作的船体结构模型。

04.270 **船体振动** ship vibration
船体及其结构的振动。

04.271 **船体梁振动** hull girder vibration
船体所发生的,类似于全自由变断面空心梁的振动。

**04.272 总振动** global vibration
船体梁所发生的整体性振动。

**04.273 垂向弯曲振动** vertical flexural vibration
船体梁在中纵剖面内所发生的沿铅垂方向的弯曲振动。

**04.274 水平弯曲振动** horizontal flexural vibration
船体梁在水线面内所发生的水平方向的弯曲振动。

**04.275 纵向振动** longitudinal vibration
船体梁各横剖面沿船体纵轴的伸缩往复振动。

**04.276 局部振动** local vibration
船体局部结构的振动。

**04.277 船体扭转振动** hull torsional vibration
船体横剖面绕纵轴所发生的扭转振动。

**04.278 总体－局部耦合振动** coupled vibration between hull and local structures
船体梁与其局部结构之间的耦合振动。

**04.279 船体振动性态** hull vibration behaviour
船体结构的振动特征。指模态、频率和阻尼。

**04.280 船体固有振动频率** hull natural frequency
船体梁各种振动模态的固有频率。决定于其质量、刚度、阻尼和形状等固有性质。

**04.281 船体振动阻尼** hull vibration damping
阻滞船体振动,使其振动能量随时间耗散的作用。主要有流体动力阻尼、货物阻尼和结构阻尼。

**04.282 艉部振动** stern vibration
由船上的主要激振源激起的艉部结构区域的船体振动。

**04.283 振动烈度** vibration severity
在规定的试验条件下,重复出现的周期性或稳态而有代表性的最大振幅值。

**04.284 干扰力** exciting force
又称"激励力"。作用于船舶并使其发生振动的各种作用力的总称。

**04.285 表面力** surface force
螺旋桨运转时,因水压力变化引起的作用于螺旋桨附近船体外表面上的脉动水压力部分。

**04.286 轴承力** bearing force
通过轴系传递到船体的螺旋桨激振力部分。

**04.287 叶频** blade frequency
数值为螺旋桨转速与叶片数之积的频率。

**04.288 冲荡** whipping
又称"击振"。船体梁受波浪砰击而产生的船体短时总振动。

**04.289 波激振动** springing
又称"弹振"。当船体的一阶固有频率与遭遇波浪频率相等时,所诱导的稳态二节点垂向振动。

**04.290 振动允许界限** allowable limit of vibration
对船体、设备及人体无严重影响的振动参数的界限值。

**04.291 人体振动允许界限** allowable limit of vibration to human body
不致引起人员工作效率下降、不舒适感和危及人体健康的振动参数的界限值。

**04.292 避振穴** cave for damping
在螺旋桨上方船壳板上开设的用以减小螺

旋桨脉动水压力的孔穴。

**04.293 自由航迹试验 free route test**
船舶以某固定航向且操舵为最小（±2°）航行时，从 1/2 最大转速到最大转速之间，按 3—10r/min 档次调速，用以测量船体振动特性的试验。

**04.294 船体振动对数衰减率 hull vibration logarithmic decrement**
以对数形式表示的船体振动的阻尼值。取船体梁自由衰减振动曲线上相隔为一个周期的前后两相邻振幅值之比的自然对数值：

$$\delta = \ln \frac{x_i}{x_{i+1}}$$

**04.295 抛锚激振试验 anchor drop and snub test**
在船舶静止状态下，将锚自由下落，并在触及海底前急速制动，以激起船体振动的试验。

**04.296 激振试验 exciter test**
在船上安装激振机等方法，用以改变激励力及其频率，来激起船体不同形式的振动，以测量船体固有频率、振形和阻尼的试验。

**04.297 激振机 vibration exciter**
用来激起可控制的周期性扰动力使结构产生受迫振动的装置。

**04.298 船舶振动测量 measurement of ship vibration**
船体梁总振动时，对船体局部结构和某些设备的振动频率、加速度、速度和振幅等参数的测量。

**04.299 船舶噪声 ship noise**
船舶上各种噪声源所引起噪声的总称。

**04.300 结构噪声 structure borne noise**
又称"固体噪声"。固体构件（如机器基座、船体结构等）受激励振动及振动传递所产生的噪声。

**04.301 机械噪声 mechanical noise**
机械运转中由机件的摩擦、撞击、不平衡力等作用引起机件本身以及机体的振动而产生的噪声。

**04.302 螺旋桨噪声 propeller noise**
螺旋桨产生的湍流、以及桨叶、轴系等机械振动所产生的噪声。

# 05. 船 舶 舾 装

**05.001 舾装设备 outfit of deck and accommodation**
船上控制船舶运动的方向，保证航行安全以及营运作业所需要的各种设备和用具的统称。包括舵设备、关闭设备、起货设备、系船设备、推拖设备、救生设备、消防设备、航行信号设备、舱面属具和舱室设备等。

**05.002 舵设备 rudder and steering gear**
控制船舶航向的设备。是舵及其支承部件和操舵装置的总称。

**05.003 操舵装置 steering gear**
能在一定时间内保证将舵转动至所需角度的装置。一般分为人力操舵装置和动力操舵装置两类。

**05.004 主操舵装置 main steering gear**
在正常航行情况下为驾驶船舶而使舵产生动作所必需的机械、转舵机构、舵机动力装置（如设有）及其附属设备和向舵杆施加转矩的部件（如舵柄及舵扇）的总称。

**05.005 辅助操舵装置 auxiliary steering**

*gear*

在主操舵装置失效时,为驾驶船舶所必需的设备。这些设备不属于主操舵装置的任何部分,但可共用其中的舵柄、舵扇或同样用途的部件。

**05.006 应急操舵装置** emergency steering
gear

在主、辅操舵装置均发生故障时,能应急投入使用的操舵装置。

**05.007 舵** rudder

利用船舶航行时作用于舵叶上的流体动力而控制船舶航向的装置。通常由舵叶和舵杆组成。

**05.008 中舵** certerline rudder

在设有多舵的船上位于中线面上的舵。

**05.009 边舵** quarter rudder

在设有多舵的船上,位于尾部两侧的舵。通常为悬挂舵。

**05.010 艏舵** bow rudder

设在船首的舵。用以改善倒车时操纵性能或克服大风及急流对船舶的偏航影响。

**05.011 平衡舵** balanced rudder

舵杆轴线位于舵叶导边后面一定距离,使舵压力中心线接近舵杆轴线而减少转动扭距的舵。

**05.012 反应舵** reaction rudder

舵叶的前部以螺旋桨轴线为界,上下两部分分别向相反方向偏转,具有整流作用的舵。

**05.013 流线型舵** streamline rudder

舵叶剖面呈流线型的舵。

**05.014 舵轴舵** Simplex rudder

套在舵轴上的流线型平衡舵。

**05.015 整流罩舵** bulb-type rudder

在舵叶中部位于螺旋桨轴线处设有回转体状的导流体,具有整流作用的舵。

**05.016 平板舵** single plate rudder

舵叶由单板组成的舵。

**05.017 主动舵** active rudder

不依靠迎流水动力作用,而是在舵叶后部增设导管桨而发出推力的舵。

**05.018 制流板舵** swash plate rudder

在舵叶上下端装有制流板,能抑止操舵时水流由高压面向低压面的横向绕流,从而提高舵效的舵。

**05.019 襟翼舵** flap type rudder

在主舵叶后部附有一个可独立地由随动机构控制的子舵叶的舵。子舵即为襟翼。

**05.020 差动舵** Jenckel rudder

由三个或三个以上舵叶组成,转动时各舵叶的舵角有差异的舵。

**05.021 反射舵** reversing rudder

在螺旋桨不逆转的情况下,可操纵螺旋桨两侧的活动弧形片将螺旋桨尾流导向一定方向或反向,使船舶转向或倒向的装置。

**05.022 不平衡舵** unbalanced rudder

舵面积位于舵杆后面的舵。

**05.023 并联舵** close-coupled rudder

处于同一螺旋桨尾流中借助平行四边形连杆机构传动的两个并列的同步转动的舵。

**05.024 多叶舵** multi-bladed rudder

一根舵杆上装有两个或两个以上舵叶的舵。

**05.025 悬挂舵** spade rudder, under hung
rudder

仅在船体内部设有支承点,而舵叶悬挂在船体外面的舵。

**05.026 半悬舵** partially under hung rudder, semi-balanced rudder

舵的上半部支承于舵柱或挂舵臂处的舵钮（销）上，下半部悬挂的舵。

**05.027 双支承舵** double bearing rudder
舵叶上、下均设有支承点的舵。

**05.028 多支承舵** multi-pintle rudder
舵叶前沿用三个或三个以上舵销与舵柱铰接的舵。为不平衡舵的一种。

**05.029 倒车舵** flanking rudder
设置于螺旋桨前面推进器轴两侧的舵。主要用于改善倒车时的操纵性。

**05.030 应急舵** jury rudder
当船舶遭致失舵事故后，利用应急器材临时装配而成的舵。

**05.031 转柱舵** rotating cylinder rudder
在舵叶前装有主动旋转的垂向圆柱的舵。

**05.032 贝克舵** Becker rudder, heavy-duty rudder
襟翼舵的一种，其襟翼面积约为整个舵面积的 25%，襟舵角最大可达 90°，其侧向力可较普通舵高出 50%。

**05.033 麦鲁舵** Mellor rudder
在舵叶中沿前后斜向分焊一列平行通流管的流线型舵。

**05.034 西林舵** Schilling rudder
在矩形舵轮廓的流线型舵叶上、下端面装有水平制流板，再加楔形尾的舵。上下制流板可抑制舵叶端绕流，而楔形尾在转舵时能有效地导流以增加舵效。

**05.035 舵压力** rudder pressure
船舶运动时，作用在舵叶上的流体动压力的合力。

**05.036 舵压力中心** center of rudder pressure
舵压力合力的作用点。

**05.037 舵杆扭矩** rudder torque
舵压力对舵杆轴线的作用力矩。

**05.038 舵高** rudder height
沿舵杆轴线方向，舵叶上缘至下缘之间的垂直距离。

**05.039 舵宽** rudder breadth
舵叶的导边至随边间垂直于舵杆轴线方向的距离。

**05.040 舵面积** area of rudder
舵叶的侧投影面积。当有部分舵叶露出水面时则指设计水线以下的面积。

**05.041 舵展弦比** aspect ratio of rudder
舵高与舵宽的比值。

**05.042 舵剖面** rudder section
与舵轴线垂直的舵叶剖面。

**05.043 舵剖面型值** offsets of rudder sections
流线型舵剖面轮廓线上各对应点距舵叶剖面中心线的垂直距离。一般以舵叶宽和舵叶最大厚度的百分比表示。

**05.044 舵面积比** rudder area ratio
舵外形轮廓的侧投影面积与船舶设计水线长和设计吃水乘积之比。

**05.045 舵平衡比** coefficient of balance of rudder
舵杆中心线至舵前缘的面积与整个舵面积之比。

**05.046 舵厚度比** rudder thickness ratio
舵剖面最大厚度与相应舵宽之比。

**05.047 舵角** rudder angle
舵叶绕舵杆轴线转动，偏离正舵位置的角度。

**05.048 初始舵角** initial set rudder angle
舵处于正舵位时，舵剖面中心线与船中线面

间的夹角。

**05.049　满舵舵角　hard-over angle**
满舵时,舵叶偏离正舵位的角度。

**05.050　临界舵角　stalling rudder angle**
舵升力开始停止增加时的舵角。

**05.051　襟舵角　flap angle**
襟翼舵的襟翼与主舵叶的相对转角。

**05.052　舵叶　rudder blade, rudder plating**
舵上产生舵压力的主体部分。

**05.053　舵板　rudder plate**
构成平板舵的平板或流线型舵的曲面板。

**05.054　舵杆　rudder stock**
连接舵叶和舵机或舵柄,传递转舵扭矩的转动杆件。

**05.055　舵臂　rudder arm**
平板舵中连接舵板和舵杆的加强筋。

**05.056　舵轴　rudder axle**
代替舵柱,供舵叶套在其上转动的固定轴。

**05.057　舵承　rudder bearing**
固定在船体上用以支承舵的轴承装置的统称。

**05.058　上舵承　rudder carrier**
位于舵头处用以承受舵的重量及其所受到的径向和轴向力的舵承。

**05.059　下舵承　neck bearing**
设置在舵杆穿出船体外板处的一般仅承受径向力的舵承。

**05.060　舵钮　rudder gudgeon**
舵柱和挂舵臂等后缘供装舵销用的突出部分。

**05.061　舵柄　tiller**
装在舵顶上用以转动舵的臂状构件。

**05.062　舵扇　quadrant**
装在舵杆顶上带导轨或带齿的扇形舵柄。

**05.063　舵掣　rudder brake**
使舵能在任何舵角刹住不动的摩擦制动器。

**05.064　舵构架　rudder frame**
舵叶中用以支撑舵板的骨架。

**05.065　舵叶尾材　trailing edge bar**
舵叶后端的加强材。

**05.066　制流板　swash plate**
装在舵叶顶面和底面,抑止操舵时舵的高压面与低压面由于压差引起绕流的大于舵叶剖面的封板。

**05.067　舵头　rudder head**
指舵杆上部与舵机或舵柄连接的部分。

**05.068　舵杆接头　rudder coupling**
用以连接舵叶与舵杆的接头。包括有法兰接头、嵌接头和插入接头等。

**05.069　舵销　rudder pintle**
用以将舵连在舵柱或挂舵臂上的销轴或螺柱。一般制成锥状体,按其部位和作用不同,分别称为上舵销、下舵销。

**05.070　操舵轮　steering wheel**
供驾驶人员操舵用的手轮。

**05.071　舵杆挡圈　jumping collar**
设置在舵杆上用以限制舵跳动的部件。

**05.072　舵角限位器　rudder stop**
防止转舵角度超过规定值的限位装置。分舵叶舵角限位器和甲板舵角限位器。

**05.073　人力操舵装置　manual steering gear**
用人力操纵舵轮,通过机械或液压传动带动舵柄使舵转动的装置。包括舵链传动操舵装置、舵索传动操舵装置、螺杆传动操舵装置和操舵轴传动操舵装置等。

**05.074 人力液压操舵装置** hand-hydraulic steering gear

以液压油作为工作介质,用人力直接或间接进行操舵的装置。

**05.075 操舵台** steering stand

设有操舵轮或操舵手柄以及转换开关传动机构、航行仪表等供驾驶人员使用的操纵台。

**05.076 舵柄连杆** tiller tie-bar

连接两个或两个以上舵柄用的杆件。

**05.077 操舵链** steering chain

操舵用的传动链条。

**05.078 操舵索** steering wire

操舵用的传动绳索。

**05.079 操舵拉杆** steering rod

舵链传动操舵装置中直线传递动力的拉杆。

**05.080 舵链导轮** leading block

舵链传动装置中用以引导舵链转向,带有凹槽的链轮。分水平导轮和垂直导轮。

**05.081 操舵轴** steering shaft

在操舵轴传动操舵装置中用以传递扭矩的传动轴。

**05.082 横舵柄** rudder yoke

横向套在舵头上,与舵杆形成十字的舵柄。

**05.083 关闭设备** hull closures

在船体结构开口上的盖闭件及其控制、传动机械和附件的统称。包括舱口盖、门、窗、滚装通道设备等。

**05.084 风雨密性** weathertightness

在风浪情况下能不使水透入舱室内的密性。

**05.085 通孔尺寸** clear size of opening

净开孔尺寸。

**05.086 透光尺寸** clear light size

船用窗的透光部分尺寸。

**05.087 左开式** left hand model

视向正对门(或窗)开启面,铰链位于左侧的开启形式。

**05.088 右开式** right hand model

视向正对门(或窗)开启面,铰链位于右侧的开启形式。

**05.089 非水密门** non-watertight door

无密性,仅供分隔之用的门。

**05.090 风雨密门** weathertight door

符合风雨密要求的门。

**05.091 水密门** watertight door

符合水密要求的门。

**05.092 防火门** fire door

设置在耐火分隔舱壁上,能达到同等级防火分隔要求的门。

**05.093 舷墙门** gangway port

在舷侧舷墙上开设的门。

**05.094 气密门** gas-tight door

具有气密性的门。

**05.095 舷门** side port

又称"波门"。开设于干舷甲板与最大载重水线之间舷侧外板上的门。

**05.096 双截门** double-leaf door

分上下两截,可全锁闭的门。多用于厨房、卧具室等处。

**05.097 脱险口** escape scuttle

设置在起居舱室门的下部,在紧急情况下无法开启门时使用的易于撬开的出口。

**05.098 舷窗** side scuttle

设置在舷侧外板、上层建筑和甲板室外围壁等处,具有水密性的圆形窗。

**05.099 固定窗** non-opening window

不能开启的窗。

**05.100　甲板窗**　deck light
嵌装在露天甲板上,用于采光的具有特厚玻璃的水密固定窗。

**05.101　天窗**　skylight
装设在露天甲板或顶棚上,用于采光、通风的窗。

**05.102　旋转视窗**　clear-view screen
又称"雨雪扫除器"。装设在船窗玻璃上使视野清晰的,由小型电动机驱动快速旋转的圆形玻璃板。用于清除雨雪,主要装设在驾驶室。

**05.103　舷窗盖**　deadlight
又称"风暴盖"。设置在舷窗内侧的金属盖。当玻璃碎裂时,能阻挡海水进入船内。

**05.104　导风罩**　wind scooper
装在开启的舷窗上,伸出舷外的烟斗形罩。能导风进入舱内。

**05.105　眉毛板**　eye brow
装在门、窗上方的围壁上,以导流雨水的檐板。

**05.106　货舱盖**　cargo hatchcover, hatchcover
关闭货舱口的盖板。一般由若干块组成,分拼装舱口盖和机械舱口盖两类。

**05.107　箱形舱口盖**　pontoon hatchcover
由箱形剖面的舱盖板组成的拼装舱口盖。

**05.108　波形舱口盖**　corrugated hatchcover
由波纹形剖面的舱盖板组成的拼装舱口盖。

**05.109　折叠式舱口盖**　folding hatchcover
由若干块舱盖板组成,通过翻转和折叠进行启闭的机械舱口盖。

**05.110　滚动式舱口盖**　rolling hatchcover
由装有滚轮的舱盖板,沿货舱口围板水平滚动而实现启闭的机械舱口盖。

**05.111　滚翻式舱口盖**　single pull hatchcover
沿纵向分为若干块相互牵连并装有滚轮的舱盖板,开舱时滚移,翻转后排列于舱口端部的机械舱口盖。

**05.112　滚卷式舱口盖**　roll stowing hatchcover
沿纵向分为相互铰接的多块舱盖板,由舱盖板卷筒卷收、开启的机械舱口盖。

**05.113　升降式舱口盖**　lift hatch cover
兼作露天甲板或中间甲板舱盖的货物升降平台。多见于滚装船上。

**05.114　侧移式舱口盖**　side rolling hatch cover
舱盖板向舱口两侧平移启闭的滚移式舱盖。

**05.115　伸缩型舱口盖**　telescopic hatch cover
舱盖板套合叠置,开启时沿各自轨道平移依次套合的层叠型舱口盖。多用于驳船和内河船上。

**05.116　舱口活动横梁**　portable hatch beam
供搁置舱盖板用的可移动的舱口横梁。

**05.117　封舱装置**　hatch battening arrangment
保持舱口风雨密性的装置。是防水盖布、封舱压条、封舱锁条、封舱楔、封舱楔耳、密封装置和舱盖压紧装置的总称。

**05.118　防水盖布**　tarpaulin
盖在拼装舱盖盖板上的防水布。

**05.119　封舱压条**　hatch batten
同封舱楔配合使用,压紧在防水盖布四周的扁钢。

**05.120　封舱锁条**　locking bar

压紧舱口盖板和盖布的钢质构件。

**05.121 封舱楔** hatch wedge
在舱口四周,打入封舱楔耳与舱口压条之间的楔块。

**05.122 封舱楔耳** batten cleat
供封舱楔块楔入的金属耳板。

**05.123 挠性密封装置** flexible sealing arrangement
利用弹簧或其他弹性体压紧密封填料的封舱装置。

**05.124 气胀密封垫** inflatable gasket
靠充气膨胀的空心橡胶密封填料。

**05.125 舱盖压紧装置** dogging device
压紧舱盖板四周密封填料的装置。

**05.126 舱盖启闭装置** hatchcover controlling gear
启闭舱口盖板的机械操纵设备及其附件的总称。

**05.127 舱盖起升器** hatchcover jacking device
启闭滚动式舱盖板时,抬高舱盖板的机械装置。

**05.128 舱盖曳行装置** hatchcover driving device
用于拖曳滚动或折叠式舱盖板的装置。包括动力绞车,曳行索具及其附件等。

**05.129 滚装通道设备** Ro/Ro access equipment
沟通码头与船上各层甲板装货部位,供水平装卸用的通道设备。包括车辆跳板,内部坡道,艉门、艏门、舷门、舱壁门,升降平台等。

**05.130 出入舱口盖** access hatchcover
安装在供人员出入的舱口上,能内外启闭的舱口盖。

**05.131 油舱盖** oil tank hatchcover
安装于油舱口上,在启闭过程中不产生火花的密性舱口盖。

**05.132 煤舱盖** coal hole cover
日用煤舱上的小舱口盖。

**05.133 平衡舱盖** balanced hatchcover
利用重力或弹簧力以平衡舱盖自重,启闭较轻便的舱口盖。

**05.134 速闭舱盖** quick-closing hatchcover
在舱盖内外装设联动把手,能快速开启和关闭的舱口盖。

**05.135 人孔盖** manhole cover
安装在人孔上面,具有密封性能的盖板及其固定附件的总称。

**05.136 手孔盖** handhole cover
安装在手孔上面,具有密封性能的盖板及其固定附件的统称。

**05.137 艏门** bow door
设于船首端水线以上部位,供车辆或重型设备等出入或登陆用的通道门。

**05.138 艉门** stern port
设于船尾外板上,用于装卸货物及供人员进出的水密门。多见于车辆渡船和滚装船。

**05.139 跳板门** ramp door
装在船首或船尾,放下后作为跳板,收起后可保证船舶密性的门。

**05.140 折刀式门** jack-knife door
设于滚装船船首或船尾,可折转90°的门。

**05.141 平置式人孔盖** flush manhole cover
用于周缘仅设一圈扁平座板的开口上,并依靠双头螺栓紧固的人孔盖。

**05.142 埋入式人孔盖** sunk manhole cover
周围设有下陷围板的开口上使用的,不凸出板件表面的人孔盖。

**05.143　起货设备**　cargo lift equipment
船上装卸货物设备的统称。

**05.144　吊杆装置**　derrick rig
由吊杆、起重柱、起货索具及起货铰车等部件组成的起货设备。

**05.145　摆动吊杆装置**　swinging derrick
仅用一根吊杆的吊杆装置。货物通过吊杆摆动从一位置吊移到另一位置。

**05.146　双杆吊货装置**　union purchase [system]
两根吊杆联合使用的装置。工作时吊杆固定不动。

**05.147　重型吊杆装置**　heavy lift derrick
具有一根能在负载下摆动的吊杆装置。此装置的滑车组允许吊重至少 12.5t。

**05.148　吊杆**　derrick boom
吊杆装置中,用以支承负载的支撑杆件。

**05.149　舷外跨距**　boom outreach
船舶正浮状态下,吊杆伸出舷外时,吊钩中心线与舷边之间的距离。在垂直于中线面方向上的最大船宽处量取。

**05.150　吊杆仰角**　boom topping angle
吊杆工作时,其轴线与船体基面间的夹角。

**05.151　吊杆偏角**　slewing angle
吊杆向舷外偏转时,其轴线在水平面上的投影与船体中线间的夹角。

**05.152　悬高杆长比**　suspension height-boom length ratio
吊杆根部叉头横销中心至千斤眼板中心的垂直高度与吊杆叉头横销中心至吊杆头端吊货眼板中心的吊杆轴线长度比值。

**05.153　起重柱**　derrick post
用以支承吊杆,其上端可系固千斤索具的立柱。

**05.154　门型柱**　goalpost
由两根立柱和一横向构件组成的呈门字形的双起重柱。

**05.155　V 型起重柱**　V-type derrick post
由两根顶端分别向两舷倾斜的柱子所组成的起重柱。

**05.156　吊杆柱**　king post
用作安装并支承吊杆座的短柱。

**05.157　牵索柱**　guy post
设置在舷侧,供系固牵索索具用的短柱。

**05.158　吊杆托架**　derrick rest
吊杆不工作时用以支托和紧固吊杆的支架。

**05.159　吊货眼板**　cargo purchase eye
位于吊杆头端处,专供连接吊货索具或同时连接吊货索具和千斤索具用的带孔金属件。

**05.160　牵索眼板**　guy eye
位于吊杆头端处,供连接牵索索具用的带孔金属件。

**05.161　吊杆叉头**　derrick heel
装焊在吊杆筒体根部,用以与吊杆座连接的叉头状眼板。

**05.162　吊杆座**　gooseneck bracket
用以支承吊杆,并使吊杆可左右摆动及上下转动的支座。由吊杆转枢及转枢座两主要零件组成。

**05.163　千斤座**　topping bracket
装于起重柱顶部,桅肩或其他船体构件上,供悬系千斤索具的座。由千斤眼板和千斤眼板座两主要零件所组成。

**05.164　起货索具**　derrick rigging
起货设备中所有索具的统称。在吊杆装置中则是吊货索具、千斤索具、牵索索具的统称。

**05.165　千斤索具**　span rigging, span tackle

用以调整吊杆仰角或工作位置的成套索具。

**05.166 吊货索具** cargo purchase rigging
钩住或抓住货物以及传递起货绞车拉力而提升或下降货物的成套索具。

**05.167 牵索索具** guy tackle rigging
牵住吊杆于某一工作位置或使吊杆改变偏角的成套索具。

**05.168 吊钩装置** cargo hook gear
用以钩吊货物的装置。由吊货钩、转环、吊钩、卸扣、压重和三角眼板等零件组成。

**05.169 吊货索** cargo runner, cargo fall
吊货索具中用以直接起吊货物的钢索。

**05.170 千斤索** span rope, topping lift
索具中用以系挂吊杆和承受吊杆负荷,位于吊杆头端与千斤索座之间并包括曳引分支的整根钢索。

**05.171 牵索** guy, slewing guy
索具中用以摆动吊杆或调整吊杆偏角的绳索。

**05.172 稳索** preventer guy
牵索索具中用以固定吊杆位置的钢索。

**05.173 三角眼板** triangular plate
开有三个孔,供连接起货索具用的三角形金属板。

**05.174 吊钩梁** connecting traverse
供连接吊货钩与两套吊货索滑车组用的承载构件。

**05.175 吊杆举扬** boom topping
靠千斤索使吊杆俯仰以改变仰角的过程。

**05.176 吊钩净高** headroom
吊货钩处于最高位置时距舷墙或舱口围板上缘的净高度。

**05.177 吊杆安全工作负荷** safe working

load, SWL
起货吊杆能安全使用的最大许用负荷。包括货物重和吊货工具的重量。

**05.178 人字桅** bipod mast
由两根斜柱钩成的呈人字形的桅。主要作起重柱用。

**05.179 轻型吊杆** light derrick boom
单杆操作时安全工作负荷等于或小于10t的吊杆。

**05.180 起重桅** derrick mast
位于船体中线面上兼作起重柱用的桅。

**05.181 山字钩** double hook
用于重型吊杆装置呈"山"字形的双钩吊货钩。

**05.182 双杆操作钩** married hook
可连接两根吊货索,专供定位双杆操作时使用的吊钩。

**05.183 吊梁** lifting beam
装卸重大件货物时系固在货物上方,便于吊装的金属梁。

**05.184 系泊设备** mooring equipment
将船系靠在码头、岸边、浮筒、船坞或其他船舶的设备。通常指系缆具以及系缆机械等。

**05.185 锚泊设备** anchoring equipment
船舶锚泊所需的部件和机械设备的总称。主要包括锚、锚索、锚链、锚链筒、锚链管、掣链器、弃锚器和起锚机械等。

**05.186 系缆具** mooring fittings
配置在甲板或舷墙上,用以在系泊操作时系带和引导缆索的各种器具的统称。主要包括系缆索、带缆桩、导缆器、缆索卷车、带缆羊角等。

**05.187 锚具** ground tackle

锚和锚索及其配件的统称。

**05.188 舾装数** equipment number
表征船舶必须配备的锚、锚链、系缆和拖缆等系缆具和锚具的数量、重量、尺度和强度等的衡准数。

**05.189 锚** anchor
具特定形状,在抛入水中后能啮入底土提供抓持力,从而通过锚索把船或其他浮体系留于预定水域的器具。

**05.190 艏锚** bow anchor
设在船首的锚。

**05.191 艉锚** stern anchor
设在船尾的锚。

**05.192 移船锚** kedge anchor
供船舶移位用的锚。

**05.193 固定锚** mooring anchor
供船长期锚泊或使浮筒、浮标系留在预定水域的锚。常用的有单爪锚、螺旋锚、菌形锚等。

**05.194 定位锚** positioning anchor
海洋工程船和工作船等在海上作业需定位系留时用的锚。

**05.195 浮锚** floating anchor
当船舶遇到风暴时,为使船首顶着风浪,以减轻船舶漂流而抛出的锥状悬浮物。常用于救生艇救生筏和小型渔船。

**05.196 锚杆** anchor pile, piled anchor
插入海底一定深度用于系住锚索的桩柱。

**05.197 有杆锚** stock anchor
带有锚横杆的锚。

**05.198 无杆锚** stockless anchor
不带锚横杆的锚。主要是指船舶广泛采用的锚爪与锚干可相对转动的没有锚横杆的锚。

**05.199 大抓力锚** high holding power anchor
抓力至少为同等重量的普通无杆锚两倍以上的锚。

**05.200 锚横杆** anchor stock
用以保持锚的稳定性,保证锚爪啮入底土阻止啮入土中的锚翻身的横杆。

**05.201 锚干** anchor shank
锚的躯干部分。

**05.202 锚爪** anchor fluke
提供锚抓力的楔状或三角状钩爪。

**05.203 锚头** anchor head
锚干下端提供锚抓力的部分。由锚爪(和锚臂)及锚冠组成。

**05.204 锚卸扣** anchor shackle
穿在锚干上端不可拆的卸扣。一般锚链通过末端卸扣与之连接。

**05.205 锚爪折角** fluke angle
锚爪与锚干间的夹角。对锚爪转动的锚系指锚爪转动后的最大夹角。

**05.206 锚爪袭角** angle of attack
锚爪初入土时与底土表面间的夹角。

**05.207 锚抓重比** ratio of holding power to weight, holding efficiency
锚抓力与锚重量的比值。

**05.208 锚啮入性** anchor penetration
锚啮入底土深度的性能。用入土深度衡量。

**05.209 锚抓力** anchor holding power
锚啮入底土后所提供的抓力。

**05.210 拖距** drag
为达到某一抓力,锚在水底所需拖曳的距离。

**05.211 坠落试验** drop test

将锚的铸钢件从一定高度以一定方式坠落，以检验锚质量的试验。

**05.212 锚索** anchor cable
连接锚与船舶的钢索、纤维索、链条或其组合的统称。

**05.213 锚缆** anchor hawser
连接锚与船的纤维索或钢索。

**05.214 锚链** anchor chain
连接锚与船的专用锁环链条。

**05.215 链径** anchor chain diameter
普通链环之间连接处截面的公称直径。

**05.216 链节** length of chain cable
锚链的组成单元。标准链节长度为 27.5m，并作为锚链之计数单位。

**05.217 无挡锚链** studless chain
用无撑挡的椭圆形锚链环连接而成的锚链。

**05.218 有挡锚链** stud chain
用有撑挡的椭圆形锚链环连接而成的锚链。

**05.219 锚链等级** grade of chain cable
根据锚链材料的机械性能划分的锚链的级别。

**05.220 锚端链节** swivel piece, outboard shot
一端与锚相接，另一端与连接链环或连接卸扣相接的带有转环的链环组。

**05.221 末端链节** inboard end chain length
一端与弃链器(或脱钩链组)相连接，另一端与连接链环或连接卸扣相接的链环组。

**05.222 锚链脱钩** senhouse slip
装在脱钩链节与末端链节的连接处，即使在锚链受力的状态下，紧急时也可迅速解脱的脱钩。

**05.223 锚链环** chain link

组成锚链的各种单环的统称。分普通、加大、末端及有挡、无挡链环等。

**05.224 连接链环** lugless joining shackle, connecting link
连接锚链各链节的可拆链环。

**05.225 加大链环** enlarged link
链节间以连接卸扣相连时，同在链节两端普通链环和末端链环之间，起调节和改善锚链结构件用的加强链环。其链环、链径为普通链环的 1.1 倍。

**05.226 连接卸扣** joining shackle
连接锚链各链节的卸扣。

**05.227 转环卸扣** swivel shackle
与锚相连的兼有转环及卸扣两种作用的连接件。

**05.228 末端卸扣** end shackle
装于锚链两端，用以与锚或锚链舱内固定眼板相连的加大型卸扣。

**05.229 锚链转环** swivel
防止锚链绞扭的可转动的专用环。

**05.230 双链转环** mooring swivel
抛八字锚时，用以连接两根锚链，防止锚链互相绞缠的可转动的专用连接件。

**05.231 掣链器** chain stopper
用以掣住锚链承受锚链拉力，不使其传到锚机链轮上的装置。分闸刀掣链器，螺旋掣链器，链扣掣链器等。

**05.232 掣锚器** anchor stopper
船舶航行时，用以收紧锚的制动装置。

**05.233 掣链钩** devil's claw
其上配有松紧螺旋扣，收锚时能钩住锚链环，使锚紧贴船体的双爪 U 形钩。

**05.234 弃链器** cable releaser
装在锚链末端，用以在紧急情况下迅速脱弃

锚链的装置。

**05.235　锚链筒**　hawse pipe
穿过甲板和外板,供锚链通过的管筒。

**05.236　锚链管**　chain pipe
穿过锚机下面的甲板通到锚链舱,供锚链通过的导管。

**05.237　锚床**　anchor bed
装在上甲板船首舷边处,供导引锚链和有杆锚用的敞露式槽状结构物。

**05.238　锚穴**　anchor recess
位于锚链筒外板出口处,能收藏无杆锚锚头,使锚不突出于舷侧外板的穴状结构。

**05.239　锚唇**　anchor mouth
位于锚链筒外板出口处,承受锚的碰撞力和磨擦并使锚稳定服贴地处于收藏位置的椭圆形环状结构。

**05.240　锚架**　anchor rack
伸出舷外,供收存锚用的支架。

**05.241　吊锚杆**　anchor davit
供存放于甲板上的锚起吊或投放用的小吊杆。

**05.242　吊锚索具**　cat tackle
用于吊放锚的滑车和绳索等的统称。

**05.243　导链滚轮**　roller fairlead for chain cable
为使锚链顺利收入并避免与锚链筒上口摩擦而设置在锚链筒和掣链器之间的导链轮。

**05.244　锚浮标**　anchor buoy
系于锚上,用以标志锚在水中位置的浮标。

**05.245　带缆羊角**　mooring cleat
用于带缆时临时系缚缆索的羊角状系索栓。

**05.246　导缆器**　fairlead
改变缆索方向而不损坏缆索的各种导向器

的统称。

**05.247　导缆钳**　chock
引导缆索的钳形导缆器。

**05.248　导向滚轮**　pedestal roller
装在甲板上并配有台座,用来改变缆索方向,使之顺利通至系缆机械的滚轮。

**05.249　滚柱导缆器**　fairlead with horizontal roller
由直立和水平滚柱组成的可导引来自任何方向缆索的导缆器。

**05.250　滚轮导缆器**　roller fairlead
由数个独立滚轮并列组成的导缆器。

**05.251　导缆孔**　mooring pipe
嵌在舷墙上或固定在甲板上的闭式孔状导缆器。

**05.252　带缆桩**　bollard
带有一个或两个短柱,固定在甲板上,用以系缚和操作缆索的固定结构。

**05.253　十字带缆桩**　cross bitt
具有十字形桩头的带缆桩。分单十字和双十字带缆桩两种。

**05.254　转柱带缆桩**　rotating bollard
柱头能转动的双柱带缆桩。能自动收松缆索,防止超载和减小缆索磨损。

**05.255　转动导缆孔**　universal chock
在圆形转筒中设有导向滚轮,能按系缆索拉抻方向自动导向的导缆孔。

**05.256　掣索器**　rope stopper
将受拉力的缆索从系缆机械上转移到带缆桩(或相反)时,用以掣住缆索的器具。

**05.257　缆索卷车**　rope storage reel
仅用于储存缆索的卷筒。

**05.258　缆索**　hawser

带缆、牵引或拖曳用的纤维索或钢索的统称。

**05.259 系缆索** mooring line
将船舶系靠于码头、船坞、浮筒或相邻他船的缆索。

**05.260 拖缆** towing line, towrope
拖曳他船或浮体及被他船所拖曳时所用的缆索。

**05.261 撇缆** throw overboard line
把缆索抛向码头或他船的引头索。

**05.262 纤维索** fiber rope
索具中用植物或合成纤维制成的绳索。分植物纤维索和合成纤维索两类。

**05.263 巴拿马运河导缆孔** Panama chock
满足"巴拿马运河规则"的导缆孔。

**05.264 圣劳伦斯航道导缆器** Saint Lawrence fairlead
满足"船舶通过圣劳伦斯航道共同规则"的闭式导缆器。

**05.265 推拖设备** push and towing arrangement
船上专设为带动其他船舶或浮体作运输、救生、辅助操纵和其他特种作业及其相应的安全防范设备的统称。通常按作业方式分顶推和拖曳两大类。

**05.266 推架式系结** towknee type linkage
又称"推带索具系结"。由推架和承推梁传递推力，再以主缆、交叉缆承受拖力并约束船队队形的顶推系结方式。

**05.267 推架** towknee
推船及分节驳首端供传递推力的柱架结构。

**05.268 无缆系结装置** ropeless linkage
推船和被推驳船间，除缆索以外的各种系结装置的统称。

**05.269 主缆** main push-towing rope
顶推系结部件中，保持顶推船队联结，承受一定预张力及回航时拉力的缆索。

**05.270 操纵缆** push-towing steering rope
顶推系结部件中，增加顶推船队回转性能的系缆。

**05.271 拖缆承架** towing beam
横跨拖船艉部甲板，支立于两舷，用以支承拖缆，以防拖缆摆动时损伤人员和舱面设备的拱架。

**05.272 拖缆限位器** stop posts for towline
设于拖船两舷，用以限制拖缆摆动幅度，以防损坏在允许摆动幅度之外的船体结构和舱面设备的部件。

**05.273 拖钩** towing hook
拖船上供扣挂拖缆，并便于解脱的钩具。分弹簧拖钩、液压拖钩、遥控拖钩等。

**05.274 拖钩台** towing hook platform
位于拖钩下方，用以支持拖钩自重，并便于拖钩摆动的小平台。

**05.275 拖桩** towing post
拖航时供套扣拖缆的立柱。

**05.276 拖曳弓架** towing arch
拖船上专用联结拖钩或拖曳滑车，借以传递拖力至船体结构的弓形构件。

**05.277 拖缆孔** towing chock bullnose
设于船首和船尾板中线上，以限制拖缆在垂直和水平方向移动的导缆孔。

**05.278 承推架** pushed beam
设于供顶推的驳船艉端，专用于传递推力和防撞的水平或竖向构件。

**05.279 拖曳滑车** towing block
拖船上用以导引拖缆绞车上的拖缆，使其转向船尾并承受挂拖力的专用滑车。

**05.280 救生设备 life-saving appliance**
设置在船上供遇险时进行自救或救助的专门设备及其附属件的统称。

**05.281 救生艇 lifeboat**
设置在船舶上弃船时能维持遇险人员生命的小艇。

**05.282 开敞式救生艇 open lifeboat**
无刚性顶盖的救生艇。

**05.283 部分封闭救生艇 partially enclosed lifeboat**
在首尾端设有不少于 20 % 艇长的刚性顶盖,并在中间设有固定附连的可拆式顶蓬,必要时能完全罩住乘员的救生艇。

**05.284 全封闭救生艇 totally enclosed lifeboat**
设有完全罩住全艇的固定刚性水密顶盖的救生艇。

**05.285 耐火救生艇 fire-resistant lifeboat**
设有喷水防火系统和供气系统,能保护额定乘员经受持续油火包围一定时间的全封闭救生艇。

**05.286 自供空气救生艇 lifeboat with self-contained air support system**
当艇在所有开口关闭下航行,能利用自备供气系统确保内部环境适合于人员呼吸和机器正常运转一定时间的全封闭救生艇。

**05.287 划桨救生艇 oar-propelled lifeboat**
依靠划桨和风帆推进的开敞式救生艇。

**05.288 抛落式救生艇 free fall lifeboat**
可从船尾的专用艇滑道上自由下落而不会倾覆的救生艇。

**05.289 机动救生艇 motor lifeboat**
依靠机械动力装置推进的救生艇。

**05.290 自行扶正 self-righting**
受外力作用而倾覆的装载全部或部分乘员及属具的救生艇,当外力消除后能自行回复正浮状态的能力。

**05.291 救生艇乘员定额 carrying capacity of lifeboat**
按照公约和规范的要求,经计算和核定后,救生艇允许最多乘载的人数。

**05.292 空气箱 watertight aircase**
救生艇内用以提供浮力的固定水密箱。

**05.293 艇吊钩 lifting hook**
设置于救生艇艇体上,供吊放救生艇用的吊钩。

**05.294 联动脱钩装置 simultaneous disengaging gear**
设于救生艇艇体上,保证首、尾艇吊钩在承受满负荷或无负荷时均能同步解脱的装置。

**05.295 舭部扶手 underside handholds**
设置于救生艇外板舭部,当艇倾覆时供落水者攀附的扶手。

**05.296 舷沿救生索 buoyant lifeline**
沿救生艇、筏、浮周缘布设的,常带有浮子的索具。供落水者抓握和攀登使用。

**05.297 艇滑架 lifeboat skate**
设置在救生艇侧适当位置,供救生艇降落过程中承受与母船体的碰撞和滑越母船突出结构,且易于解脱的专用构架。

**05.298 救助艇 rescue boat**
用于救助遇险人员及集结救生艇、筏,且有良好操纵性的机动小艇。

**05.299 降落装置 launching appliance**
将救生艇、筏或救助艇从其存放位置安全地转移到水面的设备。

**05.300 吊艇装置 boat handing gear**
存放、降落和回收救生艇、救助艇的装置。

**05.301  吊艇架  boat davit**
用以存放、降落和回收救生艇的专用组合架。

**05.302  重力式吊艇架  gravity-type davit**
依靠重力倒出使艇移至舷外的吊艇架。

**05.303  转出式吊艇架  radial davit**
吊艇架绕其竖轴转动,将救生艇转至舷外,降落或回收的吊艇架。

**05.304  艇座  boat chock**
安装在船舶甲板上,用以存放和固定小艇的座架。

**05.305  固艇索具  boat rope**
能可靠地紧固,又能简便而迅速地脱开的用于固定救生艇或救助艇的索具。

**05.306  吊艇索  boat fall**
降落或回收救生艇、救助艇时直接承受吊艇负荷的绳索。

**05.307  横张索  davit span**
张紧于两吊艇臂(或吊艇杆)顶端,供悬系放艇安全索的绳索及其索具附件。

**05.308  放艇安全索  life rope**
悬系于横张索上有一连串绳节,专供放艇人员攀附、滑落、登艇的绳索及其附件。

**05.309  吊艇架额定负荷  loading capacity of boat davit**
吊艇架所能承受的最大救生艇总重。

**05.310  吊艇架跨距  outreach of boat davit**
船舶正浮时,艇吊出舷外后,吊艇索距母船甲板舷边间的水平距离。

**05.311  安全降落速度  safety falling velocity**
为使艇员免受降艇速度过快的损害,允许救生艇、筏最大的下降速度。

**05.312  救生筏  liferaft**
设置在船上,弃船时能维持遇险人员生命的筏。

**05.313  刚性救生筏  rigid liferaft**
具有刚性筏体的救生筏。

**05.314  气胀救生筏  inflatable liferaft**
收藏于特制容器中,使用时能自动充气张开的救生筏。

**05.315  吊放式救生筏  davit launched type liferaft**
人员登乘后,能被吊放装置吊放至水面的救生筏。

**05.316  可翻转救生筏  reversible liferaft**
两面均可载人的救生筏。

**05.317  吊筏架  raft davit**
吊放救生筏的装置。

**05.318  救生登乘梯  embarkation ladder**
设置在救生艇、筏登乘地点,供人员安全登入已降落水面的救生艇、筏的梯子。

**05.319  登艇梯  boarding ladder**
放置在救生艇内供落水者登入救生艇用的短梯。

**05.320  救生服  immersion suit**
具有浮力和保温性能,或仅有其中一种性能的用防水材料制成的连衣裤。

**05.321  救生衣  lifejacket**
穿在身上能为落水者提供稳定浮力,并能使失去知觉者的口、鼻部露出水面的个人救生用具。

**05.322  救生圈  lifebuoy**
在水中能提供浮力,供落水者攀附的环状浮体。

**05.323  救生衣灯  lifejacket light**
系于救生衣上能发出具有一定发光强度的

连续光或一定闪光频率的闪光求救示位灯。

**05.324 救生索** life line

系于救生圈上不打纽结的具有一定长度、直径和断裂强度的可浮细索。

**05.325 救生圈自发烟雾信号** lifebuoy self-activating smoke signal

系连于救生圈上能漂浮于水面,并自动发出持续一定时间的橙黄色烟雾的求救信号。

**05.326 救生属具** life-saving appliance

配置于救生艇、筏上的全部救生用品的统称。

**05.327 救生抛绳设备** life line throwing appliance

供抛射绳索用于救生的器具。

**05.328 手持火焰信号** hand flare

点燃后能持续燃烧一定时间,并发出具有一定发光强度的明亮红光的手持求救信号。

**05.329 漂浮烟雾信号** buoyant smoke signal

点燃后能漂浮于水面,并在一定时间内匀速地喷出橙黄色烟雾,而不喷出任何火焰的求救信号。

**05.330 火箭降落伞火焰信号** rocket parachute flare signal

向空中发射至一定高度后,能悬挂于降落伞下持续燃烧一定时间,并发出具有一定发光强度的红光,且以缓慢速度降落的求救信号。

**05.331 气胀式设备** inflatable appliance

依靠非刚性充气室提供浮力,而且在使用前通常保持不充气状态的设备。

**05.332 保温用具** thermal protective aid

用低导热系数的防水材料制成的袋子或衣服。供穿着者保温用。

**05.333 静水压力释放器** hydrostatic release unit

依靠静水压力自动脱开固定索具,释放救生筏,使其自由浮起的器具。

**05.334 救生浮** life float

四周以方形或园形截面浮体构成,当中设有绳网或木格栅的救生浮具。可支浮一定数量的落水人员攀附待救。

**05.335 救生凳** life bench

在凳座下装设浮箱,四周穿以救生索,利用坐凳改装的简便救生浮具。

**05.336 自亮浮灯** self-igniting buoy light

附连在救生浮具上,投水后能自动发光,在夜间易被发觉的专用可浮灯具。

**05.337 施救浮索** buoyant rescue quoit

穿有色彩鲜明的浮环,抛投水面供救援用的绳索。

**05.338 航行信号设备** navigation signal equipment

用以表明船舶动态或作业状态,便于相互识别和避让而设置的各种视、听信号设备。

**05.339 桅设备** mast and rigging

船上各种桅、索具、帆及其附件的总称。

**05.340 声光信号设备** audible and visible signal equipment

船上供对外发出的能被人的听觉和视觉所感受的各种声光信号设备的总称。包括号灯、号型、号旗、信号烟火和音响信号器具等。

**05.341 桅** mast

用以装设号灯、天线和悬挂号型、号旗和扬帆,有的还兼作起货设备用的立柱或组合构架。包括信号桅、了望桅及雷达桅等。

**05.342 信号桅** signal mast

专供装设悬挂避碰、呼救和通信用的信号设

备的桅。

**05.343 了望桅 observation mast**
设有了望台或了望室的桅。位于近艏处,装有通讯设备可与驾驶人联系。

**05.344 雷达桅 radar mast**
主要供装设雷达天线用的桅。

**05.345 支索桅 stayed mast**
除在甲板处紧固外,在其上端还有支索拉牵的桅。

**05.346 三脚桅 tripod mast**
由一根竖立的主杆和两根斜杆所构成的桅。

**05.347 桁架桅 cage mast, lattice mast**
由型钢或管材构成的桁架式的桅。

**05.348 可倒桅 collapsible mast**
可绕其根部的支承座或特定支点转动而放倒的桅。

**05.349 可伸缩桅 telescope mast**
由套管组成的可伸缩的桅。

**05.350 前桅 fore mast**
船舶具有两根以上桅时,指设在船首部的桅杆。

**05.351 后桅 after mast**
设置在前桅以后装设后桅灯的桅。

**05.352 桅柱 lower mast**
桅肩以下的桅体。

**05.353 桅肩 outrigger**
在桅柱的上端向两侧伸展,一般供设置吊杆装置的千斤座或千斤眼板的承载构件。

**05.354 桅横杆 yard**
设置在顶桅上部用以悬挂号旗或号型等的横向杆件。

**05.355 顶桅 top mast**
指桅肩以上,自桅柱向上延伸或固接在桅柱上或安装在门形桅横向构件上的主杆件。

**05.356 桅冠 truck**
位于顶桅顶端的半球状结构。

**05.357 了望台 crow's nest**
设置在桅上,供了望用的平台或遮蔽良好的小室。

**05.358 桅索具 mast rigging**
桅设备中各种支索及其配件的统称。

**05.359 雷达平台 radar platform**
供安装雷达天线用的平台。

**05.360 号型 shape**
日间悬挂在船上规定的易见处,用以表示船舶动态和作业状态,具有特定形状和颜色的几何体。

**05.361 号旗 signal flag, code flag**
供船舶通信及标识用的各种旗帜的统称。包括国际信号旗、国旗、公司旗、军舰旗、手旗以及各国自行规定的识别旗号。

**05.362 号钟 bell**
以其音响作报时、报警、抛锚报声等船内联系信号和能见度不良时锚泊或搁浅船舶发出避碰信号用的,设置在船首部的铜钟。

**05.363 锚球 anchor ball**
日间船舶锚泊时悬系于船首的黑色球型号型。

**05.364 信号烟火 pyrotechnic signal**
能发出烟雾、声光供船舶遇难时用作呼救求援信号的各种烟火的统称。

**05.365 信号烟雾 smoke signal**
供船舶小艇、救生艇等日间用的能浮于水面发出橙黄色浓烟的信号烟火。

**05.366 音响火箭 sounding rocket**
船舶遇难时用的能发出声光的火箭式信号烟火。

**05.367 音响榴弹** sound signal shell
船舶遇难时用的能发出声光的榴弹式信号烟火。

**05.368 音响信号器具** sound signal instrument
能发出具有一定规律的音响信号的器具。包括号钟、号笛、雾角等。

**05.369 舱面属具** deck equipment and fittings
舱面上各种辅助设备的统称。包括梯、索具、天幕、栏杆和甲板用具等。

**05.370 直梯** vertical ladder
与水平面垂直安装的梯子。

**05.371 斜梯** inclined ladder
与水平面成倾斜角安装的梯子。

**05.372 甲板梯** deck ladder
设在甲板之间的各种梯的统称。

**05.373 舷梯** accommodation ladder
平时收藏于船舷内,用时放出舷外沿舷边倾斜布置,供人员上下船用的梯。

**05.374 舷桥** wharf ladder
船靠泊时临时架设在船舷和码头或他船之间的可移式桥。

**05.375 软梯** rope ladder
用连续绳索作梯架,硬木或其他等效材料作梯级制成的梯子。

**05.376 引航员升降装置** pilot hoist
引航员上下船用的动力升降装置。

**05.377 引航员软梯** pilot ladder
引航员上下船用的专用软梯。

**05.378 舷墙梯** bulwark ladder
供人员跨越舷墙用的可移式短斜梯。

**05.379 吃水梯** draught ladder
读取船舶吃水的舷外挂梯。

**05.380 踏步** foot steps
装于船上狭小部位或桅柱上,供人员上下时蹬踏的弓形短杆、平板或凹穴等的统称。

**05.381 天幕** awning
张设在露天部位,遮蔽阳光和雨雪的顶部帐幕。

**05.382 天幕帘** awning curtain
天幕边缘向下垂挂的短帘。

**05.383 围帘** weather screen
舷边防风雨的侧幕。

**05.384 天幕索** awning rope
架设于各天幕柱顶端的绳索。用以支张天幕。

**05.385 栏杆** railing
在甲板、平台、走道和棚顶等边沿设置的围栏。由栏杆柱、扶手和横栅栏等组成。

**05.386 风暴扶手** storm rails
为在恶劣海况时行走的安全,在通道两侧壁上设置的扶手。

**05.387 安全索** life line
为在恶劣海况时行走的安全,在甲板上临时配置的绳索。

**05.388 系索羊角** cleat
栓系绳索用的羊角形短桩。

**05.389 索节** socket
装在钢索末端的连接器具。一端为空心圆锥体,用以插入钢索端头,并浇注铅熔接紧固,另一端为眼环或叉头。

**05.390 活动梯步** feathering tread
装在舷梯上,能随舷梯的不同斜度而保持梯步表面始终水平的能转动的梯步。

**05.391 套环** thimble

带有绳槽,供绳索末端环绕扎结,以防绳缆过度弯曲和磨损,并可连接其他构件的心型金属环。

**05.392 碰垫 fender**
船舶靠离码头或他船时,为保护船舷和增加缓冲能力而挂在船舷的固定或活动衬垫。

**05.393 堵漏用具 flood protection materials**
船舶破损时用以堵塞漏洞的各种应急器材的统称。

**05.394 舱室设备 accommodation equipment**
设置在起居、公共、服务处所内的船用家具、厨房设备、卫生设备、医疗设备等的统称。

**05.395 住舱单元 cabin unit**
由全部必要的生活设施和壁板等组装而成,可以整体安装的居住舱室。

**05.396 船用家具 marine furniture**
供船上人员学习、工作和日常生活使用的床、柜、桌、椅、箱、橱、架等家具的统称。具有与船体配合、轻巧和不会倾倒的特点。

**05.397 海图桌 chart table**
设置在海图室或驾驶室内,存放海图、天文钟、航海日志和进行海图作业的专用桌子。

**05.398 柜床 bed with drawers**
在床铺下装有柜子或抽屉的床。

**05.399 救生衣柜 lifejacket chest**
设有明显标志,用以存放救生衣的专用柜子。

**05.400 旗箱 flag chest**
供存放信号旗和国旗的专用箱子。

**05.401 引航员椅 pilot chair**
安置在驾驶室内,专供引航员使用的椅子。

**05.402 舱室属具 cabin outfit**
舱室设备中各种舱室门窗、舱室梯、搁架和

舱室五金的统称。

**05.403 舱室五金 cabin hardware**
供舱室设备上使用的,一般都有防腐要求的五金物品的统称。

**05.404 风暴钩 storm hook**
船舶航行时为防止桌、椅、茶几等活动家具的倾倒和移动,在其底板下加装与甲板联固的金属拉钩。

**05.405 船用厨房设备 marine galley equipment**
船上炊事工作所需的各种器械和用具的统称。

**05.406 船用炉灶 marine range**
能适应船舶航行等条件,用于烹调、加热的炉灶。其型式有滴油灶、汽化油灶、电灶、煤气灶、燃煤灶等。

**05.407 滴油灶 dripping oil range**
采用滴油方式供油的燃油炉灶。

**05.408 汽化油灶 vaporizing oil range**
使燃油汽化并加压后进行燃烧的燃油灶。

**05.409 厨房污物粉碎机 galley filth disposer**
处理厨房烹调废物和残渣剩饭等用的专用机器。

**05.410 船用卫生设备 marine sanitary fixtures**
船上各种清洁卫生用具设备的统称。

**05.411 卫生单元 sanitary unit**
由全部必要的卫生设备和壁板等组装而成,可以整体安装的卫生舱室。

**05.412 遮光窗帘 shade curtain**
船舶夜航时,为阻挡室内的光线射到窗外而使用的不透光窗帘。

**05.413 安全路标 alley way label for safety**

当船舶发生火警或海损时,指引船员和旅客逃生的指示标志。

**05.414 舱室铭牌** cabin nameplate

装于舱室房间外的门框上方,表示房间名称的指示牌。

# 06. 船 舶 机 械

**06.001 船舶动力装置** marine power plant
为船舶推进和其他需要提供各种能源的全部动力设备的总称。

**06.002 内燃机动力装置** internal combustion engine power plant
以内燃机作为主机的船舶动力装置。

**06.003 柴油机动力装置** diesel engine power plant
以柴油机作为主机的船舶动力装置。

**06.004 汽油机动力装置** gasoline engine power plant
以汽油机作为主机的船舶动力装置。

**06.005 蒸汽动力装置** steam power plant
主机以蒸汽为工质的船舶动力装置。

**06.006 蒸汽机动力装置** steam engine power plant
以蒸汽机作为主机的船舶动力装置。

**06.007 汽轮机动力装置** steam turbine power plant
以蒸汽轮机作为主机的船舶动力装置。

**06.008 燃气轮机动力装置** gas turbine power plant
以燃气轮机作为主机的船舶动力装置。

**06.009 煤气机动力装置** gas engine power plant
以煤气机或柴油煤气机作为主机的船舶动力装置。

**06.010 热气机动力装置** stirling engine power plant
又称"斯特林发动机动力装置"。以热气机作为主机的船舶动力装置。

**06.011 自由活塞燃气轮机装置** free piston gas turbine plant
具有自由活塞燃气发生器的燃气轮机动力装置。

**06.012 联合动力装置** combined power plant
由燃气轮机与其他发动机或多台燃气轮机组成的,在热力上实现联合循环或无热力联系的联合推进装置。

**06.013 蒸-燃联合动力装置** combined steam and gas turbine power plant
由汽轮机和燃气轮机组成的交替使用或同时使用的联合推进装置。

**06.014 柴-燃联合动力装置** combined diesel and gas turbine power plant
由柴油机和燃气轮机组成的交替使用或同时使用的联合推进装置。

**06.015 全燃联合动力装置** combined gas turbine and gas turbine power plant
由多台燃气轮机组成的交替使用或同时使用的联合推进装置。

**06.016 核动力装置** nuclear power plant
以核反应堆释放的核能作为能源的动力装置。

**06.017 电力推进** electric propulsion

由推进电动机带动螺旋桨使船前进的船舶推进方式。

**06.018 喷水推进** waterjet propulsion

利用水泵向船后喷射水流的反作用力使船前进的船舶推进方式。

**06.019 Z型推进** Z-peller propulsion

Z型传动螺旋桨能360°回转，且在任何方向使船运动的船舶推进方式。

**06.020 舷外挂机推进** outboard engine propulsion

发动机悬挂在舷外作推进动力，使船前进的船舶推进方式。

**06.021 舷内机舷外推进** outboard propulsion with inboard engine

发动机安装在舷内，通过传动装置在舷外作推进动力，使船前进的船舶推进方式。

**06.022 风帆助航推进** propulsion with sail assistance

利用风力作为部分推进动力，使船前进的船舶推进方式。

**06.023 侧向推力装置** side thrust device

产生船舶横向推力，提高船舶操纵性能的装置。

**06.024 推进装置** propelling plant

动力装置中为船舶推进用的动力机械及其直接有关的配套设备的总称。

**06.025 主机** main engine

船舶动力装置中用于船舶推进的发动机。

**06.026 动力装置操纵性** power plant maneuverability

动力装置在规定的指令下，正车、倒车换向操纵的灵活性。

**06.027 动力装置机动性** power plant responsibility

动力装置在规定的指令下，起动、变速和变载的适应性能。

**06.028 动力装置热效率** power plant thermal efficiency

单位时间内，主机输出功率的热当量与动力装置消耗燃料的总热量之比。

**06.029 动力装置可靠性** power plant service reliability

动力装置在预定的运行条件下长期正常工作的能力。

**06.030 动力装置经济性** power plant economy

动力装置在造价、折旧、燃料、管理、维修等各项费用开支和效率方面的综合经济性能。

**06.031 动力装置生命力** power plant viability

动力装置遭到局部损坏后，仍能维持运行的能力。

**06.032 动力装置耗热率** power plant heat rate

主机在单位时间内，输出单位功率时动力装置所消耗的热量。

**06.033 动力装置单位重量** power plant specific mass

动力装置总重量与主机标定输出功率的比值。

**06.034 动力装置相对重量** power plant relative mass

动力装置总重量与船舶空船排水量的比值。

**06.035 机舱单位长度功率数** power refer to engine room unit length

机舱单位长度的主机额定功率数。

**06.036 机舱单位容积功率数** power refer to engine room unit volume

机舱单位容积的主机额定功率数。

**06.037　左转机组**　left-hand revolving engine unit

正车时由功率输出端向自由端看,作逆时针方向旋转的主机组。

**06.038　右转机组**　right-hand revolving engine unit

正车时由功率输出端向自由端看,作顺时针方向旋转的主机组。

**06.039　排水航行机组**　hull-borne engine unit

在水翼艇的推进装置中,供排水状态下航行使用的机组。

**06.040　应急航行机组**　take-home engine unit

主推进装置发生故障时,船舶应急航行使用的机组。

**06.041　艉机型布置**　after engine arrangement

指主机安装在船舶尾部的布置型式。

**06.042　机舱集控台**　centralized control console of engine room

设置在机舱或控制室内,能对主、辅机实施集中操纵的控制台。

**06.043　开式炉舱通风**　open stokehold draft

炉舱保持敞开的锅炉强力通风的形式。

**06.044　机舱辅机组**　engine room auxiliary machine set

装设于机舱内为主机及其他系统服务的成套辅助机械设备。

**06.045　组装式辅机组**　packaged auxiliary unit

辅机设备及其管路附件等组装成整体单元的成套设备。

**06.046　动力系统**　power system

动力装置中为主、辅机服务的辅助机械设备、管路及附件的总称。

**06.047　机舱热油加热系统**　thermal fluid system

以油为加热介质的加热循环系统。由热油锅炉、循环泵、管路和附件等组成。

**06.048　柴油机直接传动**　diesel engine direct drive

由柴油机直接带动轴系的传动方式。

**06.049　柴油机齿轮传动**　diesel engine geared drive

由柴油机通过齿轮箱带动轴系的传动方式。

**06.050　多机共轴齿轮传动**　multi-engines geared drive

由两台或两台以上主机,通过离合器和减速齿轮箱使功率合并由一根轴输出的传动方式。

**06.051　起动空气系统**　starting air system

供主、辅柴油机起动用的空气压缩设备、管路及附件的总称。

**06.052　冷却水系统**　cooling water system

以水为冷却介质的冷却系统。由水泵、冷却器、管路和附件等组成。

**06.053　开式冷却水系统**　open cooling water system

主、辅柴油机采用舷外水直接冷却的冷却水系统。

**06.054　闭式冷却水系统**　closed cooling water system

主、辅柴油机用封闭循环的淡水冷却,淡水再由舷外水冷却的冷却水系统。

**06.055　集中冷却水系统**　central cooling water system

各系统的高温淡水用低温淡水冷却,而低温

淡水用舷外水冷却的冷却水系统。

**06.056　舷外冷却**　outboard cooling
用舷外冷却管或船壳代替淡水冷却器的简化式冷却方式。

**06.057　燃油系统**　fuel oil system
向主、辅机、锅炉等燃油设备提供所需燃油的设备、管路、附件的总称。

**06.058　燃油驳运系统**　fuel oil transfer system
燃油舱柜之间进行调驳运送燃油的设备、管路和附件的总称。

**06.059　燃油净化系统**　fuel oil purifying system
将燃油系统内的燃油进行净化的设备、管路和附件的总称。

**06.060　燃油泄放系统**　fuel oil drain system
收集燃油系统内机械设备、箱柜和附件存油、泄油的系统。

**06.061　滑油系统**　lubricating oil system
向需要进行润滑和冷却的机械设备,供给所需润滑油的设备、管路和附件的总称。

**06.062　压力式滑油系统**　forced lubricating oil system
用油泵直接将润滑油输送到发动机各润滑点的滑油系统。

**06.063　重力式滑油系统**　gravity lubricating oil system
利用滑油重力柜依靠重力将润滑油输送到各润滑点的滑油系统。

**06.064　压力-重力式滑油系统**　gravity forced-feed oiling system
由压力式和重力式两种形式组成的滑油系统。

**06.065　滑油净化系统**　lubricating oil purifying system
将滑油系统内润滑油进行净化的设备、管路和附件的总称。

**06.066　滑油泄放系统**　lubricating oil drain system
收集滑油系统内机械设备、箱柜和附件存油、泄油的系统。

**06.067　滑油间歇净化**　lubricating oil batch purification
定期将滑油系统内全部的润滑油进行净化的滑油处理方式。

**06.068　滑油连续净化**　lubricating oil by pass purification
将滑油系统中的润滑油在工作的同时,连续进行净化处理方式。

**06.069　曲柄箱透气管路**　crankcase vent pipe
导走柴油机曲柄箱中的油气,防止曲柄箱内压力升高的管路。

**06.070　回热循环汽轮机装置**　regenerative steam turbine plant
实现回热循环的汽轮机动力装置。

**06.071　再热循环汽轮机装置**　reheat steam turbine plant
实现再热循环的汽轮机动力装置。

**06.072　主汽轮机组**　main steam turbine set
作为船舶推进动力用的主汽轮机、主冷凝器及齿轮减速器的总称。

**06.073　辅汽轮机组**　auxiliary steam turbine set
带动电站发电机或水泵、货油泵、风机等船用辅机的汽轮机机组。

**06.074　热线图**　heat balance diagram
表示蒸汽动力装置汽水工作循环组成的流程,并注有工质在流程中的压力、温度、流量等热力参数以及热能分布情况的基本原理图。

**06.075 热平衡计算** heat balance calculation
配合热线图进行的从燃料燃烧到功率输出过程中,有关热交换、热能分布、损失等热量平衡情况以及热效率的计算。

**06.076 多级预热给水** multi-stages feed heating
用主机中间级撤汽及辅机排汽来预热锅炉给水的多级预热形式。

**06.077 辅机排汽预热给水** auxiliary turbine exhaust steam feed heating
用背压式辅汽轮机的排汽来预热锅炉给水的形式。

**06.078 主蒸汽系统** main steam system
锅炉蒸汽输送到主机的管路及附件的总称。

**06.079 辅蒸汽系统** auxiliary steam system
锅炉蒸汽输送到辅机、甲板机械以及供其他用途的管路及附件的总称。

**06.080 排汽系统** exhaust steam system
由主、辅汽轮机排到冷凝器或其他热交换器的排汽管路及附件的总称。

**06.081 暖机蒸汽系统** engine warming steam system
供汽轮机起动前暖机用的蒸汽管路及附件的总称。

**06.082 撤汽系统** bleed steam system
又称"抽气系统"。从汽轮机中间级抽出蒸汽输送到给水预热器或其他热交换器的管路及附件的总称。

**06.083 汽封系统** turbine steam seal system
用蒸汽防止汽轮机转子和汽缸之间漏汽或空气漏入的设备、管路及附件的总称。

**06.084 给水处理** feed water treatment

通过过滤、除气、软化或蒸馏等方法除去给水中有害杂质的水质处理过程。

**06.085 循环水系统** circulating water system
供应冷凝器、冷却器及轴系等冷却水的机械设备、管路及附件的总称。

**06.086 自流式循环水系统** scoop circulating water system
利用船舶在正常航行时迎面水流动压头,使海水流过主冷凝器的循环水系统。

**06.087 锅炉燃油系统** boiler fuel oil system
向锅炉输送燃油的设备、管路及附件的总称。

**06.088 凝水-给水系统** condensate-feed water system
将主、辅冷凝器的凝水抽出经加热除氧,再由给水泵送入锅炉的机械设备、管路及附件的总称。

**06.089 闭式给水系统** closed feed water system
凝水从冷凝器出来送到锅炉的过程中均不与空气接触的给水系统。

**06.090 半闭式给水系统** semi-closed feed water system
凝水从冷凝器出来送到锅炉的过程中不与空气接触,但调节水柜为非密闭式的给水系统。

**06.091 开式给水系统** open feed system
凝水从冷凝器出来经热井再送到锅炉的给水系统。

**06.092 抽气真空泵组** vacuum pump air removal system
为保持冷凝器内真空度,用真空泵将其中不凝结、不溶解的气体抽出排入大气的成套设备。

**06.093　凝水再循环系统**　condensate recirculating system

在低负荷时为保证中后冷凝器有足够冷却水量,而在凝水管路进入除氧器前将一部分凝水回流到冷却器实行再循环的管路及附件的总称。

**06.094　主给水系统**　main feed system

蒸汽动力装置中锅炉装置在正常情况下使用的给水管路及附件的总称。

**06.095　辅给水系统**　auxiliary feed system

蒸汽动力装置中当锅炉主给水管路损坏或发生故障时,应急代用的给水管路及附件的总称。

**06.096　锅炉排污系统**　boiler blow-out system

排除锅炉水面浮油和底部污垢的管路及附件的总称。

**06.097　泄水系统**　drainage system

为防止汽轮机起动时,凝水损坏叶片及发生管路水击现象等,而设置的泄放汽轮机及蒸汽管路、附件等凝结水的管路。

**06.098　低压蒸汽发生器**　low pressure steam generator

用锅炉减压蒸汽或主机撤汽作为热源供低压系统使用的蒸汽发生器。

**06.099　给水软化装置**　water-softening plant

除去给水中引起结垢的镁、钙等杂质的设备。

**06.100　主燃气轮机组**　main gas turbine set

作为船舶推进用的燃气轮机组。

**06.101　辅燃气轮机组**　auxiliary gas turbine set

驱动各种辅机的燃气轮机机组。

**06.102　燃气稳压箱**　gas collector

自由活塞燃气轮机装置用以收集各发气器高温燃气并减少燃气压力波动的容器。

**06.103　起动装置**　starting device

又称"起动器"。将燃气轮机或柴油机从静止状态带动到起动转速的装置。

**06.104　进气装置**　air inlet unit

又称"进气设备"。装于压气机进气缸前,用以吸入空气并具有稳流、稳压、除水、除盐和消音作用的装置。

**06.105　排气装置**　exhaust unit

装于涡轮排气缸后,用以将废气排出并具有降温、消音等作用的装置。

**06.106　清洗装置**　washing equipment

清除压气机和涡轮通道内,特别是叶片上附着的沉积物以减少腐蚀的装置。

**06.107　脱轴试验**　shaft disengaged test

脱开主机组与轴系的联接对主机组所进行的检查试验。

**06.108　锁轴试验**　shaft locked test

检查多桨推进装置在锁紧某一轴系而用其余轴系推进时的工作可靠性的试验。

**06.109　拖轴试验**　shaft trailed test

检查轴系自由旋转而用其余轴系推进时的工作可靠性的试验。

**06.110　制动装置试验**　brake test

检查轴系制动装置的工作可靠性的试验。

**06.111　热平衡试验**　heat balance test

对动力装置工作范围内各稳定工况所作的全面热工测量试验。

**06.112　多机并车试验**　parallel running test

为检查多机传动共轴推进装置中主、辅机并车工作可靠性、功率分配均匀性及减机运转性能所作的试验。

**06.113　充气试验**　air charging test

对于具有充气装置的某种小型柴油主机,确认其充气能力、充气阀动作及耐久性试验或确定空压机充气能力的试验。

**06.114 离合器试验 clutch test**
对于有离合器的主机确认离合器离合动作的试验。

**06.115 燃料消耗试验 feul consumption test**
确认在持续功率情况下,连续运转时燃料消耗量,从而计算燃油消耗率的试验。

**06.116 柴油－重油切换试验 diesel oil and heavy oil automatic selecting test**
对使用燃料油的柴油机,确认两种燃料切换装置性能和主机状态的试验。

**06.117 轴系扭转振动测量 shafting torsional vibration test**
在航行时,实测轴系扭转振动情况及了解其危险转速的过程。

**06.118 运转试验 running trial**
主机组装完后,在开始长时间的运转前,在适当的转速下先进行适当时间的连续运转试验。

**06.119 减机运转试验 engine cut off test**
当在一根轴上装有两台或两台以上的主机时,确定其中某台主机停转情况下性能的试验。

**06.120 减轴运转试验 shaft cut off test**
对于有两根或两根轴以上的船在脱开某轴或将其固定的情况下,确定轴系性能的试验。

**06.121 燃油柜 fuel oil tank**
主、辅机或锅炉用的各种燃油柜的统称。

**06.122 燃油沉淀柜 fuel oil settling tank**
加热燃油并沉淀杂质的柜。

**06.123 柴油沉淀柜 diesel oil settling tank**
沉淀柴油杂质的柜。

**06.124 燃油日用柜 fuel oil daily tank**
储存供主机、辅机使用的燃油的柜。

**06.125 柴油日用柜 diesel oil daily tank**
储存主、辅机使用的柴油的柜。

**06.126 锅炉日用油柜 boiler fuel oil daily tank**
储存锅炉使用的燃油的柜。

**06.127 回油柜 fuel oil leakage tank**
收集喷油泵、喷油器的高温回油的柜。

**06.128 重力油柜 gravity oil tank**
靠重力供应燃油或滑油的柜。

**06.129 滑油储存柜 lubricating oil storage tank**
储存未用过的润滑油的柜。

**06.130 滑油沉淀柜 lubricating oil settling tank**
沉淀润滑油中杂质的柜。

**06.131 净化滑油柜 purified lubricating oil tank**
储存净化润滑油的柜。

**06.132 滑油循环柜 lubricating oil sump tank**
在干底润滑系统中用以汇集主机、辅机底部润滑油,供再循环使用的柜。

**06.133 滑油泄放柜 lubricating oil drain tank**
积存漏油或杂质较少的污浊滑油的柜。

**06.134 滑油油渣柜 lubricating oil sludge tank**
积存由滑油分油机等处排出的含有较多杂质的污浊滑油的柜。

**06.135 艉管滑油重力柜** stern tube lubricating oil gravity tank
靠重力给艉管供应滑油的柜。

**06.136 艉管滑油循环柜** stern tube lubricating oil sump tank
积存艉管回油的柜。

**06.137 艉管前密封滑油柜** forward stern tube sealing oil tank
为艉管前端部油封装置供应滑油的柜。

**06.138 气缸油计量柜** cylinder oil measuring tank
计量气缸油消耗量的柜。

**06.139 气缸油储存柜** cylinder oil storage tank
储存气缸油的柜。

**06.140 液压油柜** hydro oil storage tank
储存液压油的柜。

**06.141 液压油循环柜** hydro oil sump tank
积存液压回油的柜。

**06.142 膨胀水箱** fresh water expansion tank
在温度变化时,为冷却淡水提供压头与抽出的空气共同吸收热膨胀量或补充淡水消耗量的水箱。

**06.143 热井** cascade tank
过滤并调节锅炉给水的凝水柜。

**06.144 淡水压力柜** fresh water hydrophore tank
储存经压缩空气加压的淡水的柜。

**06.145 海水压力柜** sea water hydrophore tank
储存经压缩空气加压的海水的柜。

**06.146 热水柜** hot water tank
储存经蒸汽－电加热、蒸汽加热或电加热的

淡水的柜。

**06.147 船用柴油机** marine diesel engine
满足船用条件,供船舶推进或驱动辅机等用的柴油机。

**06.148 主柴油机** main diesel engine
船舶动力装置中用于推进的柴油机。

**06.149 双燃料发动机** dual-fuel engine
以柴油为引火燃料,可燃气体为主燃料的发动机。

**06.150 可逆转柴油机** direct-reversing diesel engine
可由操纵机构改变曲轴转向的柴油机。

**06.151 增压柴油机** supercharged diesel engine
进入气缸前的空气经用增压器提高进气管压力以增大充量密度的柴油机。

**06.152 最大持续功率** maximum continuous rating, MCR
在标准环境条件下,主机以标定转速允许长期连续运行的最大有效功率。

**06.153 持续常用功率** continuous service rating, CSR
船舶维持服务航速所需的主机持续运转功率。通常为主机持续最大功率的 85% ~ 90%。

**06.154 制动转速** braked speed
换向时制动空气进入气缸时柴油机的转速。

**06.155 滑油消耗率** specific lubricating oil consumption
单位有效功率每小时的滑油消耗量。

**06.156 空气消耗率** specific air consumption
单位有效功率每小时的空气消耗量。

**06.157 持续功率稳定性试验** steadiness

test at maximum continous rating

在规定时间内,柴油机在持续功率下连续运转,按规定的时间间隔反复测定其主要性能参数稳定性的试验。

**06.158　换向时间**　reversing time
从开始操作换向手柄到柴油机或轴系开始向相反方向运转所需的时间。

**06.159　敲缸**　knock
气缸内压力升高率太大时出现金属敲击声的现象。

**06.160　涡轮增压器**　turbocharger
利用柴油机排气能量驱动涡轮,带动压气机来提高柴油机进气压力的装置。

**06.161　起动空气分配器**　starting air distributor
根据起动定时的需要,将压缩空气按发火次序送至各气缸起动阀的部件。

**06.162　扭振减振器**　torsional vibration damper
装在曲轴上用以产生阻尼力矩或反力矩以降低曲轴扭转振动振幅的部件。

**06.163　中间空气冷却器**　inter cooler
将增压器的出口空气加以冷却的装置。

**06.164　曲轴箱油雾探测器**　crankcase oil mist detector
用于监测曲轴箱的油雾状态,预报和防止曲轴箱爆炸或其他损失的部件。

**06.165　船用汽轮机**　marine steam turbine
满足船用条件,供船舶推进或驱动辅机等用的汽轮机。

**06.166　主汽轮机**　main steam turbine
供船舶推进作为主动力的汽轮机。

**06.167　单缸直通式汽轮机**　single-cylinder and single-flow steam turbine

蒸汽单向流动,在一个通流部分和一个汽缸内完成膨胀的汽轮机。

**06.168　正车部分**　ahead parts
供船舶推进用汽轮机的前进动力部分。

**06.169　倒车部分**　astern parts
供船舶推进用汽轮机的倒退动力部分。

**06.170　低速级组**　slow-speed stages
为提高低速经济性而设置的,在低速时投入运行、高速时空转的汽轮机级组。

**06.171　全速级组**　full-speed stages
采用旁通调节方式的汽轮机中除旁通时的调节级和低速级组外,在全速时正常工作的汽轮机级组。

**06.172　全电调节**　electrical governing
汽轮机的压力、流量、功率、转速等电信号、经综合放大,操纵执行电机以控制汽轮机运行的调节方式。

**06.173　旁通调节**　by-pass governing
以使调节级前面或后面压力较高的蒸汽绕过低速级组的办法来改变蒸汽流量,从而改变汽轮机工况的调节方式。

**06.174　主蒸汽压力**　main steam pressure
主汽轮机喷嘴阀前的蒸汽压力。

**06.175　主蒸汽温度**　main steam temperature
主汽轮机喷嘴阀前的蒸汽温度。

**06.176　滑参数起动**　sliding pressure starting
汽轮机进汽压力和温度在起动过程中逐渐增高的起动方式。

**06.177　惰走曲线**　idle curve
汽轮机在全速工况转速下,从截断向汽轮机送汽时开始,至转子完全停止转动所需时间与转速的关系曲线。

**06.178 主汽轮机齿轮机组轴端功率** shaft power of main steam turbine-geared-units
主汽轮机齿轮机组传递功率至艉轴,在减速器法兰输出端测量的功率。

**06.179 临时停车** temporary-term stop
汽轮机处于暖机状态或待命停机状态。

**06.180 长期停车** long-term stop
主汽轮机及其辅机全部处于停机状态。

**06.181 速关阀** main stop valve
控制主蒸汽进入汽轮机,并能快速关闭截断进汽的阀门。

**06.182 倒车阀** astern valve
调节控制倒车汽轮机各工况的阀门。

**06.183 旁通阀** by-pass valve
使蒸汽通过旁通道进入汽轮机的阀门。

**06.184 倒车汽缸** astern casing
包容倒车部分的转子,并安装倒车级组喷嘴、导叶等的壳体。

**06.185 正车喷嘴** ahead nozzle
安装于正车部分喷嘴室内的喷嘴。

**06.186 倒车喷嘴** astern nozzle
安装于倒车部分喷嘴室内的喷嘴。

**06.187 正车动叶** ahead moving blade
安装在正车级转子上的叶片。

**06.188 倒车动叶** astern moving blade
安装在倒车级转子上的叶片。

**06.189 倒车油动机** astern servomotor
倒车调整装置中的液压执行机构。

**06.190 正车油动机** ahead servomotor
正车调速装置中的液压执行机构。

**06.191 汽轮机单缸运行装置** single-casing running device of steam turbine
供双缸或多缸汽轮机在事故情况下单缸运行的装置。

**06.192 配汽机构** steam distribution device
根据负荷变化的要求,通过改变调节阀开度来调节进汽量的机构。

**06.193 空负荷试验** no load test
在空负荷状态下,作各规定工况(转速)的性能试验。

**06.194 汽轮机超速试验** overspeed test of steam turbine
汽轮机按规定时间做超过额定转速的试验。

**06.195 带负荷试验** load test
在陆上试验站,主汽轮机组在规定工况负荷状态下的性能试验。

**06.196 暖机起动试验** warming-up and starting test
确定汽轮机合理的暖机起动程序的试验。

**06.197 最低起动压力试验** minimum starting pressure test
测定使汽轮机转子转动的最低蒸汽压力,检查汽轮机装配质量的试验。

**06.198 快速升负荷试验** quick power increasing test
检查主汽轮机从空负荷升到各规定工况的最短时间的试验。

**06.199 冷态应急起动试验** emergency cold starting test
为检查冷态条件下和规定时间内汽轮机应急起动达到规定负荷的性能试验。

**06.200 快速换向试验** quick reversing test
检查主汽轮机在负荷下快速换向的最短时间的试验。

**06.201 热态应急起动试验** emergency in hot condition test

为检查汽轮机处于不同热状态应急起动性能和操作程序的合理性所作的试验。

**06.202 船用燃气轮机** marine gas tubine
满足船用条件，供船舶推进或驱动辅机用的燃气轮机。

**06.203 主燃气轮机** main gas turbine
供推进船舶作为主动力的燃气轮机。

**06.204 全工况燃气轮机** main propulsion gas turbine
在船舶各种航速下都工作的主燃气轮机。

**06.205 倒车燃气轮机** astern gas turbine
在倒车航行时工作的燃气轮机。

**06.206 倒顺车燃气轮机** reversing gas turbine
动力涡轮叶片设计成双层结构，因而可有正车和倒车两种转向的燃气轮机。

**06.207 固定式辅燃气轮机** stationary auxiliary gas turbine
固定在一定位置工作的辅燃气轮机。

**06.208 移动式辅燃气轮机** mobile auxiliary gas turbine
可以移动到各处工作的辅燃气轮机。

**06.209 间冷回热燃气轮机** intercooled regenerative cycle gas turbine
具有压气机中间冷却器并按回热循环工作的燃气轮机。

**06.210 最大连续工况** maximum continuous condition
在一定条件下，燃气轮机输出端保持最大连续功率的运行工况。

**06.211 最大间断工况** condition of peak power
在短时间内可以安全运行的燃气轮机输出端为尖峰功率的运行工况。

**06.212 最低稳定运行工况** minimum self sustaining condition
燃气轮机本身能够维持运转而输出功率为最小的运行工况。

**06.213 减功系数** work-done factor
在多级轴流压气机设计中，用调整作功量的办法考虑附面层的存在和发展的影响时所采用的修正系数。

**06.214 节点温差** pinch-point temperature difference
在被加热液体达到饱和液截面处，高温介质温度与被加热介质饱和温度之差。

**06.215 燃气轮机箱装体** gas turbine module
专门设计的具有隔音、隔热、抗冲击和抗污染等能力的快速安装燃气轮机的外壳组件。

**06.216 防冰系统** anti-icing system
为了防止在压气机进口等处空气中的水分由于温度过低而结冰的保护系统。

**06.217 防喘系统** surge-preventing system
为防止发生喘振，扩大压气机的稳定工作范围的保护系统。

**06.218 清洗系统** cleaning system
用以清除压气机或涡轮通流部分内特别是叶片上附有的沉积物的系统。

**06.219 放气系统** blow-off system
根据需要，在压缩过程中或在压气机出口处向外界放出部分空气的系统。

**06.220 超扭保护装置** overtorque protection device
当燃气轮机输出轴扭矩超过规定值时，自动报警或使机组输出功率降至规定值以下或停机的保安装置。

**06.221 进排气消声装置** inlet and exhaust silencing equipment

安装在进气道或排气道,用以消除或减弱进气或排气噪声的装置。

**06.222 耐久性试验** continuous service test
为满足船用发动机的使用要求,按规定的试验循环所进行的连续运行试验。

**06.223 加速性能试验** acceleration test
为检查发动机从空负荷升到各规定工况的最短时间和加减速时运转性能的试验。

**06.224 喷盐雾试验** salt fog test
在燃气轮机入口处喷入规定指标的盐雾,以检查其主要零部件的材料和涂层的耐蚀性以及进气装置效用的试验。

**06.225 清洗试验** washing test
为检查清洗系统的工作效果或确定最佳清洗参数和条件,在燃气轮机低转速运转下所进行的试验。

**06.226 倒车功率** astern rating
主机倒车时所发出的最大功率。

**06.227 功率换算** power conversion
将某种环境条件下测得的功率换算成标准环境下的功率,或将标准环境下的功率换算成某环境条件下的功率。

**06.228 功率转速匹配图** power-speed matching diagram
使主机功率与船舶推进器达到优化匹配而绘制的曲线图。

**06.229 转速禁区** barred-speed range
为防止轴系扭振时应力超过许可值而应避免使用的转速范围。

**06.230 冷态起动** cold starting
主机的温度等于环境温度的状态时的起动。

**06.231 热态起动** hot starting
主机在停车不久的热态下或采取暖机,使其在高于环境温度状态下的起动。

**06.232 暖机起动** warm starting
在暖机状态下进行的起动。

**06.233 冷态应急起动** emergency cold starting
根据设计规定的冷态条件在限定时间内进行起动主机并达到全速工况的起动。

**06.234 起动压力** starting pressure
新蒸汽进入主机冲动转子,主机转子开始转动时的调节阀后压力。

**06.235 正车工况** ahead condition
主机推进船舶前进的各工况。

**06.236 倒车工况** astern condition
主机推进船舶向后退的工况。

**06.237 长期倒车工况** long-term astern condition
主机开倒车,不受时间限止的工况。

**06.238 全速倒车工况** full speed astern condition
主机发出最大倒车功率的工况。

**06.239 操纵机构** maneuvering gear
控制主机起动、换向、调速等的机构。

**06.240 换向机构** reversing gear
改变主机轴系旋转方向的机构。

**06.241 紧急停车装置** emergeney shut-down device
使主机在紧急情况下迅速停止运转的装置。

**06.242 自动停车装置** automatic shut-down device
当主机的压力、温度或转速等达到设定值时能使主机自动地停车的安全装置。

**06.243 盘车机构** turning gear
用来缓慢转动曲轴等运动件的装置。

**06.244 盘车联锁装置** turning gear inter-

locking device
当盘车装置未脱开时,主机不能启动的联锁装置。

**06.245 超速保护装置** overspeed protection device
当主机超过极限转速时,能停止或减速的装置。

**06.246 安全装置试验** safety feature test
为考核主机上的安全装置、报警装置以及联锁装置等动作的准确性所进行的试验。

**06.247 轴系** shafting
船舶中,将主机或传动装置和推进器连接起来的整套传动系统。

**06.248 单轴系** single shafting
船舶中仅有一套轴系。

**06.249 双轴系** twin shafting
船舶中设有两套轴系。

**06.250 多轴系** multiple shafting
船舶中设有两套以上轴系。

**06.251 内斜轴系** converging shafting
轴系中心线从艏端到艉端渐近船体中线面的轴系。

**06.252 外斜轴系** diverging shafting
轴系中心线从艏端到艉端呈渐离船体中线面的轴系。

**06.253 中轴系** center shafting
轴中心线在船体中线面上的轴系。

**06.254 侧轴系** wing shafting, side shafting
轴中心线不在船体中线面上的轴系。

**06.255 V 型传动** V-drive
轴系中心线布置呈 V 字形的传动方式。

**06.256 Z 型传动** Z-drive
轴系中心线布置呈 Z 字形的传动方式。

**06.257 L 型传动** L-drive
轴系中心线布置呈 L 字形的传动方式。

**06.258 中间轴** intermediate shaft
轴系中用以连接推力轴与艉轴的轴。

**06.259 中间轴轴承** intermediate shaft bearing, plumer block
支承中间轴旋转运动的轴承。

**06.260 轴法兰** shaft flange
用以连接两轴段的轴端凸缘。

**06.261 推力轴** thrust shaft
轴系中用以承受和传递轴向力,并经推力轴承传递给船体的单独轴段。

**06.262 螺旋桨轴** screw shaft, propeller shaft, tube shaft, stern shaft
又称"艉轴"。轴系中安装螺旋桨的轴。

**06.263 调整轴** shaft for adjustment
留有一定的加工余量来补偿轴线理论长度和实际长度差值的轴。

**06.264 推力轴轴承** thrust bearing, thrust block
支承推力轴,承受和传递推进器的推力或拉力,并传递给船体的轴承。

**06.265 轴包覆** shaft lining
用以保护轴身并防止其腐蚀的保护层。

**06.266 轴套** shaft liner
螺旋桨轴或艉轴上的套筒。

**06.267 艉管** stern tube
固定在船体尾部,使轴通过并装有密封与支承装置的管段。

**06.268 艉管填料函** stern-tube stuffing box
设在艉管前端的密封装置。

**06.269 隔舱填料函** bulkhead stuffing box
设置在轴系所穿过的舱壁处用以保证该处

水密的密封装置。

**06.270 艉管密封装置** stern shaft sealing
为防止舷外水从轴系和船体的贯通部分进入船体内部,或在油润滑的情况下,防止油流到船外的密封装置。

**06.271 轴系制动器** shafting brake, shaft-locking device
用以制止或锁住轴转动的设备。

**06.272 轴系接地装置** shafting-grounding device, shafting-earthing device
为消除轴系和船体之间的静电、防止静电伤人和电化学腐蚀而在轴上装设的导电装置。

**06.273 分出功率输出装置** power take-off, PTO
又称"辅助功率输出装置"。由轴系或传动装置中分出的传动轴以驱动发电机、水泵等辅助机械用的传动设备。

**06.274 轴系临界转速** critical speed of shafting
引起主机和轴系发生共振时的主机转速。

**06.275 轴系共振** resonant vibration of shafting
激励频率与轴系某阶固有频率相一致时的振动状态。

**06.276 轴系固有频率** natural frequency of shafting
由轴系的质量和刚度所决定的振动频率。

**06.277 轴系扭转振动** torsional vibration of shafting
在发动机、螺旋桨等周期性扭矩激励下,轴系产生周向交变运动及其相应变形的现象。

**06.278 轴系纵向振动** axial vibration of shafting, longitudinal vibration of shafting
轴系在外力作用下沿轴向产生的周期性变形现象。

**06.279 轴系回旋振动** whirling vibration of shafting
轴系在外力作用下产生的,轴一方面绕自身中心线旋转,同时又使轴线呈弯曲状态以另一角速度绕原平衡轴中心线回旋的合成运动。

**06.280 轴承跨距** bearing span
轴系中相邻两个轴承相应支承点的距离。

**06.281 刚性轴系** stiff shafting
回旋振动时,临界转速高于标定转速的轴系。

**06.282 挠性轴系** flexible shafting
回旋振动时,临界转速低于标定转速的轴系。

**06.283 轴系效率** transmission efficiency of shafting
螺旋桨收到的功率和主机或传动装置输出功率之比。

**06.284 轴系传动装置** transmisson gear of shafting
安装在主机与轴系间的联轴器、离合器、齿轮箱、耦合器等传动设备组合的统称。

**06.285 轴系传动装置效率** transmission gear efficiency of shafting
轴系传动装置输出功率与输入功率的比值。

**06.286 轴系首尾基准点** fore-aft datum marks of shafting
按轴系布置图上轴系中心线前、后端的坐标位置,用一定的工艺方法来确定轴系中心线在船体上实际位置的首尾二点。

**06.287 轴系校中** shafting alignment
考虑到轴系弯曲、轴承负荷和船体变形等因素,保证轴系可靠运转的安装工艺过程。

**06.288 轴系直线校中** straight alignment of shafting

将轴系和与之相连的主机或传动装置输出轴中心线安装成直线状态的安装工艺过程。

**06.289 轴系负荷校中** load alignment of shafting

用负荷仪测量各中间轴承负荷,通过调节各中间轴承位置,使各轴承实际负荷符合轴承设计负荷所规定范围的安装工艺过程。

**06.290 顶举系数** jack-up factor

利用中间轴承附近的液压千斤顶代替轴承时,测得的千斤顶负荷与实际轴承负荷之比。

**06.291 螺旋桨无键连接** keyless propeller

不借助于键,而是借助于用过盈或黏接方法将螺旋桨装配在螺旋桨轴配合锥面上的安装方式。

**06.292 螺旋桨推入量** propeller pull-up distance

螺旋桨和螺旋桨轴采用过盈配合时,螺旋桨在螺旋桨轴上的轴向推进距离。

**06.293 螺旋桨推入力** propeller fitting force, propeller pull-up force

螺旋桨和螺旋桨轴采用过盈配合时,将螺旋桨推入到规定位置所需的推力。

**06.294 推入量起始点** pull-up start point

螺旋桨和螺旋桨轴采用过盈配合时,计算螺旋桨推入量的起始位置。

**06.295 接触压力** pressure of contact surface

螺旋桨和螺旋桨轴采用过盈配合时,螺旋桨和螺旋桨轴锥形接触面上的单位面积压力。

**06.296 船舶辅机** marine auxiliary machinery

船上除主机、主锅炉以外的机械的统称。

**06.297 机舱辅机** engine room auxiliary machinery

装设于机舱内为主机及其他系统服务的机械。

**06.298 辅汽轮机** auxiliary steam turbine

驱动船舶电站发电机以及泵、压气机等船舶机舱辅机的汽轮机。

**06.299 辅柴油机** auxiliary diesel engine

驱动船舶电站发电机以及泵、压气机等船舶机舱辅机的柴油机。

**06.300 辅燃气轮机** auxiliary gas turbine

驱动船舶电站发电机以及泵、压气机等船舶机舱辅机的燃气轮机。

**06.301 移动式辅燃气轮机组** mobile auxiliary gas turbine unit

可以移动到需要其工作的处所,带动泵等机械工作的燃气轮机机组。

**06.302 船用泵** marine pump

船上以一定压力输送液体的设备。

**06.303 船用风机** marine-type fan

船上送风或抽风的设备。

**06.304 船用压缩机** marine compressor

船上用来压缩气体增加气体压力,为气动系统提供压力气源的设备。

**06.305 船舶制冷装置** marine refrigerating plant

船上制冷系统中制冷设备、附属设备和阀件的总称。

**06.306 船用离心分离机** marine centrifugal separator

船上用来分离燃油和滑油中机械杂质和水分的离心式机械。

**06.307 海水淡化装置** sea water desalting plant

从海水中制取淡水的设备。

**06.308 热交换器** heat exchanger
能在一定结构和一定工况下进行热量交换的设备。

**06.309 船用液压气动元件** marine hydropneumatic components and units
利用液体或压缩空气作介质在液压或气动系统中传递功和力的元件。

**06.310 船用生活污水处理装置** marine sewage treatment system
船上处理生活污水的装置。

**06.311 船用气瓶** marine air bottle
船上用来储存气体的容器。

**06.312 惰性气体系统** inert gas system
船上用于提供含氧量不足以使碳氢气燃烧的烟气或混合气体的设备或系统。

**06.313 船舶油污染防治设备** oily bilge separator
处理船舶油污水,使排水含油量达到排放标准的设备。

**06.314 船舶消防装置** marine fire fighting system
用于船舶上预防和扑灭火灾的装置。

**06.315 备用泵** stand by pump
可随时投入使用的泵。一般与正在工作的泵交替使用。

**06.316 艏尖舱泵** fore peak pump
具有独立管系,用来抽出艏尖舱积水的泵。

**06.317 减摇泵** anti-roll pump
用于减摇水舱系统的泵。

**06.318 纵倾平衡泵** trimming pump
抽送压载水或其他液体以调节船舶纵倾的泵。

**06.319 横倾平衡泵** list pump
抽送压载水或其他液体以调节船舶横倾的泵。

**06.320 舱底泵** bilge pump
抽送舱底水的泵。

**06.321 压载泵** ballast pump
用于压载水舱注水或排水的泵。

**06.322 舱底压载泵** bilge and ballast pump
用于抽送舱底水和压载水的泵。

**06.323 舱底压载总用泵** bilge and ballast general service pump
用于抽送舱底水和压载水兼作消防泵和总用泵的泵。

**06.324 专用清洁压载泵** clean ballast pump
抽送专用清洁压载水的泵。

**06.325 扫舱泵** stripping pump
抽送油舱中残余剩液的泵。

**06.326 总用泵** general service pump
作日常通用用途的泵。也可作为其他专用泵的备用泵。

**06.327 消防泵** fire pump
抽送消防用水的泵。

**06.328 应急消防泵** emergency fire pump
具有独立动力源,能快速起动并具有自吸能力的应急时使用的消防泵。

**06.329 消防总用泵** fire and general service pump
兼作消防泵和总用泵的泵。

**06.330 疏水泵** drainage pump
排去船上积水的泵。

**06.331 卫生泵** sanitary pump
抽送卫生用水的泵。

**06.332 饮用水泵** drinking water pump

抽送饮用水的泵。

**06.333 日用淡水泵** daily service fresh water pump
抽送日用淡水的泵。

**06.334 海水泵** sea water pump
抽送海水的泵。

**06.335 粪便泵** sewage pump
抽送含粪便等污物的泵。

**06.336 污水泵** sewage water pump
抽送船上污水的泵

**06.337 热水循环泵** hot water circulating pump
在生活用热水系统中使热水循环的泵。

**06.338 泡沫原液泵** concentrate pump
泡沫灭火系统中用作抽送泡沫原液的泵。

**06.339 泡沫液循环泵** concentrate circulating pump
泡沫灭火系统中将泡沫原液自储存舱吸出并使泡沫原液与水混合成泡沫混合液的泵。

**06.340 救助泵** salvage pump
打捞或救助用的泵。

**06.341 货油泵** cargo oil pump
油船上抽送货油的泵。有时亦兼作压载泵用。

**06.342 锅炉给水泵** boiler feed pump
将给水输入锅炉的泵。

**06.343 起动用给水泵** cold start feed water pump
在锅炉冷态时将给水输入锅炉的泵。

**06.344 汽轮给水泵** turbine driven feed pump
由汽轮机驱动的给水泵。

**06.345 锅炉水强制循环泵** boiler water forced circulating pump
在强制循环锅炉中驱动锅炉水循环的泵。

**06.346 轻柴油输送泵** light diesel oil transfer pump
供装卸以及在舱柜之间驳运轻柴油的泵。

**06.347 燃油供给泵** fuel oil supply pump
向柴油机喷射泵或燃油增压泵输送燃油的泵。

**06.348 燃油增压泵** fuel oil booster pump
向柴油机喷射泵输送增压燃油的泵。

**06.349 锅炉燃油泵** fuel oil burning pump
向锅炉燃烧室输送燃油的泵。

**06.350 日用燃油泵** daily service fuel oil pump
抽送日用燃油的泵。

**06.351 重柴油输送泵** heavy diesel oil transfer pump
供装卸以及在舱柜之间驳运重柴油的泵。

**06.352 燃油输送泵** fuel oil transfer pump
供装卸以及在舱柜之间驳运燃油的泵。

**06.353 循环水泵** circulating pump
向冷凝器输送循环冷却水的泵。

**06.354 凝水泵** condensate pump
抽送冷凝器中冷凝水的泵。

**06.355 冷却水泵** cooling water pump
输送冷却用海水或淡水的泵。

**06.356 滑油泵** lubricating oil pump
抽送润滑油的泵。

**06.357 滑油输送泵** lubricating oil transfer pump
将润滑油自一个舱柜输送至另一舱柜的泵。

**06.358 艉管滑油泵** stern tube lubricating oil pump

将润滑油抽送至艉管轴承的泵。

**06.359 艉管油封用油泵** forward stern tube sealing oil pump
将润滑油抽送至艉管前部油封的泵。

**06.360 气缸油泵** cylinder oil service pump
将气缸油从油柜抽送至计量柜的泵。

**06.361 蒸馏水泵** distillate pump
抽送蒸馏水的泵。

**06.362 舱室通风机** cabin fan
舱室通风换气用的通风机。

**06.363 机舱通风机** engine room fan
机舱通风换气用的通风机。

**06.364 泵舱防爆通风机** pump room explosionproof fan
用以抽除货油泵舱中油气的防爆式通风机。

**06.365 垫升风机** lift fan
气垫船中用以产生气垫和升力的风机。

**06.366 推进风机** propulsive fan
气垫船中用以产生推进动力的风机。

**06.367 可移式风机** portable fan
非固定安装,可搬动的风机。

**06.368 船用防爆风机** marine explosionproof fan
在船上使用时不会引起周围环境中爆炸性混合气体爆炸的风机。

**06.369 惰性气体鼓风机** inert gas blower
烟气防爆系统中,将经过洗涤塔洗涤以后的惰性气体自烟道抽出再输送到各油舱处的风机。

**06.370 初始空气压缩机** initial starting air compressor
当船舶电站尚未投入工作,电动主空压机无电源可使用时,产生柴油机起动用压缩空气

的压缩机。

**06.371 无油润滑空[气]压[缩]机** oil free air compressor
气缸和活塞之间不用油润滑的压缩机。

**06.372 自由活塞空[气]压[缩]机** free piston air compressor
由一个置于中部的二冲程对置活塞式柴油机和置于两端的压缩机气缸所组成的空气压缩机。

**06.373 氢气压缩机** hydrogen compressor
将水电解槽中收集来的氢气排到舷外的压缩机。

**06.374 二氧化碳压缩机** carbonic acid gas compressor
将舱室中经净化装置脱析的二氧化碳气体排到舷外的压缩机。

**06.375 船用活塞式制冷压缩机组** marine piston type refrigeration compressor unit
由活塞式制冷压缩机和电动机等组成的机组。

**06.376 船用活塞式压缩冷凝机组** marine piston type condensing unit
由活塞式制冷压缩机、电动机、冷凝器、电控箱和储液桶等组成的机组。

**06.377 船用离心式制冷压缩机组** marine centrifugal type refrigeration compressor unit
由离心式制冷压缩机和电动机组成的机组。

**06.378 船用离心式冷水机组** marine centrifugal type chiller
由离心式制冷压缩机、电动机、冷凝器、电控箱和蒸发器等组成的冷水机组。

**06.379 船用螺杆式制冷压缩机组** marine screw type refrigeration compressor unit

由螺杆式制冷压缩机和电动机组成的机组。

**06.380  船用螺杆式压缩冷凝机组**  marine screw type condensing unit

由螺杆式制冷压缩机、电动机、冷凝器和储液桶等组成的机组。

**06.381  船用螺杆式冷水机组**  marine screw type chiller

由螺杆式制冷压缩机、电动机、冷凝器、电控箱和蒸发器等组成的冷水机组。

**06.382  船用溴化锂吸收式制冷机**  marine lithiumbromide absorption refrigerating machine

以水为制冷剂,溴化锂溶液为吸收剂的吸收式制冷机。

**06.383  船舶制冷用冷凝器**  marine condenser for refrigeration

使高温制冷剂气体在其中放出热量而液化的冷凝器。

**06.384  船用活塞式冷水机组**  marine piston type chiller

由活塞式制冷压缩机、电动机、冷凝器、电控箱和蒸发器等组成的冷水机组。

**06.385  船用热电制冷器**  marine thermo-electric refrigerating unit

利用热电制冷效应制冷的小型船用制冷器。

**06.386  船用油分离机**  marine oil separator

船上用来分离矿物油杂质和水分的各种分离机的统称。

**06.387  碟式油分离机**  disc oil separator

高速回转的分离筒内装有若干锥形碟片,油液在碟片间缝隙里进行离心分离的分离机。

**06.388  分油工况**  oil separate working condition

自行清渣油分离机进行分油作业的工作状

态。

**06.389  赶油工况**  turn on the water working condition

自行清渣油分离机排空分离筒里液体的工作状态。

**06.390  油水分界面**  oil-water demarcation face

在油分离机的转鼓内形成的油和水的筒状分界面。

**06.391  重力环**  gravity disc

按矿物油料密度选择不同内径的一组环状零件。

**06.392  反渗透海水淡化装置**  reverse osmosis desalination device

在海水侧施加一高于半渗透性膜渗透压力的高压,使淡水能够从半渗透性膜渗透出来的海水淡化装置。

**06.393  海水蒸馏装置**  sea water distillation plant

用蒸馏法制取淡水的装置。

**06.394  电热压气式蒸馏装置**  electrical vapor compressing distillation plant

将经电预热的海水送至蒸发器受热汽化,产生二次蒸汽经压缩后又返回蒸发器作为加热蒸汽且冷凝成淡水的装置。

**06.395  闪发式蒸馏装置**  flash distillation plant

将加热后的海水引入一处于一定真空的蒸发器中,使过热海水降温、降压,产生蒸汽获得淡水的装置。

**06.396  射水抽气器**  air ejector

通过水引射来抽除空气的设备。

**06.397  射水抽水器**  water ejector

通过水引射来抽除水的设备。

**06.398 闪发室** flash chamber
使加热海水突然减压而降温、放热产生蒸气的腔室。

**06.399 盐水空气抽除器** combined air brine ejector
通过海水引射将盐水和空气排出的装置。

**06.400 蒸汽淡水引射器** mixing water and steam injector
通过蒸汽引射,使蒸汽与淡水混合来加热淡水的装置。

**06.401 饮用水矿化器** mineralizing equipment of drinking water
在淡化后的水中添加人体所需的矿物质使淡水达到饮用水标准的设备。

**06.402 淡水冷却器** fresh water cooler
使淡水冷却的热交换器。

**06.403 滑油冷却器** lubricating oil cooler
使滑油冷却的热交换器。

**06.404 空气冷却器** air cooler
使空气冷却的热交换器。

**06.405 淡水加热器** fresh water heater
使淡水加热的热交换器。

**06.406 空气加热器** air heater
使空气加热的热交换器。

**06.407 锅炉燃油加热器** boiler fuel oil heater
将锅炉燃烧用的燃油加热到适当温度以达到良好雾化的热交换器。

**06.408 滑油加热器** lubricating oil heater
使滑油加热的热交换器。

**06.409 给水加热器** feed water heater
对给水进行加热的热交换器。

**06.410 混合式水加热器** vapor and water - mixing heater
将蒸汽与水直接混合成热水的加热器。

**06.411 真空冷凝器** vacuum condenser
在真空状态下将蒸汽转化成液体的热交换器。

**06.412 空气抽除装置** air exhauster
使冷凝器建立起真空状态的装置。

**06.413 大气冷凝器** atmosphere condenser
在大气压力下将蒸汽转化成液体的热交换器。

**06.414 扁管冷却器** oblate tube cooler
由管内有内肋或凸头焊成扁平管组成的热交换器。

**06.415 针管热交换器** pin tube heat exchanger
加热管表面焊上一排排针状管子所组成的热交换器。

**06.416 热管热交换器** heat pipe exchanger
由一根根独立的靠工质流体在一端沸腾、另一端冷凝来传递热量的封闭管子组成的热交换器。

**06.417 板式热交换器** plate heat exchanger
以波纹状板片作为传热元件,将若干片组合叠压在框架内,使冷热介质分别在板片两侧空隙内流动进行热交换的热交换器。

**06.418 船用手动比例流量方向复合阀** manual operated marine proportional control valves
带有压力补偿、流量比例调节和安全保护装置的船用手动换向阀。

**06.419 船用电磁比例流量阀** electromagnetic marine proportional control valves
带有压力补偿、流量比例调节和安全保护的船用电磁换向阀。

**06.420 船用液压平衡阀** marine hydraulic control balance valves
保持液压系统背压,以防止外负载超速运动的压力控制阀。

**06.421 船用电液伺服阀** marine electro hydraulic servo valves
将控制液体的流量或压力转换为输入电信号的液压阀。

**06.422 船用液压泵站** marine hydraulic power unit
由液压泵、电动机、油箱及溢流阀等组成的船用液压源装置。

**06.423 船用移动式滤油装置** marine hydraulic fluid filtration unit
过滤液压系统或润滑系统工作油质中机械杂质的可移动的滤油装置。

**06.424 船用液压油净化装置** marine hydraulic fluid purifier
去除液压系统或润滑系统工作油质中水分、空气和机械杂质的装置。

**06.425 生活污水粉碎消毒设备** sewage macerator chlorintor system
能粉碎生活污水中悬浮固体颗粒及对流出物进行消毒的设备。

**06.426 生活污水储存柜** sewage holding tank
用于收集和储存生活污水并设有排放设施的箱柜。

**06.427 重力式收集** gravity collection
借助重力及冲洗水使粪便和污物从厕所和其他卫生设备自流到收集点或处理点。

**06.428 真空式收集** vacuum collection
利用空气压差和少量冲洗水将粪便和污物从厕所和其他卫生设备抽吸至收集点或处理点。

**06.429 污物粉碎泵** sewage cutting pump
将通常在船舶生活污水中出现的固体物辗碎或切碎成细小颗粒并作输送的水泵。

**06.430 污泥柜** sludge tank
容纳生化和物化处理生活污水时所产生残余污泥的柜子。

**06.431 转驳柜** transfer tank
用以暂时收集储存生活污水的容器。

**06.432 低压空气瓶** low pressure air bottle
储存工作压力小于或等于 3MPa 压缩空气的钢质瓶状容器。

**06.433 中压空气瓶** medium pressure air bottle
储存工作压力小于 10MPa 大于 3MPa 压缩空气的钢质瓶状容器。

**06.434 高压空气瓶** high pressure air bottle
储存工作压力大于或等于 10MPa 压缩空气的钢质瓶状容器。

**06.435 主空气瓶** main air bottle
储存供主机起动用的压缩空气的钢质瓶状容器。

**06.436 辅空气瓶** auxiliary air bottle
储存主要供辅机起动用的压缩空气的钢质瓶状容器。

**06.437 稳压空气瓶** air bottle with steady pressure
对压缩空气起稳定压力、避免压力波动作用的钢质瓶状容器。

**06.438 消防气瓶** firefighting bottle
储存供灭火时用气体的钢质瓶状容器。

**06.439 救生气瓶** air bottle for life saving
储存供船舶救生或救生设备用气体的钢质瓶状容器。

**06.440 打捞救助气瓶** air bottle for salvage

储存供打捞设备以及救捞人员救助用气体的钢质瓶状容器。

**06.441　船用固体废物粉碎机**　marine solid waste shredder

将船上的固体垃圾粉碎成一定颗粒度的机械装置。

**06.442　船用厨房垃圾粉碎机**　marine kitchens waste shredder disposal

将船上厨房、餐厅留下的废弃物处理成一定颗粒度的机械装置。

**06.443　船用焚烧炉**　marine incinerator

用焚烧法处理船上产生的液态和固态废弃物的焚烧炉。

**06.444　船用废油焚烧炉**　marine waste oil incinerator

能焚烧船上产生的油污泥及废油的焚烧炉。

**06.445　船用焚烧炉锅炉组合装置**　marine incinerator boiler composite plant

具有船用焚烧炉和船用锅炉双重功能的组合装置。

**06.446　船用多功能焚烧炉**　marine multi-functional incinerator

能焚烧船上产生的废油、油污泥、污水污泥以及生活垃圾等的焚烧炉。

**06.447　惰性状态**　inert condition

因充填惰性气体而使整个货油舱内气体中的体积氧含量降到 8% 以下的舱内气体状态。

**06.448　惰性化**　inerting

为达到惰性状态而向货油舱内引入惰性气体的作业过程。

**06.449　驱气**　gas-freeing

为清除舱内有毒可燃气体或惰性气体，使舱内气体的体积氧含量达到 21% 以上而向舱内引入新鲜空气的作业过程。

**06.450　惰性冲洗**　purging

向已处于惰性状态的货油舱引入惰性气体的作业过程。

**06.451　惰性增压**　topping-up

为提高舱内压力阻止空气渗入，向已处于惰性状态的货油舱引入一定压力惰性气体的作业过程。

**06.452　惰性气体发生装置**　inert gas generator

为控制氧浓度采用燃烧法直接产生氧含量很低的惰性气体的专用机械装置。

**06.453　甲板水封**　deck water seal

惰性气体防爆系统中利用水压作用防止舱内可燃气体发生倒流的安全措施。

**06.454　充液式压力真空安全装置**　liquid-filled pressure vacuum breaker

能卸除货油舱内和甲板管系内的超压或超真空，以防止造成船舶货舱结构损伤的安全装置。

**06.455　惰性气体分配系统**　inert gas distribution system

将来自惰性气体发生装置的惰性气体分配到货油舱，向大气输送惰性气体和保护货油舱避免超压和超真空的管路、阀和附件的总称。

**06.456　惰性气体洗涤塔**　inert gas scrubber

惰性气体防爆系统中，用于冷却、净化送往货油舱的惰性气体的专用设备。

**06.457　船舶舱室空调器**　ship cabin air conditioner

对船舶舱室的空气进行降温、去湿或加热、加湿处理的设备。主要由通风机、空气冷却器、散热器、空气过滤器、加湿器、挡水板、水盘、送风室、出风室等组成。

**06.458　螺旋风管**　spiral duct

由条带形薄板螺旋卷绕而成的风管。

**06.459 防火风门** fire damper
在风道中感受来自火警区高温气体温度后能自动关闭的风门。

**06.460 气密挡板** gas-tight damper
在空调或通风系统中能气密关闭的挡板式阀门。

**06.461 通风水密闸阀** watertight sluice valve for ship ventilation
能使船舶水密隔舱处空调风道、通风风道水密关闭的闸阀。

**06.462 油污水分离装置** oily water separator
用于处理船舶舱底水、油舱压载水或其他油污水,使排放水达到规定的防止水域污染的排放要求的装置。

**06.463 排油监控系统** oil discharge monitoring system
监测、记录、指示油船排放油性污水时水中油分、排油总量及航速的排放控制系统。

**06.464 浮油回收装置** oil spill skimmer
清除和收集水面浮油的设备。

**06.465 油水界面探测器** oil-water interface detector
能确定污油水舱柜内或其他舱柜中的油水界面的仪器。

**06.466 船用油分浓度计** marine oil content meter
能连续监测油污水中含油量的仪器。

**06.467 15ppm 报警器** 15ppm alarm
能连续监测油污水处理装置排放水中的油分浓度,当大于 15ppm 时能发出声、光报警信号的船用油分浓度计。

**06.468 灭火剂控制装置** extinguishant control unit
控制灭火剂释放和分配的自动操作或应急手动操纵的装置。

**06.469 轻水泡沫** aqueous film forming foam, AFFF
通常含有氟表面活性剂的低膨胀合成基型泡沫液,它使燃料和空气隔绝,并在燃料表面上扩展一层水膜,以阻止蒸汽散发的灭火剂。

**06.470 泡沫浓缩液** foam concentrate liquid
浓缩液体与稳定剂的水溶液。当它与水和空气混合时形成难分解的灭火泡沫。

**06.471 雨淋阀装置** deluge valve installation
发生火灾时能使常年不充水的消防管网充入大量的水,并通过分配管涌向开式喷头、高速喷头、中速喷雾头或水幕喷头的装置。

**06.472 湿式阀装置** wet alarm valve installation
消防管网中常年充满清水,在不结冰区域发生火灾时就能开启湿式阀声光报警喷头作喷水灭火的装置。

**06.473 干湿两用阀装置** wet and dry pipe valve installation
消防管路内充满清水,在寒冷季节管路内充满压缩空气,使管路不用加热免于冻结的装置。

**06.474 预作用装置** preaction valve installation
在消防预作用系统中探测器能在发生火灾时,发出声光报警信号,同时使整个系统充满水的装置。

**06.475 中速雾喷头** medium velocity watersprayer
在水灭火系统中,能喷射水雾,用来保护储有闪点在 66℃ 以下的易燃液体、气体和固体物危险区的设备。

**06.476 高速喷头** high velocity projector
在水灭火系统中,可以高速喷射水雾,用来保护贮有闪点 66℃ 以上的易燃液体危险区的设备。

**06.477 二氧化碳灭火系统** $CO_2$ extinguishment system
在发生火灾时向保护对象释放二氧化碳灭火剂,用以减少空间中氧含量使燃烧达不到所必要的氧浓度的灭火系统。

**06.478 火星熄灭器** spark arrester
防止火星进出引起失火的器具。

**06.479 船用阀门** marine valves
满足船舶环境条件,用于控制船舶管路内流体的压力、流量和流动方向的设备。

**06.480 通海阀[箱]** sea suction valve
将海水从船体外部吸入的阀。

**06.481 低位通海阀** low sea suction valve
安装于低位海水箱上的阀。

**06.482 高位通海阀** high sea suction valve
安装于高位海水箱上的阀。

**06.483 舷侧阀** ship side valve
安装于船体舷侧上的阀。

**06.484 舷外排出阀** overboard discharge valve
排出舱底水、压载水或冷却水等流体的舷侧阀。

**06.485 防浪阀** storm valve
用于排放污水或废水,并能自动关闭和防止舷外水倒灌的舷侧阀。

**06.486 舱底水吸入止回阀** bilge suction non-return valve
位于舱底水吸入管端,并能防止介质倒流的止回阀。

**06.487 应急舱底水吸入阀** emergency bilge suction valve
位于应急舱底水吸入管上的截止止回阀。

**06.488 舱壁阀** bulkhead valve
安装于舱壁通舱管件上,能切断舱壁两侧舱柜连通的阀。

**06.489 呼吸阀** breather valve
由压力阀和真空阀组成,安装于货油舱透气管上,能随货油舱内油气正负压变化而自动启闭,使货油舱内外气压差保持在允许值范围内的阀。

**06.490 锅炉舷外排污阀** overboard blow off valve for boiler
将锅炉内高浓度水排出舷外的阀。

**06.491 货油阀** cargo oil valve
在油船货油装卸系统中,控制货油流量的阀。按其操作方式分为手动操纵、甲板操纵和遥控操纵。

**06.492 国际通岸接头** international shore connection
能使船和岸的消防水管相连通的连接件。

**06.493 生活污水标准排放接头** sewage standard discharge connection
按国际防止船舶造成污染公约规定能使船内生活污水与船外接收设备相互连通的连接件。

**06.494 残油类标准排放接头** residual oil standard discharge connection
能使残油舱及机舱舱底残余物与船外接收设备相互连通的连接件。

**06.495 甲板通岸接头** shore connection
油船装卸货油时,与岸或其他船舶连接软管相互连通的连接件。

**06.496 通舱管件** pipe penetration piece
贯穿水密舱、甲板、舱柜、双层底等并能保持各自密封的管件。

**06.497 海水滤器** sea water filter
过滤海水中杂质的滤器。

**06.498 淡水滤器** fresh water filter
过滤淡水中杂质的滤器。

**06.499 泥箱** mud box
装于机器处所和轴隧内的舱底水吸入管上，用以挡住棉纱、布条、油泥等污物进入吸管的器具。

**06.500 气笛** air horn
以压缩空气通过音响管发出音响的装置。

**06.501 蒸汽警笛** steam whistle
以蒸汽通过音响管发出音响的装置。

**06.502 测深尺** sounding rod
用于测量油、水舱柜液位的工具。

**06.503 漏水口** scupper
用于甲板排水，并能防止污物堵塞管路的附件。

**06.504 油水分离设备** oily-water separating equipment
从含油污水中分离油分，使含油量不超过 100ppm 的设备。

**06.505 滤油设备** oil filtering equipment
从含油污水中分离和滤去油分，使含油量不超过 15 ppm 的设备。

**06.506 接收设备** reception facilities
接收船上留存的或不能排放入海的残油或油性混合物用的专门设施。

**06.507 标准排放接头** standard discharge connection
用于连接港、岸接收设备管路与船上机舱舱底残余物排放管路，符合 MARPOL 规定的标准尺寸的接头。

**06.508 起锚机** windlass
用来抛锚、起锚的机械。

**06.509 起锚绞盘** anchor capstan
安装在竖直轴上的动力驱动锚链轮。轴可伸出锚链轮带动一个绞缆筒。

**06.510 绞缆绞车** warping winch
仅用来绞缆的绞车。在动力驱动下能卷绕，但不储存绳索。

**06.511 非自动系泊绞车** nonautomatic mooring winch
仅用于人工操作，能保持和收绞受拉力的绳索，并能储存绳索的绞车。

**06.512 自动系泊绞车** automatic mooring winch
在设定范围内，能自动收放绳索的系泊绞车。

**06.513 起锚系泊组合机** combined windlass/mooring winch
具有公用原动机，能单独作起锚机，也能单独作自动或非自动系泊绞车的机械。

**06.514 舵机** steering gear
能够转舵并保持舵位的装置。

**06.515 绞车** winch
具有一个或数个水平安装可卷绕绳索的卷筒或绞缆筒的机械。

**06.516 排绳装置** rope guide
能使绳索均匀、逐层绕在卷筒上的装置。

**06.517 绞盘** capstan
具有垂直安装的绞缆筒，在动力驱动下能卷绕但不储存绳索的机械。

**06.518 绞缆筒** warping end
具有轴向凹面，用以卷绕而不储存绳索的圆筒。

**06.519 驱绳绞车** fibre rope handling gear

具有一个或两个卷筒的动力操作装置。它可与储绳卷车一起使用。

**06.520 锚链轮** cable lifter
开有与锚链链环啮合深槽的卷筒。

**06.521 动臂起重机** jib crane
臂架可在垂直面内调节的起重机。

**06.522 回转绞车** slewing winch
具有储绳能力,用于回转吊杆并保持其位置的绞车。

**06.523 起货绞车** cargo winch
用以提升和下降货物的绞车。

**06.524 变幅绞车** span winch
具有储绳能力,用于使承载或非承载的吊杆变幅并保持其位置的绞车。

**06.525 顶索绞车** topping winch
具有储绳能力,用于使未承载吊杆变幅并保持承载吊杆位置的绞车。通常是无动力的。

**06.526 舱口盖绞车** hatchcover winch

专门用来启闭舱口盖的绞车。

**06.527 拖缆绞车** towing winch
具有一个或数个储绳卷筒,供收放或拉紧拖缆的绞车。

**06.528 拖缆系缆绞车** towing bridle winch
具有一个储绳卷筒和(或)用来操纵绳索的绞缆筒的绞车。

**06.529 起艇绞车** boat winch
专门用来收放起艇索的绞车。

**06.530 舷梯绞车** accommodation ladder winch
专门用来放下、支持和收起舷梯的绞车。

**06.531 卷筒** drum
两端具有凸缘,用以收放和储存绳索的圆筒。

**06.532 双节卷筒** split drum
沿轴向在某一距离上设置附加凸缘的卷筒。

# 07. 船舶电气

**07.001 船舶电气设备** marine electrical equipment
用于船舶和近海装置上,能适应船舶环境条件并满足其使用要求的电气设备。

**07.002 船舶电气装置** marine electrical installation
用于船舶和近海装置上,由船舶电气设备组成的成套设备。

**07.003 合格防爆电气设备** certified safe type apparatus, certified safe type equipment
获得特定主管机构颁发的防爆试验合格证

书,能够在爆炸性气体或蒸汽环境中安全使用的电气设备。

**07.004 隔爆型电气设备** flame-proof equipment, explosion proof equipment
外壳能承受内部爆炸性气体混合物的爆炸压力而不损坏,并能阻止内部爆炸向外壳周围爆炸性混合物传播的电气设备。

**07.005 本质安全型电气设备** intrinsically safe equipment
全部电路均为在规定的试验条件下正常工作,或在规定的故障状态下产生的电火花和热效应均不能点燃规定的爆炸性混合物的本质安全电路的电气设备。

**07.006　正压型电气设备**　pressurized equipment
具有能保持内部保护气体的压力高于周围爆炸性环境压力,阻止外部爆炸性混合物进入的正压外壳的电气设备。

**07.007　增安型电气设备**　increased safety equipment
在正常运行条件下不会产生电弧、火花或可能点燃爆炸性混合物的高温的设备结构上,采取措施提高安全程度,以避免在正常和认可的过载条件下出现这些现象的电气设备。

**07.008　安全电压**　safety voltage
加在人体上在一定时间内不致造成伤害的电压。

**07.009　地**　earth, ground
任一点的电位按惯例取为零的与大地等电位的导电物质。对金属船体,系指包括与船体永久性固定在一起的金属构件在内的全部金属船体;对非金属船,系指船底专门设置的金属接地板。

**07.010　接地**　earthing, grounding
借以确保在任何时候均能即时释放电能而不发生危险的与金属船体或非金属船的船底金属接地板的电气连接。

**07.011　跨接**　bond
为确保不带电金属部件间的电气连续性或等电位的电气连接。

**07.012　A 类机器处所**　machinery space of category A
含有用作主推进的内燃机或非推进用的合计总输出功率不小于 375KW 的内燃机或任何燃油锅炉或燃油装置的处所以及通往这些处所的围壁通道。

**07.013　危险区域**　hazardous areas
有或可能会积聚大量易爆气体－空气混合物,以致在制造和使用电气设备时有必要采取专门预防措施的区域。按其危险程度划分为 0 类、1 类和 2 类危险区域。

**07.014　0 类危险区域**　hazardous zone 0
连续或长期有易爆气体－空气混合物的区域。

**07.015　1 类危险区域**　hazardous zone 1
在正常作业时可能产生易爆气体－空气混合物的区域。

**07.016　2 类危险区域**　hazardous zone 2
不大可能产生易爆气体－空气混合物或即使产生也只会短时存在的区域。

**07.017　非危险区域**　non-hazardous areas
不可能有易爆气体－空气混合物,因而在制造和使用电气设备时无需采取专门预防措施的区域。

**07.018　船体回路系统**　hull-return system
用绝缘导线连接直流或单相交流电源的一线或三相交流电源的三根相线,而用船体或其他永久接地结构连接直流或单相交流电源的另一线或三相交流电源的中性点的配电系统。

**07.019　一次配电系统**　primary distribution system
与发电机有电气连接的配电系统。

**07.020　二次配电系统**　secondary distribution system
与发电机没有电气连接的配电系统。例如经双绕组变压器、电动发电机组或蓄电池等与发电机隔离的配电系统。

**07.021　直流双线绝缘系统**　D.C. two-wire insulated system
仅由负载接于其间的正负两根与船体绝缘的导线组成的直流配电系统。

**07.022 直流双线负极接地系统** negative earthed D.C.two-wire system

由一根与船体绝缘的正极导线和一根接地的负极导线组成的直流配电系统。

**07.023 利用船体作负极回路的直流单线系统** negative hull-return D.C. single-wire system

只有一根与船体绝缘的正极导线,利用船体作为负极回路的直流配电系统。

**07.024 交流单相双线绝缘系统** A.C. single-phase two-wire insulated system

仅由负载接于其间的两根与船体绝缘的导线组成的交流单相配电系统。

**07.025 交流三相三线绝缘系统** A.C. three-phase three-wire insulated system

由连接三相电源的三根与船体绝缘的相线组成的交流三相配电系统。

**07.026 交流三相中性点接地的四线系统** A.C. three-phase four-wire system with neutral earthed

由连接三相电源的三根与船体绝缘的相线和一根中性点接地的中性线组成的交流三相配电系统。

**07.027 中性点经高阻接地的交流三相三线系统** A.C. three-phase three-wire system with high-resistance earthed neutral

由连接三相电源的三根与船体绝缘的相线组成的,其中性点经数值等于或稍小于一相与地之间容抗1/3的电阻接地的交流三相配电系统。

**07.028 中性点经低阻接地的交流三相三线系统** A.C. three-phase three-wire system with low-resistance earthed neutral

由连接三相电源的三根与船体绝缘的相线组成的,其中性点经能将接地故障电流限制在最大发电机额定负载电流的20%与100%之间的电阻接地的交流三相配电系统。

**07.029 中性点直接接地的交流三相三线系统** A.C. three-phase three-wire system with directly earthed neutral

由连接三相电源的三根与船体绝缘的相线组成的,其中性点直接接地的交流三相配电系统。

**07.030 需用系数** demand factor, diversity factor

一组用电设备在正常工况下所估算的总负载与其总额定负载之比。

**07.031 最后分路** final subcircuit

从最后一级过电流保护装置至用电设备的供电电路。

**07.032 双路供电** duplicate supply, two circuit feeding

由一个或多个电源经彼此独立而又敷设于不同位置的两路电缆或电线向同一重要负载供电的方式。

**07.033 船用电力电缆** shipboard power cable

用于电力设备、照明和控制装置的船用电缆。

**07.034 船用通信电缆** shipboard telecommunication cable

用于电话及某些电子设备的船用电缆。

**07.035 船用对绞式电话电缆** shipboard pair-twisted telephone cable

由一对或多对双芯线绞成的船用电话电缆。

**07.036 船用射频电缆** shipboard radio-frequency cable

用于电子设备中传输射频电流的船用电缆。

**07.037 船用同轴电缆** shipboard coaxial cable

供对地不对称的高频信号设备(如无线电和雷达设备)连接用的船用射频电缆。

**07.038 实芯绝缘电缆** solid dielectric cable

在内、外导体之间全部填满实芯绝缘介质的电缆。

**07.039 空气绝缘电缆** air spaced cable

绝缘层中,除了支撑内导体的一部分固体介质外,其余大部分体积由空气所占据的电缆。

**07.040 成束电缆** bunched cables

在单独的管道、电缆槽或电缆导管内,或被绑扎在一起的两根或两根以上的电缆。

**07.041 成束阻燃电缆** bunched flame retardant cable

满足成束敷设阻燃性能要求的电缆。

**07.042 耐火电缆** fire resisting cable

满足耐火性能要求的电缆。

**07.043 船用少烟低毒电缆** shipboard low smoke toxic-free cable

燃烧时烟、毒气和腐蚀性气体的释放量低于规定值的船用电缆。

**07.044 屏蔽电缆** shielding cable

有金属丝编织或金属带外包屏蔽层,具有电磁屏蔽性能的电缆。

**07.045 深水密封电缆** submersible water-tight cable

用于水下船舶或装置的具有纵向密封性能的电缆。

**07.046 岸电电缆** shore connection cable

连接本船岸电箱与岸上或他船电源的电缆。

**07.047 电缆电流定额** current rating for cable

由绝缘的长期允许工作温度、环境温度、工作制和敷设条件等决定的电缆连续使用所能承载的最大电流。

**07.048 电缆额定电压** rated voltage for cable

用三个以 kV 表达的工频电压值 $U_0$(任何一芯与金属护层或"地"之间的设计额定电压)和 $U$(对于多芯电缆为任何两芯之间的设计额定电压,对于单芯电缆则为系统设计额定电压)以及 $U_m$(设备所用的最高系统电压的最大值)的组合 $U_0/U(U_m)$ 来表示电缆的额定电压。用于设计电缆的绝缘厚度、高电压试验条件以及确定电缆最高交流或直流运行电压。

**07.049 船舶电站** marine electrical power plant

船舶发电机及其配电装置和原动机及其附属设备的总称。

**07.050 主电源** main source of electrical power

对主配电板供电以配电给为保持船舶正常运行和居住条件所必需的所有用电设备的电源。

**07.051 主电站** main electrical power plant

供给全船正常用电的电站。

**07.052 应急电源** emergency source of electrical power

在主电源发生故障时对应急配电板供电以配电给应急电气设备的电源。

**07.053 应急电站** emergency electrical power plant

供给全船应急用电的独立电站。

**07.054 临时应急电源** temporary emergency source of electrical power

在从主电源发生故障到应急电源开始供电的短时断电期间临时应急使用的蓄电池电源。

**07.055　主发电机组**　main generating set
用作主电源的发电机组。

**07.056　备用发电机组**　stand-by generating set
为确保船舶在任一台主发电机组因故障或维修而停机时，仍能获得正常供电而设置的发电机组。

**07.057　停泊发电机组**　habor generating set
独立于主发电机组单独设置的在停泊时对停泊负载和锅炉起动等负载供电的发电机组。

**07.058　交流无刷发电机**　A.C. brushless synchronous generator
采用交流励磁机和旋转整流器为同轴的发电机磁场提供励磁能量的同步发电机。

**07.059　轴带发电机**　shaft generator
由船舶主机轴系附带驱动的发电机。

**07.060　船用变压器**　marine transformer
给船舶电网供电的变压器。例如对动力网络供电的电力变压器,对照明网路供电的照明变压器和将原边和副边回路进行电气隔离用的隔离变压器等。

**07.061　船用蓄电池组**　marine accumulator batteries, marine storage batteries
供船舶动力、照明、通信、信号和应急电源用的化学电源装置。如铅酸蓄电池组、碱性蓄电池组等。

**07.062　主配电板**　main switchboard
控制船舶主电源所发的电力并对船舶正常运行和居住时的所有用电设备进行配电,对回路进行通断监视、控制和保护的开关装置和控制装置的组件。

**07.063　应急配电板**　emergency switchboard
控制船舶应急电源或临时应急电源所发的电力,并对在紧急情况下对旅客和船员的安全至关重要的用电设备进行配电的开关装置和控制装置的组件。

**07.064　区配电板**　section board, distribution panel
对分配电箱或最后分路的供电,有时也能对其他区配电板的供电进行控制的开关装置和控制装置的组件。

**07.065　分配电箱**　distribution board, panelboard
对最后分路进行配电的具有一个或几个过电流保护装置的组件。

**07.066　发电机屏**　generator control panel
主配电板内用以监视、控制、保护和测量主发电机的屏板。

**07.067　配电屏**　feeder panel
主配电板内用以向全船分配主发电机电能的屏板。

**07.068　并车屏**　paralleling panel
主配电板内用以控制和操纵发电机组投入并联运行的屏板。

**07.069　组合起动屏**　group starter panel
一般位于主配电板内的组合起动重要辅机电动机的屏板。

**07.070　岸电箱**　shore connection box
用于接通岸电或他船电源,并经主配电板对本船用电设备供电的由电路开关、相序指示器(直流为极性检测装置)以及接线端子等构成的接线箱。

**07.071　相序指示器**　phase sequence indicator
多相交流配电系统指示相序的装置。主要由灯和电容器构成,供岸电箱等使用。

**07.072 充放电板** battery charging and discharging panel

用于监视、控制和保护蓄电池充放电的配电板。

**07.073 电工试验板** test panel

接有各种电源,供电工检修和校验白炽灯、荧光灯、指示灯、熔断器以及其他各种电气设备用的配电板。

**07.074 后备断路器** back-up breaker

在配电用的断路器等的额定短路容量不足而不能保护的情况下,在电源侧安装的有足够短路定额的断路器。

**07.075 分级卸载** load shedding

为了保持对重要设备连续供电,发电机过载时,不重要设备自动优先从电路中分级切除。

**07.076 选择性保护** discriminative protection

配电系统发生短路故障时,为限止事故的影响范围,只切断离故障点最近的保护断路器。

**07.077 推进电机** propulsion electric machine

通常用来提供推进动力的旋转电机。包括推进发电机和推进电动机。

**07.078 柴油机电力推进装置** diesel-electric propulsion plant

用柴油机驱动发电机来提供电源的电力推进装置。

**07.079 汽轮机电力推进装置** steam turbine electric propulsion plant

用汽轮机驱动发电机来提供电源的电力推进装置。

**07.080 燃气轮机电力推进装置** gas turbine electric propulsion plant

用燃气轮机驱动发电机来提供电源的电力推进装置。

**07.081 核动力电力推进装置** nuclear power electric propulsion plant

用核能产生蒸汽,通过汽轮机驱动发电机来提供电源的电力推进装置。

**07.082 直流电力推进装置** D.C. electric propulsion plant

用直流推进电动机的电力推进装置。

**07.083 交流电力推进装置** A.C. electric propulsion plant

用交流推进电动机的电力推进装置。

**07.084 主动舵电力推进装置** active rudder electric propulsion plant

由装在舵板内的潜水电动机驱动小型推进器,以获得良好的船舶低速回转性能的电力推进装置。

**07.085 磁流体动力推进装置** magnetohydrodynamic propulsion plant

用超导磁体产生的强磁场与外加电场的相互作用所产生的电磁力来推进船舶的电力推进装置。

**07.086 电力拖动装置** electric drive system

由电动机和控制设备等组成,以满足船舶辅机电力拖动需要的成套装置。

**07.087 发电机电动机系统** generator-motor system, Ward-Leonard system

用专门的直流发电机来改变直流电动机电枢的端电压,以获得平滑、宽广的调速范围的电力拖动装置。

**07.088 操舵装置动力设备** steering gear power unit

对电动操舵装置,系指电动机及其有关的电气设备;对电动液压操舵装置,系指电动机和其有关的电气设备以及与电动机相连接的液压泵;对其他液压操舵装置,系指驱动机及其相连接的液压泵。

**07.089 操舵装置控制系统** steering gear control system

用以将舵令由驾驶室发送给操舵装置动力设备的一套设备。由发送器、接收器、液压控制泵及其有关的电动机、电动机控制器、管系和电缆组成。

**07.090 电动操舵装置** electric steering gear

用电动机仅通过机械装置向舵杆施加转矩的动力操作的操舵装置。

**07.091 电动液压操舵装置** electro-hy-draulic steering gear

用电动机传动的液压泵通过液压和机械装置向舵杆施加转矩的动力操作的操舵装置。

**07.092 电动主机传令装置** electric engine telegraph

用自整角机等传递驾驶部位与机舱部位之间主机运行情况的命令和回令信息的通信装置。

**07.093 灯光主机传令装置** signal light engine telegraph

用指示灯传递信息的主机传令装置。

**07.094 电动应急主机传令装置** electric emergency engine telegraph

在电动主机传令装置发生故障时供应急用的传令装置。

**07.095 主机传令记录器** engine telegraph logger

自动记录主机转速、操作命令、回令及其相应时间的设备。

**07.096 主机传令复示器** engine telegraph repeater

能同步显示主机传令装置信息的受信设备。

**07.097 舵角指示器** electric rudder angle indicator

远距离指示舵叶转向和舵角的装置。由舵角发送器和舵角接收器组成。

**07.098 舵角发送器** rudder angle indicator transmitter

将舵叶的转向、转角变成电信号发送出去的装置。

**07.099 舵角接收器** rudder angle indicator receiver

接收舵角发送器发来的电信号,指示舵叶转向和转角的装置。

**07.100 艉轴转速指示器** electric propeller shaft revolution indicator

远距离指示艉轴转速或转速与转向的装置。由艉轴转速发送器,艉轴转速表和传动装置等组成。

**07.101 艉轴转速发送器** electric propeller shaft revolution indicator transmitter

将艉轴转速转换成交流或直流电信号的测速发电机或脉冲发生器。

**07.102 艉轴转速表** electric propeller shaft revolution indicator receiver

接收艉轴转速发送器发来的电信号并指示艉轴转速或转速与转向的仪表。

**07.103 声力电话机** sound powered telephone

没有通话电源,直接以声－电换能进行通话的电话机。

**07.104 共电式电话机** common battery telephone

通话和呼叫信号共用集中供电电源的电话机。

**07.105 指挥电话机** command telephone

供航行或战斗等指挥联络的电话机。

**07.106 船用广播设备** marine public address system

向全船进行有线转播、传令、广播,也可对海
上或岸上喊话联络的设备。

**07.107 声响信号器 acoustic signalling sys-
tem**

能发出声响信号的船用电气信号设备。

**07.108 机电式报警器 electromechanical
alarm**

以电气和机械相结合的方式使声响信号器
发出声响信号的报警器。

**07.109 电子报警器 electronic alarm**

由电子器件组成的,可单独发出声响信号,
亦可同时发出声响信号和光信号的声光报
警器。

**07.110 声光报警器 audible and visual
alarm**

能同时发出声响和灯光信号的报警器。

**07.111 全船报警装置 general alarm**

以规定信号向全船人员发出警报、下达紧急
动员命令或引起全船人员注意的声响报警
装置。

**07.112 主辅机自动报警装置 automatic al-
arm for main engine and auxiliary en-
gine**

用于自动检测主、辅机滑油压力和温度、冷
却水温、燃油温度及锅炉水位等,当超出极
限时,能发出报警信号的装置。

**07.113 警钟 electric gong**

钟形的电动声响报警器。

**07.114 带信号灯警钟 gong with a pilot
lamp**

在发出声响信号的同时能发出灯光信号的
警钟。

**07.115 电笛 motor siren**

由电动机驱动叶轮使空气快速通过喷口发

出声响的装置。

**07.116 操舵装置报警器 steering gear
alarm**

在操舵装置的电动机等工况异常时能发出
声响和灯光信号的报警器。

**07.117 失压报警器 no-volt alarm**

在供电回路失去电压时能发出声响和灯光
信号的报警器。

**07.118 误操作报警器 wrong operation
alarm**

发生误操作时能发出警报信号的报警器。

**07.119 船用火灾自动报警装置 marine au-
tomatic fire alarm system**

能自动早期发现火灾并发出警报信号的装
置。

**07.120 手动火灾报警装置 manual fire
alarm system**

按下按钮才能发出火灾警报信号的装置。

**07.121 火灾报警探测器 detector for fire
alarm system**

探测失火处所的热、离子浓度等信息并发送
给报警装置的设备。

**07.122 感烟[式]火灾探测器 smoke fire
detector**

对烟参数能响应的火灾报警探测器。

**07.123 感温[式]火灾探测器 heat fire
detector, thermal detector**

对温度上升能响应的火灾报警探测器。

**07.124 气体报警装置 gas warning system**

气体浓度超过规定值时能发出声响或灯光
信号的报警装置。

**07.125 篷顶灯 ceiling light**

通常安装在居住舱室或内通道等生活区域
天花板上外观较美、防护要求一般的灯具。

**07.126 隔爆篷顶灯** flame-proof ceiling light, explosion-proof ceiling light

安装在危险区域天花板上的具有隔爆结构的灯具。

**07.127 增安荧光篷顶灯** increased safety type fluorescent ceiling light

安装在危险区域天花板上的具有增安结构的荧光灯具。

**07.128 舱顶灯** pendant light

通常安装在机舱、货舱、浴室、作业处所等潮湿处所和外通道顶以及露天部位,具有防水结构,大多装有钢丝防护栅的灯具。

**07.129 海图灯** chart table light

供海图台上海图作业照明用的灯具。

**07.130 水下作业灯** submerged lamp

供水下打捞、勘察和施工等照明的特殊灯具。

**07.131 诱鱼灯** fish attraction light

渔船上用灯光在水下诱集鱼群的灯具。

**07.132 货舱工作灯** cargo light, cargo lamp

装卸货物时,供舱内或上甲板照明用的可携式或装在桅杆上的固定式灯具。

**07.133 货舱防尘工作灯** totally enclosed portable type cargo light, special type cargo light

供煤炭运输船舱内照明等用途的具有全封闭防尘结构的可携式灯具。

**07.134 空气驱动灯** air operating electric light

能在危险区域使用的由空气驱动的照明灯具。

**07.135 应急灯** emergency light

由应急电源供电的,供必要处所应急照明用的灯具。

**07.136 号灯** ship's light

表示船舶所占空间及其航行状态的灯具。是桅灯、舷灯、艉灯、拖带灯、环照灯和闪光灯等的统称。

**07.137 航行灯** navigation light, running light

海上避碰规则等规定的船舶在航行时必须点亮的号灯。

**07.138 危险货船标志灯** flashing light for vessel carrying dangerous cargo

作为危险货物运输船舶标志的,间隔一定时间每分钟发出 120 次至 140 次闪光的红色环照灯。

**07.139 大船标志灯** flashing light for huge vessel

作为长 200m 以上大船标志的,间隔一定时间每分钟发出 180 次至 200 次闪光的绿色环照灯。

**07.140 操舵目标灯** steering light

巴拿马运河航行规则等规定的设在大形船舶艏部的作为操舵目标的灯具。

**07.141 渔业灯** fishing light

渔船在捕捞作业时悬挂的,表示水下正拖着网或索等渔具的灯具。

**07.142 汉堡海关灯** Hamburg customs light

汉堡规则规定船舶在易北河上航行时在船尾设置的白色信号灯。表示引航员兼海关官员已登船。

**07.143 圣劳伦斯运河信号灯** Saint Lawrence sea way signal light

圣劳伦斯运河和五大湖航道规则规定悬挂的航行和停泊时的信号灯。

**07.144 苏伊士运河信号灯** Suez canal signalling light

苏伊士运河规则规定的由白、红、绿色信号

灯组合而成,并且红灯设在船尾的作为港口、引航员或其他船舶夜间信号的灯具。

**07.145 苏伊士运河探照灯** Suez canal searchlight
苏伊士运河规则规定的特殊探照灯。

**07.146 巴拿马运河信号灯** Panama canal signalling light
巴拿马运河规则规定船舶夜间在运河航行时挂在两舷的灯具。

**07.147 桅灯** mast [head] light, range light
安装在桅杆上方,向前方225°水平弧内发出不间断白光的灯具。

**07.148 舷灯** side light
安装在左舷的当船舶航行时自船首至左方的112.5°水平弧内发出不间断红光的红灯与安装在右舷的当船舶航行时自船首至右方的112.5°水平弧内发出不间断绿光的绿灯的统称。

**07.149 舷门灯** gangway light
舷门和舷梯附近照明用的灯具。

**07.150 艉灯** stern light
装在船尾向后方135°水平弧内发出不间断白光的灯具。

**07.151 拖带灯** towing light
机动船拖带航行时,安装在船尾艉灯上方的与艉灯同时使用并具有和艉灯同样特性的黄灯。

**07.152 环照灯** all-round light
在360°水平弧内发出不间断灯光的灯具。

**07.153 操纵信号灯** maneuvering light
在航机动船在其他船舶的视野范围内要改变航向或倒车时使用的发光信号灯。

**07.154 号笛信号灯** signalling light for air horn

气喇叭等使用时,为了让其他船舶能知道该船的存在而与吹鸣连动点亮的灯具。

**07.155 避碰灯** anti-collision light
大型油船的船中部为了防止夜间与小船碰撞而在甲板上设置的发出的光不易与号灯光色混淆的灯具。

**07.156 舢板信号灯** sampan signalling light
为本船呼叫舢板而挂的发绿光的灯具。

**07.157 信号探照灯** signalling searchlight
装有百页板式光栅的探照灯。既可用作和远距离船舶及岸上通信用的投光器,也可用作探照灯。

**07.158 直升机甲板指示灯** helicopter deck indicating light
向驾驶员指明直升机着船甲板部位的灯具的统称。有正横灯(绿光)、前方限界灯(红光)、中心线灯(白光)、着船点指示灯(绿光)和境界灯(黄、蓝、白、红光)等灯具。

**07.159 水平指示灯** horizon indicating lamp
安装在稳定平台上与船体摇摆无关,能指示水平的发绿光的灯具。

**07.160 风向灯** illuminated windsock
指示风向的灯具。

**07.161 直升机甲板照明灯** helicopter deck surface flood light
在舷侧以一定间隔设置的大致是水平照射甲板面以使直升机驾驶员能知道甲板面存在的发白光的灯具。

**07.162 锚灯** anchor light
显示船舶处于停泊状态的白色环照灯。

**07.163 白昼信号灯** daylight signalling light
150总吨以上船舶必须配备的,在白昼能用莫氏信号进行通信的固定式或可携式灯具。

**07.164 失控灯** not-under-command light
由于机械故障等原因,船舶不能自由操纵,因而不能给其他船舶让路时,在最易见处垂直设置的两盏红色环照灯。

**07.165 吃水限制灯** deep draught vessel light
船舶因吃水较深而严格限制其偏离航线时,在最易见处垂直设置的三盏红色环照灯。

**07.166 操纵限制灯** restricted maneuver light
船舶因从事操纵性受到限制的作业而不能给其他船舶让路时,在最易见处垂直设置的上红、中白、下红三盏环照灯。

**07.167 莫氏信号灯** Morse signal light
用莫氏信号进行通信的灯具。

**07.168 登艇灯** boat deck light, boat embarkation light
救生艇入水和人员登艇时的照明灯具。

**07.169 船用电灶** marine electric range
安装在船上的由几个灶顶元件或者由几个灶顶元件和一个至几个烤箱以及防浪扶手和防浪架等组成一体的烹调用电加热设备。

**07.170 航行灯控制器** navigation light indicator, running light indicator
船上集中控制航行灯的通断,并在航行灯发生故障时能发出警报的设备。

**07.171 号笛控制装置** whistle and siren control system
控制船舶汽笛和气喇叭等声号的控制装置。

**07.172 电气吃水表** electric draft gauge
在指示船首和船尾吃水量的同时能测量平均吃水量或排水量的电气测量仪表。

**07.173 气体浓度测量仪** gas concentration measurement instrument
利用电气、光学或电化学传感器测定、连续指示或记录气体浓度的测量仪表。

**07.174 船舶控制中心** ship control center
将船舶导航、操舵、主机操纵、通讯、安全、装载等的有关显示器、控制器用模块化形式综合于驾驶桥楼控制台上,以实施一人对船舶进行驾驶操纵,自动化程度很高的成套装置。

**07.175 驾驶室遥控** bridge remote control
在船舶的驾驶室对主机或调距桨的螺距等进行远距离操作,以控制船舶的航速等的控制方式。

**07.176 人工越控装置** manual override system
自动起动、操作和控制系统通常均设有的在应急情况下用手控方式代替自动控制的装置。

**07.177 控制站** control position, control station
对推进装置和其他设备进行控制和监视的处所。控制站一般可分为驾驶室控制站、机舱集中控制站及机旁控制站。

**07.178 集中控制** centralized control
被控系统的所有操作从一个中央控制站进行的控制。

**07.179 故障安全** fail-to-safety
系统的一个元件的故障或误动作使其输出自动地调整到一预定的安全状态。即控制设备中出现的故障对控制过程产生的危险性降低到尽可能低的程度,并且不会使备用的自动或手动控制失效。故障安全不仅考虑控制系统和与之有关的机械,而且应考虑整个装置甚至船舶安全。

**07.180 无人[值班]机舱** unattended machinery space
在正常航行工况下,推进装置从驾驶室遥控,且自动监测机舱内机械设备运转状况,将信息传送至驾驶室和轮机员居住区,而无需轮机员值班的机舱。

**07.181 机舱自动化** engine room automation

机舱内各种机械和电气设备自动化的总称。由自动控制设备代替人工实现对设备的操作和观察,可减少船员,改善工作条件,提高设备可靠性及船舶营运经济性。

**07.182 轮机员报警装置** engineer's alarm system

由机舱控制室向轮机员居住区发出报警信号的船内通信装置。

**07.183 值班报警装置** watch alarm

在一人值班的情况下,如值班人员长时间擅离职守,能自动在船长居住区、船员居住区发出报警信号的船内通信装置。

**07.184 报警系统** alarm system

当所选参数偏离预先设定的限度值时能进行报警的系统。

**07.185 安全系统** safety system

当出现危及装置的故障时,能自动工作,完成下述功能之一的系统:

　　a.能恢复正常运行状况(依靠起动备用机组);

　　b.机械的运转暂时调节到能维持运行的状况(借助于减小机械的输出功率);

　　c.在危急状态时分别停止机械运转和切断锅炉燃油(停炉)以保护机械和锅炉。

**07.186 控制系统** control system

由被控制对象和控制装置所构成,能对被控制对象的工作状态进行遥控或自控的系统。

**07.187 巡回检测装置** data logger

对机舱里的机械、电气设备运转过程中的数据集中连续自动地进行巡回测量、数据显示、监测报警和打印制表的装置。

**07.188 船舶电站自动控制装置** automatic control system for marine electric power plant

具有船舶发电机组自动起动、自动连接到不带电母线、自动并联、自动调频调载、重载询问、自动停机、自动卸除次要负载和自动分析功率储备等全部或部分功能的自动控制装置。

**07.189 发电机组自动并车装置** automatic parallel operation system for generating set

将发电机组自动投入并联运行的控制装置。

**07.190 发电机组自动调频调载装置** automatic frequency and load adjustment system for generating set

自动调整运行发电机组的频率和并联运行发电机组负载的控制装置。

**07.191 电动辅机自动起动装置** automatic starting installation for electrical motor driven auxiliaries

自动起动滑油泵、冷却水泵等电动辅机的控制装置。

**07.192 无功功率自动分配** automatic share of reactive power

自动按额定功率比例分配各并联交流发电机组所承担的无功功率的措施。

**07.193 微处理机自动化电站** automatic power plant with microprocessor

以微处理机为中央控制部件,以实现多功能(趋势分析、故障诊断、逆功率吸收、有功功率特殊控制等)、安全运行的自动化电站。

**07.194 可调螺距螺旋桨负荷控制** load control of controllable pitch propeller

能自动地调整螺旋桨的螺距角,确保主机不致过载的控制方式。

**07.195 可调螺距螺旋桨遥控系统** remote

control system for controllable pitch propeller

通过遥控可调螺距螺旋桨的螺距角,以控制推力方向、航速以及自动调节主机负荷的控制系统。

**07.196 可调螺距螺旋桨螺距控制** pitch control for controllable pitch propeller

桨叶按指令信号旋转到一定的螺距角,从而控制螺旋桨推力的大小和方向,可在主机转速和转向不变的情况下控制船舶的运动。

**07.197 可调螺距螺旋桨-主机联合控制系统** combined control system for engine and controllable pitch propeller

调距桨的螺距与主机的转速按一定的函数关系匹配,用一个手柄同时对主机和调距桨进行控制,使推进系统工作在最佳状态的控制系统。

# 08. 船舶通信、导航

**08.001 导航** navigation
引导运载体到达预定目的地的过程。

**08.002 船舶导航** marine navigation
船舶的导航。

**08.003 航位推算法** dead reckoning
利用表征航向和速度的矢量根据船舶某一时刻的位置推算出另一时刻位置的导航方法。

**08.004 导航设备** navigational aid
用于船舶导航的仪表、系统、装置等。

**08.005 地理纬度** geographic latitude
参考椭球面上某点的法线与赤道平面的夹角。

**08.006 地心纬度** geocentric latitude
参考椭球面上某点与地球几何中心的连线与赤道平面的夹角。

**08.007 大地水准面** geoid
由一个假设连续穿过所有陆地地块的平均海平面所确定的理想平面。

**08.008 地理垂线** geographic vertical
大地水准面的法线方向。

**08.009 子午线** meridian
南北基准线。指通过地球两个极的大圆。

**08.010 大圆** great circle
通过地球中心的平面与地球表面的交线。

**08.011 本初子午线** prime meridian
经度为零度的子午线。指通过英国格林尼治天文台的子午线。

**08.012 时子午线** time meridian
用作计算时间,特别是计算时区的子午线。

**08.013 导航参数** navigation parameter
导航过程中,表征船舶的运动或位置的可测量参数。

**08.014 格网** grid
在地图或航图上垂直和平行于某种投影中央经线的方格线图。用以确定点位的平面直角坐标。

**08.015 测地线** geodesic
在包含待测两点内的地球面上测得的两点之间的最短线。

**08.016 基准方向** reference direction
用以计量其他方向的基准方向。如真北、格网北等。

**08.017　真北**　true north
测者子午面与当地真地平面交线指向北极的方向。

**08.018　磁北**　magnetic north
地球磁场指向磁北极的水平分量的方向。

**08.019　格网北**　grid north
格网坐标系中规定的基准方向。

**08.020　罗北**　compass north
罗经指示的北向。

**08.021　航向**　course
预定的船舶航行方向。

**08.022　真航向**　true course
以真北为基准计量的航向。

**08.023　格网航向**　grid course
以格网北为基准计量的航向。

**08.024　磁航向**　magnetic course
以磁北为基准计量的航向。

**08.025　罗航向**　compass course
以罗北为基准计量的航向。

**08.026　艏向**　heading
船舶纵轴轴向在水平面内的投影方向。用基准线和该方向之间的夹角表示。以基准线顺时针方向计量。

**08.027　真艏向**　true heading
以真北为基准计量的艏向。

**08.028　格网艏向**　grid heading
以格网北为基准计量的艏向。

**08.029　罗艏向**　compass heading
以罗北为基准计量的艏向。

**08.030　航迹**　track
船舶实际行程在水平面内的投影。

**08.031　航迹角**　track angle
航迹的切线与基准线的夹角。

**08.032　偏流角**　drift angle
艏向和航迹切线之间的夹角。

**08.033　圆概率误差**　circular error probability, CEP
在两维误差分布中,能包含全部误差一半的圆的半径。

**08.034　纵摇角**　pitch angle
船舶的纵轴与水平面的夹角。

**08.035　横摇角**　roll angle
船舶的横轴与水平面的夹角。

**08.036　偏航角**　yaw angle
又称"艏摇角"。船舶纵轴相对预定航向在水平面内的偏转角。

**08.037　无线电导航**　radio navigation
利用发射或接收无线电信号的导航。

**08.038　无线电定位**　radiolocation
利用无线电设备确定船舶位置的方法。

**08.039　无线电测向**　radio direction finding
通过测量无线电信号到来方向或其他特性来确定方位的方法。

**08.040　无线电测距**　radio range finding
通过测量物标的无线电发射信号来确定其距离的方法。这种无线电发射可以是独立的、反射的、以相同频率或不同频率的再发射。

**08.041　无线电测向仪**　radio direction finder, RDF
测定无线电信号到来方向的设备。

**08.042　自动测向仪**　automatic direction finder, ADF
自动连续地测定和指示无线电信号到来方向的无线电测向仪。

**08.043 无线电罗盘 radio compass**
机载自动测向仪。

**08.044 双曲线系统 hyperbolic system**
测量至几对发射台的距离差而获得位置的
导航系统。由一对台可测得一条双曲线,至
少用两对台可测得位置点。

**08.045 台卡 Decca**
近、中程低频相位双曲线无线电导航系统。
工作频率在 100kHz 附近几个相关频率,作
用距离约为 200 n mile。

**08.046 罗兰 Loran**
远程脉冲或脉冲/相位双曲线无线电导航系
统。其双曲线位置由测得两个脉冲到达接
收点的时间差确定,这两个脉冲是由两固定
基准发射台按一定时间关系发射的。

**08.047 罗兰 A Loran A**
罗兰无线电导航系统的一种。海上天波作
用距离通常为 500—1 500 n mile,其基准线
长度为 300 n mile,工作频率大约为 2MHz。

**08.048 罗兰 C Loran C**
罗兰无线电导航系统的一种。海上作用距
离通常为 1 000—1 500 n mile,工作频率为
100kHz,它以重合脉冲包络粗测时间差,并
以比较载波比相位精测时间差。

**08.049 奥米伽 Omega**
甚低频超远程相位双曲线无线电导航系统。
工作频率在 10—14kHz 范围,具有全天候、
全球导航能力。

**08.050 台链 chain**
为了确定位置或提供导航信息工作在同一
频率或同一基频的几个发射台构成的台组。

**08.051 三角形链 triplet**
由一个主台和两个副台组成的三角形分布
的无线电导航信号发射台组。

**08.052 星形链 star chain**
由一个主台和围绕它均匀分布的两个以上
副台组成的无线电导航信号发射台组。

**08.053 主台 master station**
在无线电导航中,用于控制或同步其他台发
射的台。

**08.054 副台 slave station**
发射特性受主台控制或同步的台。

**08.055 基线 base line**
在确定导航坐标时,测试比较无线电相位或
时间的两点连线。对于两个地面台而言,一
般是指连接两个台的大圆路径。

**08.056 巷 lane**
在航图上投影的一条通道。其左右边界所
对应的导航坐标(幅度或相位值)相同,其中
间各处的横向位置信息有相应的确定值。

**08.057 巷识别 lane identification**
无线电导航系统中对位置线所在的特定巷
进行识别。

**08.058 巷识别计 lane-identification meter**
无线电导航系统中用来自动显示巷识别信
号的相位计。

**08.059 台卡计 decometer**
用来显示台卡位置线信息的相位计。

**08.060 差奥米伽系统 differential Omega system**
为提高精度,在已知地理位置上,比较接收
奥米伽台的实际信号和理论计算信号之间
的相位差,提供经过校正的奥米伽信号的系
统。

**08.061 无线电信标 radio beacon**
为便于无线电测向,发射可识别信号的无方
向性无线电台。

**08.062 全向信标 omnidirectional range**
能向工作区内的所有方向提供方位信息,并

能向任一方向上提供磁方位指示的无线电台。

**08.063 导航卫星** navigation satellite
导航用的人造地球卫星。

**08.064 同步卫星** synchronous satellite

围绕地球自西向东运转,其高度约为35 900km 的赤道轨道卫星。在此高度上,卫星公转周期为 24 h,并与地球的自转同步。

**08.065 卫星导航** satellite navigation
利用导航卫星发射的无线电信号,求出载体相对卫星的位置,再根据已知的卫星相对地面的位置,计算并确定载体在地球上的位置的技术。

**08.066 卫星导航系统** satellite navigation system
用以完成卫星导航任务,由导航卫星、地面站以及定位设备等组成的成套装备。

**08.067 全球定位系统** global positioning system, GPS
利用多颗高轨道卫星,依据距离和距离变化率的测量来确定船舶位置和速度等参数的无线电导航系统。

**08.068 导航雷达** navigation radar
船舶上供探测周围目标位置,以实施航行避让、自身定位等用的雷达。

**08.069 避碰雷达** radar for collision avoidance
带有避碰装置的用以防止自船与他船相碰的专用导航雷达。

**08.070 避碰装置** equipment for collision avoidance
避碰雷达中用于预测和显示相遇船舶之间有无碰撞危险的装置。

**08.071 自动雷达标绘仪** automatic radar plotting aids, ARPA
应用电子计算机与导航雷达结合,自动连续地标绘目标位置解算避让参数的仪器。

**08.072 罗经** compass
指示船舶在水平面内相对地球基准方向的仪表。

**08.073 磁罗经** magnetic compass
用地磁敏感元件指示地球磁场水平分量方向的仪表。

**08.074 液体罗经** liquid compass
指向系统浸没在液体中的磁罗经。

**08.075 干罗经** drycard compass
指向系统不浸在液体中的磁罗经。

**08.076 半球罗经** hemispherical compass
具有半球形透明上盖的液体磁罗经。

**08.077 陀螺罗经** gyrocompass
用陀螺为敏感元件指示真北的仪表。

**08.078 摆式罗经** pendulous gyrocompass
利用摆性在重力作用下产生修正力矩的陀螺罗经。

**08.079 电控罗经** electromagnet control gyrocompass
利用电磁力矩做为修正力矩的陀螺罗经。

**08.080 主罗经** master compass
罗经指示系统中确定方向并向各分罗经传输方向信息的主体仪器。

**08.081 分罗经** compass repeater
罗经指示系统中,用于远距复示主罗经指示信息的部分。

**08.082 平台罗经** stabilized gyrocompass
能提供水平基准的陀螺罗经。

**08.083 计程仪** log
测量船舶速度和累积航程的仪表。

**08.084 电磁计程仪** electromagnetic log
利用电磁感应原理制成的计程仪。

**08.085 水银水压计程仪** mercury balance
log
利用差动水银压力计测量水的动压从而测定船速的计程仪。

**08.086 水压计程仪** pressure log
利用流体动压与船速平方成正比的原理制成的计程仪。

**08.087 相对计程仪** speed through the water log
测量船舶相对于水的航速的计程仪。

**08.088 绝对计程仪** speed over the ground log
测量船舶相对于地的航速的计程仪。

**08.089 多普勒计程仪** Doppler log
利用声波或超声波在水中的多普勒效应制成的计程仪。

**08.090 声相关计程仪** acoustic correlation log
利用对水声信息的相关处理技术制成的计程仪。

**08.091 自动操舵仪** autopilot
根据导航设备提供的船位信息和预定航线,自动控制舵机使船舶驶至事先设定的航路点的装置。

**08.092 合象式测距仪** coincidence type rangefinder
两端物镜所产生的象,在目镜视场的两半视场中恰好合成一个目标的完整象的单眼测距仪。

**08.093 光学方位仪** optical azimuth device
用以精确测量目标方位和舷角的光学仪器。

**08.094 光学测距仪** optical rangefinder

以两观察孔中心距离为已知边,用解三角形的原理,以测量两端物镜所产生的象之间的视角的方法,测定目标距离的光学仪器。

**08.095 六分仪** sextant
弧长约为圆周的六分之一,用以观察天体高度的反射镜类型的测角仪器。

**08.096 星体跟踪仪** astro tracker
在白天和夜间通过瞄准跟踪选取的星体,提供艏向和位置数据的自动六分仪。星体跟踪仪有光学式和射电式两种。

**08.097 惯性导航** inertial navigation
利用陀螺仪和加速度计这两种惯性敏感器,通过测量船舶加速度和角速度而实现的自主式导航方法。

**08.098 地球坐标系** earth coordinate system
原点位于地心,其中一轴与地球极轴重合的与地球固连的右手直角坐标系。

**08.099 地心坐标系** geocentric coordinate system
原点位于地心,其中一轴与地心垂线重合的右手直角坐标系。

**08.100 地理坐标系** geographic coordinate system
原点位于运载体所在的点,其中一轴与地理垂线重合的右手直角坐标系。

**08.101 惯性空间** inertial space
相对于恒星所确定的参考系。

**08.102 惯性参考坐标系** inertial reference frame
经典力学认为在绝对空间中静止不动或匀速直线运动的参考坐标系即为惯性参考坐标系。在此坐标系中牛顿运动定律成立。

**08.103 地球速率** earth rate
地球相对于惯性空间转动的角速度单位。

一个地球速率单位等于 15.041°/h。

**08.104 施矩速率** torquing rate

在惯性空间陀螺仪主轴随控制信号而变化的角速率。

**08.105 初始对准** initial alignment

惯性导航系统开始导航之前的工作状态。在此期间,一般进行坐标系对准、初始参数的测定和装定。

**08.106 平台调平** platform erection

在惯性导航系统对准过程中,使稳定平台系统的垂直轴与当地垂线一致的过程。

**08.107 陀螺罗经对准** gyrocompass alignment

利用陀螺罗经原理使平台北向轴与地理坐标系北向轴一致的过程。

**08.108 传递对准** transfer alignmeut

把基准坐标传递给惯性导航系统进行初始对准的方法。

**08.109 惯性导航系统** inertial navigation system, INS

能完成惯性导航任务的成套装置。

**08.110 几何式惯性导航系统** geometric inertial navigation system

陀螺平台稳定在惯性空间,加速度计在地理坐标系方向,借助框架关系输出位置和姿态信息的惯性导航系统。

**08.111 半解析式惯性导航系统** semianalytic inertial navigation system

惯性平台跟踪地理坐标系的惯性导航系统。

**08.112 解析式惯性导航系统** analytic inertial navigation system

惯性平台稳定在惯性空间的惯性导航系统。

**08.113 捷联式惯性导航系统** strapdown inertial navigation system

惯性敏感器直接安装在船舶上,通过计算机解算求取位置和姿态的惯性导航系统。

**08.114 陀螺仪** gyroscope

利用高速回转体的动量矩敏感壳体相对惯性空间绕正交于自转轴的一个或二个轴的角运动检测装置。利用其他原理制成的角运动检测装置起同样功能的也称陀螺仪。

**08.115 速率陀螺** rate gyro

自转轴绕输出轴主要受弹性约束的单自由度陀螺仪。其输出信号是由框架进动产生的,进动角度与壳体绕输入轴的角速率成比例。

**08.116 速率积分陀螺** rate-integrating gyro

自转轴绕输出轴的转动主要受黏性约束的单自由度陀螺仪。其输出信号是由框架进动产生的,进动角度与壳体绕输入轴的角速率积分成比例。

**08.117 陀螺漂移** gyro drift

由各种干扰因素引起的陀螺仪主轴相对给定方向的偏离。

**08.118 指令速率** command rate

通过力矩器施加给陀螺的进动角速度。

**08.119 加速度计** accelerometer

敏感检测质量的惯性力,测量线加速度的仪表。

**08.120 天文导航** celestial navigation

利用天体的导航。

**08.121 射电天文导航** radio celestial navigation

通过测量天体的无线电辐射,确定船舶的地理位置和航向,以引导其正确安全航行的技术。

**08.122 光学天文导航** optical celestial navigation

利用光学测量装置观测天体以引导船舶正

确安全航行的技术。

**08.123 天文导航系统** celestial navigation system
能完成天文导航任务的成套装置。

**08.124 天文年历** almanac
供领航员使用的定期出版的天文数据刊物。

**08.125 天文经纬仪** celestial theodolite
用于测量天体高度和方位的精密仪器。

**08.126 天文定位点** celestial fix
通过观测天体确定的位置点。

**08.127 天文定位圆** celestial position circle
以所测得的天顶距为球面半径,以天体的星下点为圆心在地球仪上所划的圆。

**08.128 天文位置** astronomical position
通过观测天体确定的,或用天文经纬度确定的地球上某点的位置。

**08.129 双星定位** two-body position fixing
观测两个天体进行定位、定向的导航方法。

**08.130 三星定位** three-body position fixing
观测三个天体进行定位、定向的导航方法。

**08.131 多星定位** multi-body position fixing
观测三个以上天体进行定位、定向的导航方法。

**08.132 高度差法** altitude difference method
通过求天体的高度差以计算船位经纬度修正量的方法。

**08.133 天体真方位** true azimuth of celestial body
地球球面上观测者与天体在地球表面上的投影点连线与观测者所在的子午线间的球面角。

**08.134 天体计算方位** calculated azimuth of celestial body
根据观测点的地理位置(经纬度),天体的赤经、赤纬、时间按公式计算出的天体方位。

**08.135 等高度圈** equal altitude circle
以天体在地球表面的投影点为中心,以天顶距(天体与地球中心的连线对天顶的张角)为半径划出的大圆。在圆上各点观测该天体,其高度角都相等。

**08.136 甲板高度** altitude above deck
天体指向线与船甲板基准面之间的夹角。

**08.137 高度视差** parallax in altitude
从天体到观察者的直线与天体到地心的直线之间的角度。

**08.138 综合导航** integrated navigation
将船舶上的某些或全部导航设备的信息进行综合处理,以提高精度和可靠性,并使之具有综合多种功能的导航技术。

**08.139 惯性－卫星导航系统** inertial-satellite navigation system
惯性导航系统与卫星导航系统组合成的综合导航系统。

**08.140 惯性－奥米伽－卫星导航系统** inertial-Omega-satellite navigation system
由惯性导航系统、奥米伽导航系统和卫星导航系统组合成的综合导航系统。

**08.141 罗兰－惯性导航系统** Loran-inertial navigation system
由罗兰导航系统和惯性导航系统组合成的综合导航系统。

**08.142 天文－惯性导航系统** celestial-inertial navigation system
采用天文和惯性传感器的综合导航系统。

**08.143 声呐** sonar
曾称"声纳"。利用声波在水下的传播特性,通过电声转换和信息处理,完成水下探测和通讯任务的电子设备。

## 08.144　声呐方程　sonar equations
将声传播的介质、目标、背景干扰以及声呐设备的作用综合在一起的关系式。

## 08.145　声呐参数　sonar parameters
在声呐方程中,用来反映声波在介质中传播规律、目标性质、干扰背景和声呐设备基本性能的各种物理量。

## 08.146　多普勒声呐　Doppler sonar
利用多普勒效应,测出船舶对海底、海水的速度、位移等数据的声呐。主要用于船舶安全地进出港和离、靠码头。

## 08.147　旁视声呐　side-looking sonar
又称"海底地貌仪"。用水声方法探测海底地形、地貌和水下物体的设备。

## 08.148　导航声呐　navigation sonar
提供有关船舶位置数据的水声设备。如测深仪、多普勒声呐等。

## 08.149　坐底声呐　bottom mounted sonar
坐卧海底的声呐。当它接收到外部声信号,经本机处理后将信息进行储存或转发给水面船用声呐设备,以完成水下导航或水声测量等方面任务。

## 08.150　回声测深仪　echo depth sounder
测定海底深度的仪器。通过发射机向海底发射声脉冲,测定回收脉冲与发射脉冲的时间差,直接在指示器上读出海底深度。

## 08.151　避碰声呐　obstacle avoidance sonar
用于探测水中的障碍物,以保证船舶安全的扫描声呐。

## 08.152　扫描声呐　scanning sonar
向一定范围内发射声波,然后以窄波束在此范围内连续快速转动进行接收的声呐。

## 08.153　声呐浮标　sonobuoy, acoustic beacon
由筒状浮标体将基阵悬垂在水中进行探测、定位或转信的水声器材。

## 08.154　鱼探仪　fish finder
用来探测鱼群的水声设备。是渔用声呐的一种。

## 08.155　水平鱼探仪　horizontal fish finder
用来探测水中各方向的鱼群的仪器。它不仅记录鱼群距离,而且记录鱼群的方向和倾角。

## 08.156　垂直鱼探仪　vertical fish finder
用来探测垂直方向鱼群的仪器。

## 08.157　双频鱼探仪　double frequency fish finder
有两个工作频率的鱼探仪。

## 08.158　多笔记录式鱼探仪　multi-stylus fish finder
采用多笔式记录器的鱼探仪。它实现了量程的局部扩大,可在同一记录纸上得到正常与扩大的记录。

## 08.159　网位仪　net-sounder, trawlink
安装在渔船拖网上的声学探测装置。它可检测网口大小、渔群情况和确定拖网离海面、海底的距离,收回流失网等。

## 08.160　声速测量仪　sound velocimeter
用于测量介质中声波传播速度的仪器。

## 08.161　声呐发射机　sonar transmitter
产生足够电功率的声频或超声频电信号,通过安放在水中的发射换能器变换成声信号辐射出去的仪器。

## 08.162　声呐接收机　sonar receiver
将来自换能器或换能器基阵的电信号加以放大、变换,以进行常规的(例如超外差式)或统计的信息处理,并使终端机件(例如显示器等)起作用的电子设备。

**08.163 检测阈** detection threshold
在预定的检测概率下刚刚能判决目标存在
时,作用于声呐接收机输入端的输入信噪
比。

**08.164 听觉显示** audible presentation
在声呐设备中,用听觉器官收听目标信号的
方法。一般用扬声器、耳机等实现。

**08.165 视觉显示** visual presentation
在声呐设备中,用视觉器官观察目标信号的
指示方法。一般借助于显示器、记录器等实
现。

**08.166 换能器** transducer
能量转换的器件。在水声领域中常把声呐
换能器、水声换能器、电声换能器统称换能
器。

**08.167 发射换能器** transmitting transducer
用于水中发射声波的换能器。它必须承受
足够功率,具有较高的机械强度和高的电声
效率,并需容易和发射机匹配。

**08.168 接收换能器** receiving transducer
又称"水听器"。能将水中声信号转换成电
信号的换能器。一般应具有较高的接收灵
敏度,而且在工作频带内频率响应愈平愈
好。

**08.169 磁致伸缩换能器** magnetostrictive transducer
利用具有磁致伸缩效应的材料做成的换能
器。

**08.170 压电换能器** piezoelectric transducer
利用具有压电效应的材料做成的换能器。

**08.171 声呐基阵** sonar array
又称"换能器基阵"。由若干声呐换能器以
一定规律排列而成的阵列。

**08.172 声呐导流罩** sonar dome
装在声呐换能器外面为减小流体阻力和噪
声的保护罩。

**08.173 无线电通信** radio communication
将需要传送的声音、文字、数据、图象等电信
号调制在无线电波上经空间和地面传至对
方的通信方式。

**08.174 卫星通信** satellite communication
利用人造地球卫星作为中继站来转发或反
射无线电信号,在两个或多个地面站之间进
行通信。其特点是:通信距离远;通信容量
大;不受大气层骚动的影响,通信可靠。

**08.175 甚长波通信** very long wave communication, myriametric wave communication
利用甚长波(波长 10—100km)实现的无线
电通信。

**08.176 长波通信** long-wave communication
利用长波(波长 1 000—10 000m)实现的无
线电通信。

**08.177 中波通信** medium-wave communication
利用中波(波长 100—1 000m)实现的无线
电通信。

**08.178 短波通信** short-wave communication
利用短波(波长 10—100m)在电离层与地面
之间多次反射或沿地面直接传输的无线电
通信方式。

**08.179 超短波通信** ultra-short-wave communication
利用波长 1—10m 的无线电波进行的通信。
通信距离为视距范围。

**08.180 天线** antenna
用金属导线、金属面或其他介质材料构成一

定形状,架设在一定空间,将从发射机馈给的射频电能转换为向空间辐射的电磁波能,或者把空间传播的电磁波能转化为射频电能并输送到接收机的装置。

**08.181　笼形天线**　cage antenna
把多根导线围成空心的圆柱体,用来代替对称天线的单根导线的天线。其方向性和普通单根导线的对称振子一样,但其频带较宽。

**08.182　倒 L 型天线**　inverted-L antenna
外形为倒置 L 的天线。是垂直接地天线的一种,加长体部分用于提高天线的有效高度。

**08.183　T 型天线**　T-antenna
外形为 T 形的天线。是垂直接地天线的一种,其平顶对天线本身是对称的两部分,作用是增大天线顶容,提高天线的有效高度。

**08.184　鞭状天线**　whip antenna
外形为鞭状的天线。是垂直接地天线的一种。

**08.185　对称天线**　symmetrical antenna
又称"对称振子"。由两根长度相等的对置的中心馈电导线构成的天线。

**08.186　八木天线**　Yagi antenna
由一个有源半波振子,一个或若干个无源反射器和一个或若干个无源引向器组成的线形端射天线。

**08.187　多路耦合器**　multiple-path coupler
当多台接收机或发射机或电台共用一副天线时,为了避免设备间相互干扰,在天线和各设备间使用的耦合装置。

**08.188　天线调谐器**　antenna tuner
连接发射机与天线的阻抗匹配网络装置。能自动地对天线先进行调谐,然后将天线阻抗调整为发射机额定的天线负载阻抗值。

**08.189　发射天线交换器**　transmitting antenna exchanger
连接在若干部发射机和若干副天线之间的转换装置。按照需要,可以使某一部指定的发射机接到某一副指定的天线上。

**08.190　接收天线交换器**　receiving antenna exchanger
连接若干个接收机和若干副天线,按照需要,可以使一部指定的接收机接到某一副指定的天线上的装置。

**08.191　主用发信机**　main transmitter
中波发信机和短波发信机或者指兼有中波发信机及短波发信机功能的复合式发信机。

**08.192　备用发信机**　reserve transmitter
一般指中波发射机。

**08.193　主用收信机**　main receiver
一般指中、短波收信机。

**08.194　备用收信机**　reserve receiver
一般指中波收信机。

**08.195　救生电台**　survival radio station
遇险时紧急求援的备用电台。它具有水密、轻便、自浮并能自动拍发国际遇险求救信号 SOS,也可以用手键发报进行联络。

**08.196　无线电话遇险频率值班收信机**　radiotelephone distress frequency watch receiver
工作在预先调整的遇险频率上,连续守听无线电话报警信号、应急无线电示位标信号、航行告警信号的收信机。

**08.197　无线电话报警信号发生器**　radiotelephone alarm signal generator
能在 30s 至 60s 的时间内连续交替产生 1 300Hz 及 2 200Hz 正弦信号的报警装置。

**08.198　无线电报自动拍发器**　automatic radiotelegraph keying device

自动拍发无线电报报警信号或无线电报报警与遇险信号的装置。

**08.199 无线电报自动报警器** auto-alarm
能自动接收国际无线电报报警信号,使警报系统自动工作的报警装置。

**08.200 全球海上遇险和安全系统** global maritime distress and safety system, GMDSS
利用卫星通信和数字选呼技术,通过岸上、船上、飞机上、卫星上的设备,提供全球性有效搜救的通信系统。

**08.201 数字选择性呼叫** digital selective calling, DSC
由微处理机、调制解调器、键盘控制器和显示器等组成的无线电通信终端设备。其功能是遇险报警呼叫,通信联络呼叫和值班呼叫,并可传送简单信息。

**08.202 航行警告和气象预报电传接收机** NAVTEX receiver
能自动接收航行警告和气象预报等有关海上安全信息的通信设备。

**08.203 应急无线电示位标** emergency position-indicating radio beacon, EPIRB
可人工启动,也可在船舶沉没时漂浮出水面自动启动,用来发送遇险报警信息的设备。

**08.204 雷达应答器** radar transponder
用来接收附近船舶导航雷达的询向信号,经固定延迟后,转发国际海事组织规定的海上遇险信号的装置。

**08.205 甚高频无线电话** VHF-radiotele-phone
以通话为主,工作频段为甚高频,在视距范围通信的小型电台。

**08.206 电磁兼容性** electromagnetic compatibility, EMC
设备、分系统、系统在共同的电磁环境中能一起执行各自功能的共存状态。即:该设备、分系统、系统不会由于受到处于同一电磁环境中其他设备的电磁发射导致或遭受不允许的性能降低;它也不会使同一电磁环境中其他设备、分系统、系统因受其电磁发射而导致或遭受不允许的性能降低。

**08.207 电磁噪声** electromagnetic noise
不同于任何信号的电磁现象。通常是脉动的和随机的,也可以是周期性的。

**08.208 自然噪声** natural noise
来源于自然现象,而不是由机器或其他人工装置产生的电磁噪声。

**08.209 人为噪声** man-made noise
由机器或其他人工装置产生的电磁噪声。

**08.210 喀呖声** click
按规定条件测得的,持续时间小于规定值的电磁噪声。

**08.211 传导发射** conducted emission
沿电源、控制线或信号线传输的电磁能量。

**08.212 辐射发射** radiated emission
通过空间传播的、有用的或不希望有的电磁能量。

**08.213 宽带发射** broadband emission
能量谱分布足够均匀和连续的发射。当电磁干扰测量仪在几倍带宽的频率范围内调谐时,它的响应无明显变化。

**08.214 窄带发射** narrowband emission
带宽比电磁干扰测量仪脉冲带宽小的发射。

**08.215 电磁干扰** electromagnetic interference
任何能中断、阻碍、降低或限制电气、电子设备有效性能的电磁能量。

**08.216 传导干扰** conducted interference

沿着导体传输的电磁干扰。

**08.217 辐射干扰** radiated interference
通过空间以电磁波形式传播的电磁干扰。

**08.218 宽带干扰** broadband interference
能量谱分布相当宽的电磁干扰。当干扰测量仪在±2个脉冲带宽内调谐时,它对干扰测量仪输出的影响不大于3dB。

**08.219 窄带干扰** narrowband interference
主要能量谱落在干扰测量仪通带之内的电磁干扰。

**08.220 电磁脉冲** electromagnetic pulse, EMP
指围绕整个系统具有宽带大功率效应的脉冲。例如在核爆炸时就会对系统产生这种影响。

**08.221 电磁环境** electromagnetic environment
设备、分系统或系统在执行规定任务时,可能遇到的辐射或传导电磁发射电平在不同频率范围内功率和时间的分布。

**08.222 电磁环境电平** electromagnetic ambient level
在规定的试验点和时间内,当试样没通电时,已存在的辐射与传导的信号和噪声电平。

**08.223 电磁敏感度** electromagnetic susceptibility
对造成设备、分系统、系统性能劣化或不希望有的响应的电磁干扰电平的度量。

**08.224 传导敏感度** conducted susceptibility
对造成设备、分系统、系统性能劣化或不希望有的响应所需的传导干扰电平的度量。

**08.225 辐射敏感度** radiated susceptibility
对造成设备、分系统、系统性能劣化或不希望有的响应所需的辐射干扰电平的度量。

**08.226 抗扰度** immunity to interference
接收机或其他任何设备、分系统、系统抵抗电磁干扰的能力。

**08.227 敏感度门限** susceptibility threshold
使试样呈现出最小可辨别的不希望的响应或性能劣化时的发射电平。

**08.228 极限值** limit
又称"允许值"。由国家指定的权威组织制定并经主管机关批准的对设备、分系统、系统电磁发射和敏感度要求。通常在单对数坐标上用折线表示,也可用数据表示。

**08.229 系统间电磁兼容性** inter-system electromagnetic compatibility
给定系统与它运行所处的电磁环境或与其他系统间的电磁兼容性。影响系统间电磁兼容性的主要因素是信号与功率传输系统和系统天线之间的耦合。

**08.230 系统内电磁兼容性** intra-system electromagnetic compatibility
在给定系统内部的分系统、设备和部件相互之间的电磁兼容性。影响系统内电磁兼容性的主要因素是耦合。耦合方式有电线间电感、电容、电场和磁场耦合,还有系统内公共阻抗耦合及天线与天线间耦合。

**08.231 电磁干扰安全裕度** electromagnetic interference safety margin, EMISM
敏感度门限与出现在关键试验点或信号线上的电磁干扰或电磁发射之比。

**08.232 辐射危害** radiation hazards, RADHAZ
泛指电磁辐射对燃料、电子设备、武备和人体的危害。

**08.233 电磁辐射对燃料的危害** hazards of electromagnetic radiation to fuel,

HERF

电磁辐射引起火花而点燃易挥发燃料的潜在危险。

**08.234 电磁辐射对人体的危害** hazards of electromagnetic radiation to personnel, HERP

电磁辐射在人体中产生有害效应的潜在危险。

**08.235 射频无反射室** radio frequency anechoic enclosure

又称"电波暗室"。专门设计的周界面能吸收入射波的封闭金属室。它在需要的频率范围内,在室内某个空间内基本上能保持无反射场的条件。

**08.236 开阔场地** open area

用于测量电磁辐射的开阔平坦场地。它远离建筑物、电线、栅栏、树林、地下电缆和管道,从而它们的影响可以忽略不计,开阔场地的电磁环境电平至少应比试样相应的发射电平低 6dB,并且满足场地衰减特性的要求。

**08.237 屏蔽室** shielded enclosure

能对射频能量起衰减作用的金属封闭室。用于在不受外部电磁辐射干扰的情况下,测量试样的电磁特性。

**08.238 横电磁波室** transverse electromagnetic wave cell, TEM cell

能为测量提供确定环境场强的金属封闭室。该室传播的是横电磁波。千兆赫横电磁波室（GTEM）,其工作频率可以覆盖 0—18GHz。

**08.239 电磁干扰测量仪** electromagnetic interference measuring apparatus

测量各种电磁干扰电压、电流或场强的仪器。它是按规定要求专门设计的接收机。

**08.240 线路阻抗稳定网络** line impedance stabilization network, LISN

又称"人工电源网络"。插入试样电源引线中的网络。它能在射频段为测量试样的干扰电压提供一个规定的负载阻抗,同时使试样与电源隔离。

**08.241 模拟手** artificial hand

又称"人工手"。模拟正常工作状态下,手持式用电器具与大地之间阻抗的网络。

**08.242 吸收钳** absorbing clamp

能沿通电试样的电源线移动,并对该试样所产生的干扰功率电平进行评定的测量装置。

**08.243 电流探头** current probe

能套在导线上测量该导线中干扰电流的钳形电流变换器。变换器的输出以电压表示。

**08.244 对称电压** symmetrical voltage, differential mode voltage

又称"差模电压"。一组有源导体任意两者之间的电压(线间电压)。

**08.245 不对称电压** asymmetrical voltage, common mode voltage

又称"共模电压"。每一导体与规定基准导体(一般选接地导体)间电压矢量的平均值。

# 09．专用船特有设备

## 09.1 工 程 船

**09.001 航标舱** light buoy room
供存放航标的舱。

**09.002 航标起重机** light buoy crane
装在甲板上供起吊航标用的起重设备。

09.003　冰锚　ice anchor, ice hook

于冰区锚泊时,抛在冰层的单爪无杆锚。通常先把它钩在大木块上,再把它冻结在冰层边缘,牢固地锚泊。

09.004　碎石锤　rock breaker, drop chisel

由落锤和套锤组成,挂于吊杆上,靠自重抛落,以击碎冰下石块、岩石的重型凿锤。

09.005　多能打桩架　multiple-pile driver tower

能旋转、俯仰、左右倾斜,适合于多种情况打桩的桩架。

09.006　主钩起重量　main hook load

起重船主钩的额定起重能力。

09.007　副钩起重量　auxiliary hook load

起重船副钩的额定起重能力。一般为主钩起重量的 25%。

09.008　吊货最大纵倾角　maximum loading trim angle

起重船在艏部起吊满载负荷工况下所产生的纵向倾角。

09.009　吊货最大横倾角　maximum loading list angle

起重船在舷侧起吊满载负荷工况下所产生的横向倾角。

09.010　臂杆舷外跨距　over board out reach of boom

当船处于正浮状态舷侧起吊时,吊钩中心线与舷边护木之间在垂直于中线面方向上的水平距离。

09.011　水下吊深　hoisting height below water level

吊钩于水面处下放到舱内(或水线下)所能达到的距离。

09.012　打捞浮筒　lifting pontoon

为打捞沉物提供浮力的圆柱形水密筒体。

09.013　电缆舱　cable tank

供储存敷设海底电缆的舱。

09.014　鼓轮式布缆机　drum type cable laying machine

通过鼓轮收放电缆的布缆机。

09.015　履带式布缆机　liner cable laying machine

设在甲板舷侧,与鼓轮式布缆机同步运转以履带夹持电缆进行布设作业的布缆机。

09.016　电缆埋设犁　cable burying machine

由船上绞车牵引,沿电缆布设路线拖行,把浅海海床挖成沟后,电缆即行埋入沟中,并用泥沙将它填平的犁状机械。

09.017　捞缆钩　grapnel

捞取海底电缆用的钢爪钩。

09.018　布缆浮筒　cable buoy

在浅水区支承和运载电缆登陆用的桶形浮筒。

09.019　电缆松紧指示器　slack meter

即时显示布设电缆松紧度的仪表。

09.020　对中限制器　self-aligning device

保持电缆对准布缆机,防止电缆跳槽的装置。

09.021　切缆器　cable cutter

切断电缆的器具。

09.022　艏滑轮架　bow sheave assembly

设在布缆船首部,供布缆时导引电缆及工作人员操作用的指挥台和大滑轮架。

09.023　艉滑轮　stern sheave

设在布缆船甲板尾部,供布缆时导引电缆下水的大滑轮。

09.024　挖泥设备　dredging equipment

从事挖泥所需的成套设备。

**09.025 挖泥机具** dredging facility
供水底挖掘、松土、搅碎、提升等专用于挖泥船上的各种挖泥机械。

**09.026 排泥设备** soil discharging facility
把挖泥船挖取的泥、沙、石和泥浆等进行运送,卸于填泥区和从泥泵抽吸的泥浆,排送于卸泥区的各种排泥设备。

**09.027 定位与移位设备** moving and fixing facility
由锚、绞车、定位桩等组成,挖泥操作时作定位、移位的各种机具。

**09.028 泥泵** dredge pump
吸排泥浆的离心式泵。

**09.029 潜水泥泵** submersible dredge pump
设于船外能潜在水中运转的泥泵。

**09.030 胶衬泥泵** rubberized dredge pump
泵的蜗壳、进出口通道的表层和叶轮的表面,均由橡胶、塑料等耐磨材料包覆的离心泥泵。

**09.031 双壳泥泵** double wall dredge pump
由外壳和内套组成的双壳体泥泵。

**09.032 水封泵** gland pump
用高压水作水封,防止泥沙渗入泥泵转轴摩擦面的专用水泵。

**09.033 冲水泵** jet water pump
提供高压水流给耙头或吸盘头冲刷泥沙,也可冲刷链斗黏泥或稀释泥驳里的泥浆用的离心式高压水泵。

**09.034 气动泵** pneumatic dredge pump
由三个筒体组成,分别装有进气阀、吸泥阀、排泥阀,压缩气体依次通过三个筒体,应用水压与排气后的压差,使之进行吸、排泥浆的抽泥泵。

**09.035 喷射泵** jet dredge pump

由喷嘴与文氏管组成,利用高压流体,使管体内形成负压区(真空),以吸取泥沙的泵。

**09.036 气力提升泵** air lift mud pump
利用压缩空气,使吸泥器内水和空气的混合体比重小于吸泥器吸口处的液体比重,因而产生压力差,把泥浆从水底吸起。

**09.037 吸泥管线** suction pipeline
从吸嘴至泥泵吸口间的管线。

**09.038 吸头** soil receiver suction end
设在吸泥管进口端的椭圆形的吸嘴。

**09.039 船上排泥管** in-hull discharge pipeline
船上从泥泵出口至艉转动填料函的排泥管。

**09.040 挠性接头** pipeline flexible joint, rubber sleeve
连接两节刚性泥管间能挠曲的短节。一般为增强橡胶管。

**09.041 压力管线** pressure pipeline
压力大于一个大气压的管系。

**09.042 冲水管** jet water spout
接自冲水泵的高压水喷水管。

**09.043 洒水短管** spraying tube
洒水式泥管。泥浆从该管喷洒于舱内,减少紊乱,加速泥浆沉淀。

**09.044 松土器** agitator
将河底泥沙搅松的专用机具。如铰刀、斗轮铰刀、耙头、高压冲水器等。

**09.045 斗轮铰刀** bucket wheel
由一组或两组无底泥斗,环形布置在轮缘上绕刚性横轴运转,以进行松土,并靠近吸嘴的斗轮式铰泥刀具松土器。

**09.046 刀轮绞刀** cutting wheel
轮幅上布置有一组切削泥的刀片的两个轮绕刚性横轴运转,以进行松土,两轮间装有吸嘴的刀轮式铰泥刀具松土器。

**09.047 铰刀** cutter
用螺旋型刀片或带齿刀片组成球冠状滚切泥层的机械松土器。

**09.048 铰刀架** cutter ladder
用以架设铰刀轴、吸泥管、潜水马达、潜水泥泵、铰刀等的刚性构架。

**09.049 铰刀吊架** cutter ladder gantry
用以吊放、支悬铰刀架用的固定刚性构架。

**09.050 铰刀架起落装置** hoisting gear for cutter ladder
担负铰刀架上下活动的装置。

**09.051 铰刀修理平台** cutter head platform
架设在大型铰吸式挖泥船的艏部天桥,悬伸至铰刀架端点,供吊起铰刀架时在其上修理、检查铰刀用的悬臂式半环状平台。

**09.052 起落绞车** hoisting winch
用以吊放铰刀架、耙臂、斗桥、吸泥管等的起落梯架的绞车。

**09.053 移驳绞车** barge warping winch
移动泥驳靠、离挖泥船的绞车。

**09.054 沉石箱** stone catcher
设在泥泵前的吸泥管处,以沉积流过的石块、杂物等,并设有门,以清除沉物的水密箱体。

**09.055 吸盘** dustpan suction tube
装在吸盘式挖泥船吸管前端,特别宽扁的吸嘴。

**09.056 耙头** drag head
由吸头、泥耙下唇、耙齿、格栅、罩壳等组成的机械松土器。设在耙吸管端部,紧贴于水底,斜拖挖泥。

**09.057 耙头梯架** drag head ladder
安装艉耙或中间耙时,支承耙吸管,耙头能

转动起落的刚性构架。

**09.058 耙臂** drag arm
边耙安装时,由耙吸管、活络接头、耙头等组成的挠性吸管,由舷边吊架起落。

**09.059 耙头梯架起落装置** hoisting gear for drag head ladder
吊放耙头梯架的装置。

**09.060 涌浪补偿器** swell compensator
由滑轮、缆索及蓄压器等组成,能调节船体因波浪起伏,而耙头或吸头能紧贴于水底的恒张力装置。

**09.061 耙臂小车** trunnion carriage
设在边耙吸管舷侧甲板上,能沿滑轨升、降,并能闭锁、嵌埋于舷侧甲板内的行车式吊架。

**09.062 耙吸装置** drag and suction device
由耙头、耙吸管、吊架等组成,为耙吸式挖泥船专用的挖泥系统。

**09.063 十字环支架** cross ring flexible joint
十字环状万向连接接头。为两刚性吸泥管间的挠性短管节的活动支架。

**09.064 泥舱稀释装置** hopper diluting installation
用高压水将泥舱里的淤泥冲成泥浆的装置。

**09.065 泥斗** bucket
链斗挖泥船用以挖掘水底泥沙的斗状挖泥器。

**09.066 斗链张紧装置** bucket chain tightening device
调节张紧斗链松弛下垂度的装置。

**09.067 链斗装置** bucket arrangement
一串闭合泥斗,具有挖掘、提升、倒泥等功能的运转装置。

**09.068 斗塔** bucket tower

供支承上导轮、斗桥,并设有泥阱,供泥斗卸泥用的刚性构架。

**09.069 斗链** bucket chain
由链斗及其连接部件组成的链。

**09.070 上导轮** top tumbler
挂带链斗并使之连续运转,进行挖泥卸泥用的上部主动转轮。

**09.071 下导轮** lower tumbler
位于斗桥下端导引链斗运转的从动轮。

**09.072 上导轮平台** monkey frame, top tumbler frame
设在斗塔顶部,承托上导轮轴及其驱动装置的支架平台。

**09.073 导链滚轮** bucket roller
装在斗桥上,以支承和导引链斗运行的滚轮。

**09.074 连续斗链** closed connected bucket chain
不用链节板,泥斗与泥斗直接铰接成的斗链。

**09.075 间隔斗链** open connected bucket chain
泥斗与泥斗以链节板隔开连接的斗链。

**09.076 斗桥** bucket ladder
支承链斗运转并能吊放的活动梯架。

**09.077 斗桥吊架** bucket ladder gantry
用以悬挂、吊放链斗斗桥的刚性门座式构架。

**09.078 斗桥起落装置** bucket ladder hoisting gear
用以吊放链斗斗桥的装置。

**09.079 碎泥刀** mud breaker
装在自扬链斗挖泥船的泥阱里,状如滚齿刀,用以将泥块搅碎成泥浆的滚刀。

**09.080 抓斗机** grab machine, jib crane
具备抓斗的抛落、挖泥、提升、开斗、卸泥、闭斗等功能的起重机械。

**09.081 抓斗** grab
以抓取泥沙及各种散装货物能启闭的斗。

**09.082 抓斗稳索** grab stabilizer line
在抓斗转台与抓斗侧板间防止抓扬时飘斗的稳索。

**09.083 铲扬机** dipper machine
铲斗挖泥船上,由起升、回转、推压、铲斗、挖掘等机械设备,以及由机棚、人字架、吊杆、拉杆、铲斗柄等构件组成的机器。

**09.084 铲斗** dipper, shovel
装在铲斗柄前端的方形、带齿,能开底卸泥的斗形挖掘工具。

**09.085 铲斗吊杆** derrick boom for dipper
端点铰接于转盘上,用以承托铲斗柄及推压机构,以绳索牵引铲斗挖掘的臂架吊杆。

**09.086 铲斗转盘** turntable of dipper machine
供安装铲斗臂杆、操纵室、驱动机械的基座底盘。能左右旋转,进行挖掘作业。

**09.087 推压机构** dipper crowding gear
装在铲斗吊杆上,由动力驱动,推移铲斗柄动作的机械设备。

**09.088 铲斗支架** dipper frame
用以支持铲斗臂俯仰、变幅的人字支架。

**09.089 铲斗起升装置** dipper hoisting gear
由拖拉铲斗挖泥,并提升抛泥的钢索、绞车及滑轮、索具等组成的起吊设备。

**09.090 铲斗背度装置** dipper backing equipment
铲斗柄下放到垂直位置的瞬间,将铲斗向艉方拉回一定距离,使斗柄产生一定后倾角的装置。

**09.091 排泥管** discharge pipeline
排送泥浆的管子。

**09.092 喷嘴** soil discharging nozzle
接在喷射管的端部,呈锥形束口管节,以提高喷射程的喷出管嘴。

**09.093 球形接头** ball joint
安装在两节刚性管间的金属活络球形密闭接头。

**09.094 伸缩接管** expansion joint, stuffing box
泥泵排出口与船内排泥管连接处,设有水密填料函,能伸缩的短节。

**09.095 排泥管接岸装置** shore connecting plant
由活络接头、伸缩管、短管节等组成,为水上管与岸管在岸边的连接装置。要求有伸缩、左右摆动的特性。

**09.096 自浮泥管** dredger's self-floating pipeline
管体外部包扎着浮力材料,并覆以保护层,输泥时单管体能浮于水上的排泥管。

**09.097 可潜泥管** submersible pipeline
一般为挠性管,能潜沉于水底进行排泥的排泥管。移动时用压缩空气把管内泥浆排空后起浮或吊起。

**09.098 排泥浮筒** dredger's floaters
架设水上排泥管的浮体。

**09.099 旋转弯头** turning gland
在排泥管末端出口处与水上管连接,装有填料函的直角弯管。

**09.100 溜泥槽** glide chute
具有倾斜度的矩形槽。利用泥沙抛落时的重力自行滑溜排泥。

**09.101 泥阱** sump, drop, chute
链斗挖泥船斗塔内容纳链斗倾倒的泥的围阱。

**09.102 泥门启闭机构** door lifting device
开闭泥舱泥门的机械装置。

**09.103 分泥板** soil valve, tumbling door
用以控制泥沙从泥阱左或右侧排泥的蝶形门板。

**09.104 边抛装置** side discharge installation
边抛耙吸挖泥船上,所设置的能伸出舷外的臂架。在其上设有排泥管,泥浆通过此泥管,喷射于航道两侧。

**09.105 抽舱排泥装置** self-emptying installation
耙吸挖泥船上,利用船上泥泵抽吸舱内泥浆,排送岸上的装置。

**09.106 自动排稀装置** automatic light mixture over board installation
带有泥舱的挖泥船的排泥管上设有自动控制流泥槽、闸阀,按泥浆比重不同而工作,当泥浆稀时开闸排送到舷外;浓度高时关闸,把泥浆输入舱内的装置。

**09.107 泥门** hopper door
泥舱底部卸泥用的活动门。

**09.108 溢流槽** overflow device
带有泥舱的挖泥船,在两舷侧对称设置的矩形溢流导管。

**09.109 浮力舱** air tank, void space
泥舱两侧提供浮力的水密空舱。

**09.110 泥舱** spoil hopper, mud holder
用以装载泥沙或泥浆的舱。

**09.111 定位桩** work pile, spud
供挖泥船定位和移位的专用笔形桩。

**09.112 定位桩架** spud gantry

支撑定位桩的构架。

**09.113 定位桩台车** spud carriage
设置在挖泥船艉端中部开槽处，由液力推移和升降、换桩、定位的装置。

**09.114 艏锚绞车** bow position winch
拖移挖泥船及挖泥机具前移挖掘的主锚绞车。

**09.115 艉锚绞车** stern position winch
牵引挖泥船及挖泥机具沿挖槽后退的艉部导向绞车。

**09.116 横移绞车** travelling winch, side winch
供挖泥船向挖槽作横向移动的艏、艉两侧移位绞车。

**09.117 水下导缆桩** anchor line guide spud

设于艏艉端壁两侧的导缆桩。其下部为滚轮导缆器，工作时将导缆器下放至水下一定深度，使锚缆得以从水下拖曳而不影响船舶航行。

**09.118 三缆定位系统** three-way rope's position system
在挖泥船艉甲板端部设置的由艏锚及左右边锚、锚索组合的三索水下导缆桩，和锚索、工作锚、锚浮标等组成的锚泊系统。

**09.119 定位系统** orientation system
检测划定挖泥船开挖方位及标定挖槽断面图的成套设备。

**09.120 挖泥船自动控制系统** dredger automated control system
自动控制和监视疏浚作业的技术装备的总称。

## 09.2 海洋调查船

**09.121 A型吊架** "A"frame, side gallows
由两根直立和一根水平的杆件构成并可绕其根部转动，外形似 A 字母的框形结构。吊架可借液压油缸或其他机械装置将悬挂于其上的调查仪器、装备倒出船外或翻进船内。

**09.122 L型吊架** "L"frame
外形似倒 L 字母的构件。它有固定式和活动式两种。固定式作为深海绞车之钢索导向滑车的支点；活动式除起支点作用外还借液压缸或其他机械装置的作用，将海洋调查仪器、装备倒出船外或翻进船内。

**09.123 浮游生物吊杆** plankton davit
供收放浮游生物采集网具，有一定跨度及高度的钢质吊杆。

**09.124 水文吊杆** hydrological davit
供收放水文测量仪器，具有一定跨度及高度

的钢质吊杆。

**09.125 采样平台** sampling platform
装在船的两舷，供调查人员进行海洋调查或辅助作业的小平台。

**09.126 深水抛锚绞车** deep sea anchor winch
船舶深水作业时起抛锚的绞车。

**09.127 底栖拖网装置** benthic trawling gear
保证底栖拖网作业的专门装置。由网具、网位仪、底栖拖网绞车、缓冲器及起重吊杆等设备组成。

**09.128 深水锚锚缆** anchor rope for deep sea
深水抛锚时连接锚和船的缆绳。通常有钢缆、锚链和非金属索，也可由这三种索混合组成。

**09.129 扫海具** sweeper
由船舶拖曳对海区进行面的测量,以查明该区内是否存在航行障碍物的测量工具。

**09.130 水文绞车** hydrographic winch
供收、放水文测量仪器进行水文观测工作的绞车。

**09.131 深温计绞车** depth temperature meter winch
又称"BT 绞车"。供收放深度温度计(BT仪器)测量水深、水温进行水文观测工作的绞车。

**09.132 地质绞车** geological winch
供收放底质采样仪器进行海洋底质取样的绞车。

**09.133 重力仪绞车** gravimeter winch
供收放海底重力仪进行海洋重力测量工作的绞车。

**09.134 浮筒绞车** float chamber winch
供收放浮筒进行海流(表层流)观测工作的绞车。

**09.135 波浪仪绞车** wavemeter winch
供收放重力式测波仪、船舷测波仪等仪器进行海浪观测工作的绞车。

**09.136 磁力仪绞车** magnetometer winch
供收放磁力仪探头、电缆进行海洋磁力测量工作的绞车。

**09.137 剖面仪绞车** profiler winch
供收放剖面仪探头、电缆进行浅地层测量的绞车。

**09.138 扫海绞车** sweep winch
用于扫海测量船上,供收放和拖曳扫海具及绳索进行扫测海底沉碍物的绞车。

**09.139 底栖拖网绞车** benthic trawl winch
供收放大、中型生物网具的工作绞车。

**09.140 深水底栖拖网绞车** deep sea trawl winch
又称"深水地质拖网绞车"。用于深水底质取样和底栖生物拖网调查的绞车。

**09.141 浮标系统绞车** buoyage winch
供收放浮标系统绳索及调查仪器进行海流、水文等周日连续观测的绞车。

**09.142 地震电缆绞车** seismic cable winch
供收放地震电缆进行地质调查的绞车。

**09.143 电视摄影电缆绞车** television photograph cable winch
供收放摄影或电视装置及电缆进行海洋底质和海洋生物调查的绞车。

**09.144 水声学电缆绞车** hydrosound cable winch
利用水声学原理进行海洋地形测量(水深)、海洋底质测量(浅地层剖面测量)、海洋地质调查(海洋地质构造和地壳构造)等的电缆绞车。

**09.145 温盐深电缆绞车** salt temperature deep cable winch
又称"STD 绞车"。供收放盐度、温度、深度计等测量水文要素(水深、水温)和海水化学要素(盐度)观测的绞车。

**09.146 声呐电缆绞车** sonar cable winch
供船只航行中拖曳或收放电缆及拖曳式换能器(包括发射及接收部分),进行海底地形地貌地磁的测量,海底沉碍物等探测的绞车。

**09.147 CTD 电缆绞车** CTD cable winch
供收放测量海水导电率、温度和深度仪器用电缆的绞车。

**09.148 缆绳缓冲器** bumper
为调查船在定点作业或航行拖曳作业时缓和外界(风、浪)突加的冲击负荷,用以保护有关设备及缆绳免遭损坏的装置。

## 09.3 潜水器及水下工作装置

**09.149 潜水器** submersible, submersible vehicle
又称"可潜器"。主要依靠压载水舱中注水造成负浮力以实现下潜的水下运行器。

**09.150 载人潜水器** manned submersible
携带乘员的潜水器。

**09.151 无人潜水器** unmanned submersible
不携带乘员的潜水器。

**09.152 潜水器系统** submersible system
潜水器及运载、控制它的辅助平台和吊放回收装置等的总称。

**09.153 潜水器母船** mother ship of submersible
又称"水面母船"。支持、运载潜水器的各种船舶、平台等的统称。

**09.154 吊放回收装置** launch retrieval apparatus
专门用以吊放潜水器至水上和从水上回收潜水器的装置。

**09.155 下潜平台** submerged platform
不受水面扰动影响,在水下收放潜水器的装置。

**09.156 尾部敞开井** open stern well
辅助平台上供收放潜水器而在尾部敞开的通海井。

**09.157 中央井** center well, moonpool
设在船长度和宽度中央的通海井。

**09.158 潜水工作间** diving cabin
设有供潜水作业的各种设备,以指挥和控制潜水员操作用的工作室。

**09.159 潜水器材舱** diving apparatus room
存放潜水器材的舱室。

**09.160 潜水平台** diving platform
供潜水员入水、出水的舷边活动式站台。

**09.161 闸式潜水器** lock-in lock-out submersible, lock-out submersible
具有加压舱能把潜水员送到水下外出作业的载人潜水器。

**09.162 湿式潜水器** wet submersible
载人舱透水的潜水器。

**09.163 有缆潜水器** tethered submersible
与外部有缆索联系的潜水器。

**09.164 拖航潜水器** towed vehicle
依靠辅助平台拖曳的有缆潜水器。

**09.165 无缆遥控潜水器** untethered remotely operated vehicle
不通过电缆由外部提供控制信息且自备动力的无人潜水器。

**09.166 海底爬行机** bottom crawling vehicle
海底施工机械的统称。

**09.167 水下游览船** tourist submersible, underwater sightseeing-boat
又称"观光潜水器"。专门用于载客去水下观光的潜水器。

**09.168 潜水员运行器** diver assistance vehicle
潜水员借以获得高前进速度,扩大水下活动范围的水下推进装置。

**09.169 水下作业机械** underwater operating machine

能在水下环境作业的各种机械设备的统称。

**09.170　水下监听站　underwater monitoring station**

记录海洋生物发出的声音及海水温度、盐度变化或收集潜艇活动军事情报的无人水下装置。

**09.171　水下作业站　underwater working station**

供潜水员在水下进行机械设备安装、水下焊接、水下维修用的水下居住舱、大型闸式潜水器等的总称。

**09.172　深潜器　deep diving submersible, bathyscaphe**

由一个充满轻液体的船型浮筒与可容纳2—3人的耐压球组成的深海潜水器。

**09.173　深潜救生艇　deep submersible rescue vehicle, DSRV**

能在水下与潜艇救生平台对口连接形成干式通道,以转移失事潜艇艇员的载人潜水器。

**09.174　深潜系统　deep diving system**

以潜水钟为基地,可供潜水员分批潜水出舱到深海进行潜水作业的系统。潜水深度可达500m。

**09.175　潜水钟　diving bell**

用于载人水下观察的常压舱或用于潜水站与潜水现场之间往返输送潜水员的压力舱。

**09.176　潜水加压舱　diving compression chamber**

通过注入压缩空气创造高气压环境条件,而后逐步减压,可供科学研究、模拟潜水、潜水减压及治疗等使用的耐压容器。

**09.177　甲板加压舱　deck compression chamber**

安装在潜水工作船、打捞船或钻井平台甲板上的潜水加压舱。

**09.178　水下居住舱　underwater habitat**

应用饱和潜水原理设置在水下的,供潜水员和科研人员工作、休息和居住的人工生活环境。

**09.179　主舱　main chamber**

主要用于潜水减压或饱和潜水时供潜水员居住的舱室。为潜水加压舱的主体。

**09.180　过渡舱　transfer chamber, entry locker**

潜水加压舱中,供潜水调压后,进出加压舱的过道舱。

**09.181　湿舱　wet chamber**

内部注水的潜水加压舱,可以模拟一定深度的海洋环境条件,供潜水员作潜水训练或进行水下仪器和设备的试验等。

**09.182　干舱　dry chamber**

内部不注水的潜水加压舱。主要用于潜水减压或潜水员居住的舱室。

**09.183　闸室装置　lock-in lock-out chamber**

潜水钟或深潜器上供潜水员在水下进出压力舱的过渡舱及其闭锁装置。

**09.184　补给浮标　supply buoy**

利用脐带向水下居住舱提供动力、气体、水和通信中转的专用浮标。

**09.185　脐带　umbilical**

潜水器和其他水下装置从水面或水下补给基地获得气体、淡水、电能和联络信号的一束管线。

**09.186　潜水装具　diving apparatus**

潜水员在潜水时使用的服装、器具和压重物等的总称。

**09.187　潜水服　diving suit**

供给潜水员潜水时穿着的特殊衣服。

**09.188　潜水头盔**　diver's helmet
将潜水员头部完全罩扣在里面的镀锡铜质帽。

**09.189　领盘**　diver's breast plate
用以连接潜水头盔和潜水衣成一体,并借以悬挂压重物的铜制盘圈状铠甲部件。

**09.190　压铅**　diver's lead weight
专为增加潜水员的负浮力和调节潜水员在水中的稳度而挂在潜水员身上的铅质压重物。

**09.191　潜水鞋**　diver's boots
潜水员潜水时脚上穿的特殊鞋子。重潜水时使用潜水靴,轻潜水时使用潜水脚蹼。

**09.192　潜水腰节阀**　air control valve
又称"供气调节阀"。固定在潜水员腰节部,供在不同深度下调节供气量的直角手动阀。

**09.193　信号绳**　signal line
潜水员与水面工作人员之间传递约定信号的绳子。一般采用优质油麻或尼龙绳,每根约长 100m。

**09.194　潜水导索**　diver's descending line
下端系有重锤,上端固定于水上或水下某一固定点的绳索。供重潜水员或定点潜水的轻潜水员下潜或上升时定向用,潜水员用弹簧钩沿着导索滑移,或用手握着导索移动。

**09.195　潜水行进绳**　diver's distance line
又称"潜水行动绳"。潜水员离开导索,在水下行进后,引导他再回到原地的绳索。其一端系于潜水员导索的重锤上,另一端系在潜水员身上。

**09.196　潜水刀**　diver's knife
套在金属鞘内,由潜水员携带,供切割或自卫用的钢制小刀。

**09.197　潜水减压架**　decompression stage
供潜水员在水下减压过程中站或坐的金属吊架。

**09.198　潜水梯**　diver's boat ladder
供潜水员从船上入水或从水下登船的轻便扶梯。

**09.199　潜水电话**　diving telephone
潜水员与水面或潜水钟进行通信联络的电话。

**09.200　氦氧潜水电话**　helium-oxygen diving telephone
用于氦氧给气潜水时纠正潜水员发音失真的电话。

**09.201　水声对讲机**　hydrophone intercommunicator
轻潜水时,潜水员之间、潜水员与水面母船之间通信用的无线电话。经常用 28kHz 和 42kHz 的频率,适合于中短程通信。

**09.202　潜水呼吸器**　diving breathing apparatus
保证潜水员在水中维持正常呼吸的装置。

**09.203　自持式水下呼吸器**　self-contained underwater breathing apparatus, SCUBA
潜水员自行佩戴的供气筒及呼吸器。有开放式、封闭式、半封闭式循环三种型式。

**09.204　开放式潜水呼吸器**　open breathing apparatus
供给的气体仅呼吸一次便排出器外的潜水呼吸器。

**09.205　封闭式潜水呼吸器**　closed circuit breathing apparatus
对供给的呼吸气体呼出后不直接排出,而在呼吸器内部经过再生循环后继续供潜水员吸用的潜水呼吸器。

**09.206 半封闭式潜水呼吸器** semi-closed circuit underwater breathing apparatus

对供给的呼吸气体呼出后少部分排放出去，而大部分在呼吸器内部经过再生循环后继续供潜水员吸用的潜水呼吸器。

**09.207 开闭式潜水呼吸器** open and closed circuit underwater brathing apparatus

由开放式和封闭式两个系统组成的潜水呼吸器。

**09.208 救生裙** transfer skirt

又称"钟形联接器"。深潜救生艇上用于与失事潜艇救生平台对接，以便让失事艇员转移到救生艇内的重要部件。

**09.209 救生钟** rescue bell

下部有潜艇救生口的接口装置，在潜艇失事时用以营救艇员脱险出水的钟形耐压容器。

**09.210 压力补偿装置** pressure compensation device

保护置于潜水器耐压壳体外的蓄电池等设备不受海水浸入与压损的装置。

**09.211 恒张力系统** constant tension system

通过收进或放出吊索以求恒张力，从而使潜水器和提升装置不受冲击载荷并可限制潜水器摆动的起吊回收系统。

**09.212 高压空气系统** high pressure air system

为潜水器的压载水舱吹除、加压舱升压、潜水员呼吸气瓶充气及管路冲洗等提供压缩空气的系统。

**09.213 纵横倾调节系统** trim-heel regulating system

使潜水器在航行或悬浮状态下保持平衡或产生纵、横向倾斜的调节装置。

**09.214 压载系统** ballasting system

为潜水器提供正负浮力或进行浮力控制的系统。

**09.215 不可逆压载系统** irreversible ballasting system

只能为潜水器提供一次正浮力或负浮力的压载系统。

**09.216 可逆压载系统** reversible ballasting system

潜水器每次下潜时至少可以提供一次正浮力和一次负浮力的压载系统。

**09.217 浮力调节系统** buoyancy regulating system

补偿海水介质特性及潜水器排水体积变化引起的浮力改变的可逆压载系统。

**09.218 可调压载水舱** variable ballast tank

潜水器上进行少量浮力调节用的耐压专用水舱。

**09.219 可抛固体压载** dropable solid ballast

可通过应急抛载装置丢入海中，用以使潜水器获得很大正浮力而迅速上浮出水的重物。

**09.220 应急抛载装置** emergeney ejectioning device

由固体压载、调节索、蓄电池、机械手等可抛物体和解脱机构组成以使潜水器在应急情况下获得正浮力而上浮脱险的装置。

**09.221 铁丸压载** shot ballast, iron shot

通过专用电磁阀抛弃的压载用铁丸。

**09.222 鞍形舱** saddle chamber

安放和抛弃铁丸压载的跨置于潜水器左右舷的马鞍形容器。

**09.223 可弃压载** drop able ballast, drop ballast

用来逐步增加正浮力的可抛弃的小铅块或其他压载物。

**09.224 可变压载** variable ballast

可逆或不可逆压载系统中其数量可以改变的压载。

**09.225 汽油浮力系统** gasoline buoyancy system, oil buoyancy system

在金属浮箱内注入汽油以获得正浮力的不可逆压载系统。

**09.226 串联式推进系统** tandem propulsion system, TPS

位于潜水器首部和尾部附近的两组环形布置的桨叶。它们可提供任何方向的推力使潜水器获得六个自由度的运动。

## 09.4 渔 船

**09.227 尾滚筒** stern barrel, stern roll

供起放网而横设于拖、围网渔船甲板尾端的长滚筒。

**09.228 网板架** trawl gallow

单拖渔船上供吊挂网板用的支架。

**09.229 吊网门形架** gantry

拖网渔船上为便于起放网操作而在船的尾部、前部等处设置有带各种导向滑轮的固定或转动门形架。

**09.230 曳纲滑轮** warp block

安装在尾门形架上部供起放网过程中引导曳纲的滑轮。

**09.231 后转式尾门** backward swinging gangway

采用转动门形架时,为便于起放网而设于尾端的后倒门。

**09.232 滑道门** ramp gate

尾滑道上端,为防止海浪冲上甲板而设置的门。

**09.233 曳纲束锁** towing lock

安装在舷拖渔船后部的舷墙上,将拖网两根曳纲并锁于一点,以保持拖曳作业时,曳纲等长的装置。

**09.234 舷外撑臂** outrigger off-board pole

装在渔船门形架、桅或甲板室两侧,可转向舷外进行拖曳网具的臂杆。

**09.235 括纲吊臂** purse line davit

围网渔船起网一侧,装有绞收括纲的可转动吊臂。

**09.236 弹钩** slip hook

用以钩住和速脱网具钢索的活络弹钩。

**09.237 干线导管** main line guide pipe

输送延绳钓渔船干线的导管。

**09.238 支线传送装置** branch line conveyer

传送延绳钓渔船支线的装置。

**09.239 盘线装置** line winder

把干线有规则地盘好,放入干线库的装置。

**09.240 整理水池** unravel water tank

用于延绳钓渔船起线后,清理干线的水池。

**09.241 喷洒装置** sprinkler

竿钓时,为造成下雨景象,以诱集鱼群和提高钓获率,由水泵水管和喷嘴组成的喷洒海水装置。

**09.242 送网管** net carrying pipe

流网作业时,把船首部起上的鱼网送到尾部堆放的管道。

**09.243 输鱼槽** fish channel

鱿鱼钓渔船上,输送钓获的鱿鱼的专用斜槽。

**09.244 饵料柜** bait service tank

竿钓渔船上,放置在艏、艉的小型饵料容器。

**09.245　钓竿箱　fishing rod box**
竿钓渔船上存放钓竿的专用箱子。

**09.246　捕捞机械　fishing machinery**
捕捞作业中操作渔具进行捕捞或捞取渔获物的机械设备的统称。

**09.247　卷纲机　rope reel**
卷绕、储存和放出绞机绞收的纲绳的机械。

**09.248　绞纲机组　winch-rope reel**
由只有绞收功能的绞机和卷纲机组成的机组。

**09.249　起网机　net winch**
借助动力构件与网具间的摩擦力将网具从水中起到船上、岸上或冰面上的机械统称。

**09.250　动力滑轮　power block**
具有动力的槽轮,借助网衣与轮槽间的摩擦达到起围网等带形网具的悬挂式起网机。

**09.251　卷网机　net drum**
绞收、储存和放出全部或部分网具的机械。

**09.252　起网机组　net hauling system**
由绞收网具的起网机和按顺序堆叠网具的理网机或输送网具的滚筒组成的机组。

**09.253　干线起线机　line hauler**
起收延绳钓干线的机械。

**09.254　支线起线机　branch line winder**
起收延绳钓支线的机械。

**09.255　干线理线机　line arranger**
将起收的延绳钓干线依次盘放防止反捻纠结的机械。

**09.256　干线放线机　line casting machine**
投放延绳钓干线入水的机械。

**09.257　曳绳钓起线机　trolling gurdy**
起收、储存、放出曳绳钓具的机械。

**09.258　鱿鱼钓机　squid angling machine**
具有自动放线、钓捕、起线卷线和脱鱼功能并引诱鱿鱼上钩的机械。

**09.259　鲣鱼竿钓机　jackpole automatic machine**
具有自动放线、钓捕起竿和使鱼脱钩并引诱鲣鱼上钩的机械。

**09.260　自动延绳钓机　autolongline machine**
自动进行装饵、放钓、钓捕、起钓、集钓和储存干线等的延绳钓专用机械。

**09.261　刺网延绳钓机　gillnet winch-line hauler**
具有公用原动机,能单独起刺网或起延绳钓的组合机械。

**09.262　牵引绞机　tractive winch**
牵引网袖、网身、网囊等到船甲板的机械。

**09.263　滚轮绞机　bobbin winch**
绞收或拉出拖网滚轮纲的机械。

**09.264　移动绞机　shift winch**
借助绞机绳索使吊杆及其悬挂的起网机、理网机等作水平或垂直移位的机械。

**09.265　抄网机　brailling machine**
装有抄网的机械手,能捞取渔获物的机械。

**09.266　理网机　net shifter**
按顺序堆叠网具的机械。

**09.267　渔泵　fishpump**
吸送鱼类的专用泵。

**09.268　流刺网振网机　driftnet shaker**
利用振动原理抖落刺网网衣上渔获物的机械。

**09.269　定置网打桩机　setnet pile hammer**
将定置网桩头打入水底的机械。

**09.270　钻冰机　ice driller**

在冰封的水域表面钻孔,以便进行放网作业的机械。

**09.271 冰下穿索器** ice jigger
能在冰层下按预定方向,逐一穿行冰孔,带动拉网曳纲引绳前进的装置。

**09.272 舷边动力滚柱** side power roller
位于渔船船舷部位,用以辅助起刺网或围网的动力滚柱。

# 10. 船舶防污染

**10.001 海洋污染** marine pollution
人类直接或间接将物质或能量引入海洋环境(包括港湾),以致对生物资源产生有害影响,危害人类健康,妨碍海上活动(包括捕鱼活动),损害海水使用质量和减少舒适性等的环境污染。

**10.002 污染源** source of pollution
导致海洋污染的来源。

**10.003 操作污染** operational pollution
在船舶正常航行期间,在船上主辅机正常操作过程中,由于废液排放、透漏等引起的油类或有毒液体物质对海上环境的污染。

**10.004 非法排放** discharge in violation of regulations
未按国际防止船舶造成污染公约规定的排污地点和规定的排放标准,在海上排放油类、生活污水、垃圾等。

**10.005 事故污染** accidental pollution
船舶(特别是油船)在航行途中,因撞船、触礁、搁浅、爆炸、火灾或机器及船体损伤等原因,致使石油或有毒液体物质大量外流而造成的海洋污染。

**10.006 污染物** pollutants
排放入海后导致海洋污染的物质。

**10.007 有害物质** harmful substance
任何进入海洋后危害人类健康、伤害生物资源和海洋生物、损害休息环境或妨害其他合法利用海洋的物质。

**10.008 油类** oil
包括原油、燃料油、润滑油、油泥、油渣和炼制品在内的任何形式的油。

**10.009 油性混合物** oily mixture
含有油分的混合物。

**10.010 有毒液体物质** noxious liquid substance
国际防止船舶造成污染公约附则 II"控制散装有毒液体物质污染规则"中所指明的液体物质。

**10.011 A 类有毒液体物质** category A noxious liquid substance
排放入海后将对海洋资源或人类健康产生重大危害,或对海上的休息环境或其他合法利用造成严重损害,因而有必要对其采取严格防污措施的有毒液体物质。

**10.012 B 类有毒液体物质** category B noxious liquid substance
排放入海后将对海洋资源或人类健康产生危害,或对海上的休息环境或其他合法利用造成损害,因而有必要对其采取特殊防污措施的有毒液体物质。

**10.013 C 类有毒液体物质** category C noxious liquid substance
排放入海后将对海洋资源或人类健康产生较小的危害,或对海上的休息环境或其他合法利用造成较小损害,因而对其操作条件有特殊要求的有毒液体物质。

**10.014　D 类有毒液体物质**　category D noxious liquid substance

排放入海后将对海洋资源或人类健康产生可察觉的危害，或对海上的休息环境或其他合法利用造成轻微损害，因而要求对其操作条件给予适当注意的有毒液体物质。

**10.015　污压载水**　dirty ballast

未经洗过的液货舱排出的压载水。

**10.016　洗舱水**　tank washings

清洗油舱或有毒液舱后产生的含有油或有毒液体的污水。

**10.017　舱底污水**　bilge water

机舱内各闸阀和管路中漏出的水与机器在运转过程中漏出的润滑油、燃料油以及加油时溢出的油，洗刷时流出的油等混在一起的油污水。

**10.018　生活污水**　sewage

生活设施所排出的废水。

**10.019　黑水**　black water

含有粪、尿和船舶医务室排出的污水。

**10.020　灰水**　grey water

从盥洗室、洗澡间和厨房等流出的洗涤废水。

**10.021　特殊区域**　special area

在防止船舶造成污染公约附则 I 中具有特定含义的专用名词，它特指这样的海域，在此海域中，由于与其海洋学和生态学情况以及交通运输的特殊性质有关的公认的技术原因，需要采取防止海洋油污的特殊强制办法。

**10.022　排放条件**　conditions of discharge

允许排放废液入海的条件。包括如下一些参数：可以排放入海的最大数量，排放时的船舶速度，距最近陆地的距离、水深、在船舶尾流中的物质最大浓度或排放前的物质稀释度。

**10.023　排油控制**　control of discharge of oil

对船舶排入海中的废液的油含量的控制。一般应控制在 15ppm 以下。

**10.024　排放标准**　effluent standard

为防止船舶排放的污染物对水域污染而制订的关于污染物最高允许排放浓度的规定。

**10.025　排放浓度**　effluent concentration

排放的废液中所含污染物的浓度。以 mg/l 计，对于含油污水系指含油量，对于生活污水系指生化需氧量、悬浮物和大肠菌群的数量。

**10.026　油量瞬间排放率**　instantaneous rate of discharge of oil content

任一瞬间每小时排油的升数除以同一瞬间船速节数之值。

**10.027　专用压载水**　segregated ballast

专用压载舱内装载的压载水。该专用压载舱与货油或燃油系统完全隔绝，固定用于装载压载水，或固定用于装载压载水和 MARPOL 公约各附则所指油类和有毒物质以外的货物。

**10.028　清洁压载水**　clean ballast

清洁压载舱内装载的压载水。该清洁压载舱自上次装油后，已清洗到如此程度，以致在晴天即使船舶处于静态，该舱的排出物排入清洁而平静的水中后，也不会在水面或邻近的岸线上产生明显可见的油迹，或形成油泥或乳化物沉积于水面下或邻近的岸线上。若压载水是通过经主管机关认可的排油监控系统排出，而根据这一系统的测定，压载水含油量不超过 15ppm，则即使出现油迹，也应认为是清洁压载水。

**10.029　专用压载舱保护位置**　protective location of segregated ballast tank, SBT/PL

为了在油船一旦发生搁浅或碰撞事故时，防止油类外流，专用压载舱在油舱长度范围内易损部位处的合理布置位置。

**10.030 清洁压载舱操作手册** clean ballast tank operation manual

包括清洁压载舱系统图、清洁压载舱操作程序等的手册。

**10.031 原油洗舱** crude oil washing, COW

利用油船本身所载原油，通过喷射的方法，清洗残留在油舱内表面的油泥、油渣等。

**10.032 阴影图** shadow diagram

油舱内原油洗舱机喷嘴喷射不到之处的图示。

**10.033 扫舱系统** stripping system

又称"清舱系统"。在原油洗舱后，排干货油舱内洗舱原油和清扫舱内沉淀物的系统。

# 11．船舶腐蚀与防护

**11.001 腐蚀** corrosion

金属与环境之间的物理—化学相互作用。其结果使金属的性能发生变化，并可导致金属、环境或由它们组成的体系的功能受到损伤。

**11.002 电化学腐蚀** electrochemical corrosion

至少包含一对电极反应的腐蚀。

**11.003 腐蚀电池** corrosion cell

腐蚀体系中的短路原电池。被腐蚀金属是它的一个电极。

**11.004 腐蚀电位** corrosion potential

金属在给定腐蚀体系中的电极电位。

**11.005 自然腐蚀电位** free corrosion potential

没有净电流从金属表面流入或流出的腐蚀电位。

**11.006 腐蚀电流** corrosion current

直接造成腐蚀的电极反应所产生的电流强度。

**11.007 海洋腐蚀** marine corrosion

金属构件在海洋环境中发生的腐蚀。海洋环境通常指海洋大气、飞溅区、潮汐区、全浸区、海泥区等。

**11.008 海洋大气腐蚀** marine atmospheric corrosion

金属构件暴露在海上或岸边大气中发生的腐蚀。

**11.009 飞溅区腐蚀** splash zone corrosion

金属构件在海水飞溅条件下发生的腐蚀。飞溅区指风浪、潮汐等激起的海浪、飞沫溅散到的区域。

**11.010 潮汐区腐蚀** tide zone corrosion

海上或岸边固定式金属构件处在高、低潮位区间发生的腐蚀。

**11.011 水线区腐蚀** waterline zone corrosion, boottopping corrosion

船舶或海上浮式金属构件在空、满载水线间发生的腐蚀。

**11.012 全浸区腐蚀** submerged zone corrosion

金属构件全浸部位发生的腐蚀。

**11.013 海泥区腐蚀** sea mud zone corrosion

金属构件处在海底泥沙中发生的腐蚀。

**11.014 污染海水腐蚀** polluted sea water corrosion

金属在污染海水中发生的腐蚀。

**11.015 电偶腐蚀** galvanic corrosion
由于一种金属与另一种金属或电子导体构成的腐蚀电池的作用而造成的腐蚀。

**11.016 电偶序** galvanic series
在给定环境中,以实测金属的自然腐蚀电位高低排列的顺序。

**11.017 杂散电流腐蚀** stray-current corrosion
非限定回路中流动的电流所引起的腐蚀。

**11.018 冲击腐蚀** impingement corrosion
由于流体冲击和腐蚀的联合作用而引起的材料损伤。

**11.019 应力腐蚀断裂** stress corrosion cracking
由于静拉伸应力和腐蚀联合作用引起的材料破裂。

**11.020 氢脆** hydrogen embrittlement
金属由于吸氢引起韧性或延性下降的现象。

**11.021 腐蚀疲劳** corrosion fatigue
由于交变应力和腐蚀联合作用而引起的材料破坏。

**11.022 普遍腐蚀** general corrosion
又称"全面腐蚀"。与环境接触的金属表面上全面发生的腐蚀。

**11.023 局部腐蚀** localized corrosion
与环境接触的金属表面上局部区域发生的腐蚀。

**11.024 点蚀** pitting, pitting corrosion
腐蚀局限在金属表面各个很小区域,向金属内部扩展,形成点状孔穴。

**11.025 缝隙腐蚀** crevice corrosion
金属构件由于存在狭缝或间隙,在缝隙内或近旁发生的腐蚀。

**11.026 焊区腐蚀** weld decay, weld corrosion
发生在焊缝区及其近旁的腐蚀。

**11.027 刃形腐蚀** knife-line corrosion, knife-line attack
沿着焊接熔合线发生的沟状腐蚀。

**11.028 晶间腐蚀** intergranular corrosion
沿着或紧挨着晶粒边界发生的腐蚀。

**11.029 脱成分腐蚀** dealloying, selective corrosion
合金中某些组分优先发生的腐蚀。如黄铜脱锌等。

**11.030 层状腐蚀** layer corrosion, exfoliation corrosion
锻或轧制金属材料,沿着平行于金属表面发生的腐蚀。有时导致剥离。

**11.031 耐蚀性** corrosion resistance
给定腐蚀体系中,金属具有的抗腐蚀能力。

**11.032 腐蚀速率** corrosion rate
单位时间内金属腐蚀效应的数值。如单位时间内腐蚀深度或单位时间单位面积上金属腐蚀损失量。

**11.033 腐蚀深度** corrosion depth
受腐蚀的金属表面某一点和其原始表面间的垂直距离。

**11.034 腐蚀试验** corrosion test
为评定金属的腐蚀行为、腐蚀产物的环境污染程度、防蚀措施的有效性或环境的腐蚀性所进行的试验。

**11.035 加速腐蚀试验** accelerated corrosion test
在比实用状态苛刻的条件下进行的腐蚀试验。目的是在更短的时间内得出相对比较结果。

**11.036　盐雾试验**　salt spray test

在氯化钠溶液制成的雾状环境中进行的腐蚀试验。

**11.037　模拟腐蚀试验**　simulative corrosion test

模拟实用条件下进行的腐蚀试验。

**11.038　实用腐蚀试验**　service test

在实际使用条件下进行的腐蚀试验。

**11.039　污损**　fouling

金属构件的潮汐部位和水下部位,由于有机物或无机物附着而遭到的损害。

**11.040　防蚀**　corrosion protection, corrosion control, corrosion prevention, anti-corrosion

人为地改进腐蚀体系,以减轻腐蚀损伤。

**11.041　防蚀设计**　design for corrosion

为抑制或减轻腐蚀而作的设计。主要包括正确地选择结构形式和加工方法,合理地选用结构材料,采取有效的防蚀措施。

**11.042　腐蚀裕量**　corrosion allowance

设计金属构件时,考虑使用期可能产生的腐蚀损耗而增加的相应厚度。

**11.043　电化学保护**　electrochemical protection

通过电化学方法控制腐蚀电位,以获得防蚀效果。

**11.044　阴极保护**　cathodic protection

通过降低腐蚀电位获得防蚀效果的电化学保护方法。

**11.045　保护度**　degree for protection, percentage of protection

通过防蚀措施使特定类型的腐蚀速率减少的百分数。

**11.046　过保护**　over protection

阴极保护时,由于保护电位过负而产生不良作用的现象。

**11.047　保护电位范围**　protection potential range

使金属腐蚀速率达到预定要求的保护电位值的区间。

**11.048　保护电流密度**　protection current density

使被保护物体电位维持在保护电位范围内所需要的电流密度。

**11.049　外加电流阴极保护**　impressed current cathodic protection

由外部电源提供保护电流的阴极保护。

**11.050　恒电位仪**　potentiostat, constant potential rectifier, controlled rectifier

随着环境条件的变化能自动地调整电流,使被控对象的电位保持恒定的仪器。

**11.051　参比电极**　reference electrode

电位具有稳定性和重现性的电极。可以用它作为基准来测量其他电极的电位。

**11.052　辅助阳极**　auxiliary anode

外加电流阴极保护系统中,使直流电流流入电解质的电极。

**11.053　阳极屏蔽层**　anode shield

在外加电流阴极保护系统中,为使辅助阳极的输出电流分布到较远的阴极表面,以达到被保护结构电位比较均匀,而覆盖在辅助阳极周围一定面积范围内的绝缘层。

**11.054　牺牲阳极阴极保护**　sacrificial anode cathodic protection, galvanic anode protection

由与被保护体耦合的牺牲阳极提供保护电流的阴极保护。

**11.055　牺牲阳极**　sacrificial anode, galvanic anode

依靠自身腐蚀速率增加而使与之耦合的阴极获得保护的电极。

**11.056　牺牲阳极开路电位　open potential for sacrificial anode**
牺牲阳极在给定电解质中的自然腐蚀电位。

**11.057　牺牲阳极闭路电位　closed potential for sacrificial anode**
在给定电解质中牺牲阳极工作状态下的电位。

**11.058　牺牲阳极驱动电压　driving voltage for sacrificial anode**
牺牲阳极闭路电位与被保护体保护电位的差值。

**11.059　牺牲阳极电流效率　current efficiency for sacrificial anode**
牺牲阳极实际供电量与理论供电量的百分比。

**11.060　牺牲阳极利用效率　utilization coefficient for sacrificial anode**
牺牲阳极使用到不足以提供被保护结构所必需的电流时,阳极消耗质量与阳极原质量之比。

**11.061　排流保护　electrical drainage protection**
通过从金属结构上排除杂散电流来防止腐蚀的电化学保护。

**11.062　保护性覆盖层　protective coating**
为防止或减轻腐蚀而施加在金属构件表面的膜层。

**11.063　金属覆盖层　metal coating**
以金属或合金为材料的覆盖层。

**11.064　金属热浸镀　metal hot dipping**
将金属构件浸入熔融金属或合金中,在其表面形成金属覆盖层的过程。

**11.065　渗镀　cementation**
利用高温气体、固体或熔融物将某些组分扩散并渗透到金属构件表面,形成合金层或化合物层的过程。

**11.066　金属喷镀　metal spraying**
用高压气体将熔融金属喷射到金属构件表面形成金属覆盖层的过程。

**11.067　爆炸包覆　explosion cladding**
应用爆炸产生的压力在基体金属上复合一层其他金属材料的过程。

**11.068　化学转换覆盖层　chemical conversion coating**
金属或其腐蚀产物与环境中的组分化学反应,在金属表面形成的无机物覆盖层。

**11.069　钝化　passivation**
应用化学或电化学方法,在金属表面形成一层薄的氧化物层,使金属腐蚀速率大大降低的过程。

**11.070　磷化处理　phosphating**
使金属与磷酸或磷酸盐化学反应,在其表面形成一层稳定磷酸盐膜的处理方法。

**11.071　铬酸盐处理　chromating**
使金属与铬酸盐化学反应,在其表面形成一层稳定铬酸盐膜的处理方法。

**11.072　阳极氧化　anodization, anode oxidation**
使金属在给定电解质中作为阳极,通过一定的电流密度,在其表面形成一层氧化物覆盖层的过程。

**11.073　有机物覆盖层　organic coating**
以有机物为材料的覆盖层。

**11.074　重防蚀涂料　heavy-duty paint**
具有高性能防蚀效果的厚浆型涂料。

**11.075　底漆　primer**

直接涂覆在结构表面的涂料。作为中间涂层或罩面涂层与物体表面之间的媒介层。

**11.076　涂料缺陷** coating defect
由于表面预处理不当、涂料质量和涂装工艺不良而造成的遮盖力不足、漆膜剥落、针孔、起泡、裂纹、漏涂、流挂等缺陷。

**11.077　衬里** lining
在管道或容器内表面复合的一层耐蚀材料。

**11.078　缓蚀剂** inhibitor
在腐蚀体系中添加少量即可使金属腐蚀速率降低的物质。

**11.079　防锈油** rust preventive oil
含有缓蚀剂的石油类制剂。

**11.080　防污** anti-fouling
为防止污损而采取的措施。

**11.081　电解海水防污** anti-fouling with electrolyzing sea water
利用电解海水阳极上产生的氯气和次氯酸根离子来防止海洋生物附着的方法。

**11.082　水下覆护** underwater revetement
对水下工程结构,如平台水下构件、水下管道、船体水下部分和其他水下设施表面施加保护或防腐蚀措施的统称。

# 12. 船 舶 工 艺

**12.001　船台** building berth, berth
与下水设施相连的,专供修造船的场地或陆上构造物。

**12.002　倾斜船台** inclined building berth
船台面以一定坡度向水域倾斜的船台。

**12.003　水平船台** horizontal building berth
船台面呈水平的船台。

**12.004　半坞式船台** semi-dock building berth
在临水一端或适当部位处设置闸门的坞式结构倾斜船台。

**12.005　露天船台** exposed berth
没有固定遮蔽式设施的船台。

**12.006　室内船台** covered berth
设在固定遮蔽式设施内的船台。

**12.007　船台小车** berth bogie
在水平船台和横移区载运船舶或船体总段的载重车。

**12.008　拉桩** land tie
用于固定滑轨、校正分段位置和拖拉重物等,设于船台、船坞、滑道等处,部分露在外面的桩柱预埋件。

**12.009　连续式拉桩** long land tie
用于固定滑轨、校正分段位置等而预埋在船台上的连续金属板。

**12.010　船台中心线板** center line strip on berth
其上划有作为分段定位依据用的中心线,位于船台中央的全通预埋件。

**12.011　墩木** block
由木材、金属或水泥制成,在船台或船坞修造船舶过程中用以支承船体的长方形柱体。

**12.012　龙骨墩** keel block
设置于船底平板龙骨下,承受大部分船体重量的墩。

**12.013　边墩** side keel block
设置于船底平板龙骨两侧的墩。

**12.014 舭墩** side block, bilge block
位于船体舭部的墩。

**12.015 砂箱墩** block with sand box, sand block
由墩木和带有活门的砂箱组成,船舶下水时开启砂箱活门可使砂迅速流泄,墩面下降的墩。

**12.016 下水墩** launching block
船舶利用油脂滑道下水时,临时支承船重并可迅速拆除的墩。

**12.017 船台坡度** slope of building berth
船台面朝水域方向下降的倾斜度。以船台面与水平面交角正切值的千分比表示。

**12.018 滑道** launching way, slipway
专供船舶上墩、下水用的设有木质或金属滑轨的构筑物。

**12.019 纵向滑道** end slipway
船舶在滑道上的滑行方向与船体中线面平行的滑道。

**12.020 横向滑道** side slipway
船舶在滑道上的滑行方向与船体中线面垂直的滑道。

**12.021 牵引式滑道** towing slipway
利用绞车牵拉在滑道上承载船舶的车,使船舶上墩或下水的滑道。可分为纵向和横向两类。

**12.022 两支点滑道** slipway with two supporting points
由两个单独的下水车支承船舶下水或上墩的纵向牵引式滑道。

**12.023 船排滑道** railway slip
利用船排进行船舶下水或上墩作业的纵向牵引式滑道。

**12.024 斜船架滑道** slipway with wedge type launching
利用斜船架运载船舶下水或上墩的牵引式滑道。可分为纵向斜船架滑道和横向斜船架滑道两种。

**12.025 横向梳式滑道** comb type side slipway
下水区斜坡滑轨与横移区水平轨道相互延伸交错成梳齿状的横向牵引式滑道。

**12.026 油脂滑道** greased slipway
采用油脂润滑滑板与滑轨接触面,以进行船舶重力式下水的滑道。

**12.027 滑道摇架** slipway turn cradle
设于倾斜滑道和水平船台之间,承载船舶使其在纵向垂直面内转动以改变船舶搁置坡度的支承架。

**12.028 滑道转盘** slipway turntable
设于滑道首端,可使承载船舶绕垂直轴旋转以改变船舶搁置方向,或同时改变船舶搁置坡度的专用设施。

**12.029 下水车** launching cradle
在滑道上承载船舶进行上墩、下水作业用的载重车。

**12.030 斜船架** wedge type launching cradle
沿其移动方向车身剖面成楔形,两端的高度差和滑道首端坡度相配合,以承载船舶上墩或下水的整体架形下水车。

**12.031 随船架** boat carriage
在建造或修理船舶过程中用以支承船体和载船移动的单梁载重车。

**12.032 船排** patent slip
上铺方木以承托船底,在滑道上承载船舶上墩或下水的多梁平车。

**12.033 滑板** sliding way
船舶下水时,将船舶与下水支架支承在油脂滑道上并与船舶一起滑移的下水构件。

**12.034　下水油脂**　launching grease

用以减少木质滑轨和滑板间的摩擦力,下水前分别涂在木质滑轨和滑板上的油脂。

**12.035　下水横梁**　launching beam

在纵向油脂滑道上,用以将船舶支承在滑板上的钢质横梁。

**12.036　下水支架**　launching poppet

在纵向油脂滑道上,将船舶支承在滑板上的构架。主要用于船体线型变化大的艏、艉部。

**12.037　艏支架**　fore poppet

在纵向下水时,安装于船首部的下水支架。

**12.038　艉支架**　after poppet

在纵向下水时,安装于船尾部的下水支架。

**12.039　滑道坡度**　slope of slipway

滑道的滑轨面朝水域方向下降的倾斜度。以滑轨面与水平面夹角正切值的千分比表示。

**12.040　滑道间距**　spacing of slipway

纵向滑道的滑轨中心线之间的距离。

**12.041　滑道末端水深**　depth of water on way end, depth at slipway end

滑道末端滑轨表面在设计下水水位以下的深度。

**12.042　滑道末端凹口**　threshold hollow

为适应船舶在下水时产生的艏落而在滑道末端开设的凹口。

**12.043　过渡段**　transition section

在滑道中,连接不同坡度的轨道之间的弧形段。

**12.044　横移区**　transition zone

在水平船台与下水设施之间横移船舶用的,与船台具有相同轨顶标高的场地。

**12.045　横移坑**　transition pit

在水平船台与下水设施之间供横移车横移船舶用的坑。

**12.046　横移车**　transition carriage

在水平船台与下水设施之间横移船舶用的平车。分整体式和分节式两种。

**12.047　止滑器**　trigger

设置于油脂滑道滑轨两边控制下水船舶自行下滑的止动装置。

**12.048　保险撑**　slip stopper

为防止支承船舶的滑板自行滑动,在滑轨与滑板之间设置的止滑撑杆。

**12.049　升船机**　ship lift, ship elevator

垂直升降船舶以进行下水或上墩作业的设施。主要由升船平台和平台升降机构组成。

**12.050　浮力升船机**　floating shiplift

向升船平台内的浮力舱注水或排水以使平台升降的升船机。

**12.051　船坞**　dock

干船坞与浮船坞的统称。

**12.052　干船坞**　dry dock

位于地面以下,有开口通向水域以进出船舶,并设有闸门,闸门关闭后将水排干以从事修造船的水工建筑物。

**12.053　注水式船坞**　flooding dock

坞壁高出厂区地坪以上,坞室横剖面分上下两阶,下阶作进出坞的通道,上阶作修造用场地的干船坞。

**12.054　串联式船坞**　tandem dock

中间设有一道或一道以上门槽,并配有一中间闸门,可以通过总段移位同时建造一艘半及以上船舶的干船坞。

**12.055　运河式船坞**　canalled dock

两端均与水域相通,中间设有两道或两道以上门槽,并配有一中间闸门,可同时建造两艘船舶而毋需移动总段的干船坞。

**12.056　坞首　dock head**
干船坞纵向与陆地相接的一端。

**12.057　坞口　dock entrance**
干船坞纵向与水域相通的一端。

**12.058　引船驳岸　ship-directional quay**
为便于引导船舶进出干船坞（或下水设施），
自坞口（或下水设施临水端）向外构筑的一
段八字形竖直岸壁。

**12.059　坞壁　dock wall**
干船坞两侧及坞首的岸壁。

**12.060　坞底　dock bottom, bottom**
设有排水沟、集水坑等，并根据需要筑有纵
横坡度，能承受船舶全部重量的干船坞底部
结构。

**12.061　坞室　dock chamber**
由坞底、坞壁及坞门所围的干船坞空间。

**12.062　坞坎　dock sill, sill**
坞口下缘高出坞底的部分。

**12.063　门墩　gate pier**
为承受坞内的水抽空时，作用在坞门上的水
压力和支承坞门及其压载的重量，并保证水
密的坞口构筑物。

**12.064　门槽　dockgate channel**
门墩上与坞门相接触的部分。单向受力者
可做成豁口式；双向受力者则做成凹槽式。

**12.065　坞门　dock gate, caisson**
将坞口封住的水密闸门。

**12.066　浮箱式坞门　floating caisson, pon-
toon dock gate**
设有水泵和进水闸阀能双向受压，通过水的
注入和排出能控制门的浮沉启闭的箱形坞
门。

**12.067　人字式坞门　mitre caisson, two-
gate caisson**
由两块门扇组成，各自绕在两侧门墩上的枢
轴转动，关闭时成外凸人字形，只能单向受
压的坞门。

**12.068　卧倒式坞门　flap caisson, flap gate,
flap type gate**
绕坞口的水平枢轴回转并水平卧倒的坞门。

**12.069　叠梁式坞门　beam gate**
在高度方向分成若干块呈横梁形式的插入
式坞门。

**12.070　推进式坞门　propelling gate**
大型干船坞上，为方便坞门启闭，在坞门一
端设有推进器，可自行推进的坞门。

**12.071　修理门槽　gate channel for repairing**
设在坞口原有门槽外侧，用于修理原有门槽
的备用门槽。

**12.072　门坑　pit for caisson, pit for gate**
供容纳卧倒式坞门，开启时以保证其能够放
平的坑。

**12.073　廊道　gallery**
设在干船坞或码头边沿，位于地面以下的通
道。

**12.074　坞墩　docking block**
设在坞底，支承船体的墩。

**12.075　船坞引船车　pulling trolley along
dock side**
设置在船坞坞顶两侧固定轨道上用以曳船
进出船坞的小车。

**12.076　坞壁作业车　dock side travelling,
dock side stage**
设置在坞壁或坞墙上，可沿船坞纵向移动，
为施工人员提供工作平台的升降作业车。

**12.077　进坞重量　docking weight**

进坞船舶的总重。

**12.078 搁墩负荷** block load
船舶在坞内坐墩时,由于纵倾而集中作用于尾墩或首墩上的负荷。

**12.079 浮船坞** floating dock
又称"浮坞"。能在一定水域中沉浮和移动,用于抬起船舶进行修理或引渡过浅水区,以及在修、造船时用于船舶下水、上墩、水上合拢作业的船。

**12.080 整体式浮船坞** single unit floating dock
连续坞墙与连续浮体做成一体的浮船坞。

**12.081 浮箱式浮船坞** pontoon floating dock
由连续坞墙及浮箱拼接而成的浮船坞。

**12.082 三段式浮船坞** three-piece type floating dock
分首、中、尾三段连接而成的浮船坞。

**12.083 分体式浮船坞** sectional dock
坞墙连同浮体在横向分为多段并可拆装的浮船坞。

**12.084 修船浮筒** buoy for repairing
可沉浮,以抬起船体一端进行修理的简易抬船设备。

**12.085 坞墙** wing wall
位于浮船坞两侧,用以承受纵向强度的墙式结构。

**12.086 坞墙顶甲板** top deck
位于坞墙顶,承受纵向强度的连续甲板。

**12.087 安全甲板** safety deck
位于坞墙顶甲板下,用以限制进水,使浮船坞控制在一定沉深的安全位置的连续水密甲板。

**12.088 抬船甲板** pontoon deck
浮船坞上用以铺设墩木,抬举船舶的甲板。

**12.089 浮体** floating body
浮船坞抬船甲板下产生浮力的整体或组合箱形结构。

**12.090 浮箱** pontoon
浮箱式浮船坞的浮体中的单体箱形结构。

**12.091 浮船坞飞桥** flying bridge
位于坞墙两端,连接坞墙顶甲板的可启闭的通道。

**12.092 坞墙通道** wing wall passage
从抬船甲板通至坞墙的出入口。

**12.093 浮船坞总长** overall length of floating dock
指艏平台前端至艉平台后端包括各种伸出浮体外的构件在内的最大长度。

**12.094 坞内净宽** net width between wing walls
浮船坞横剖面左、右坞墙内侧固定结构物之间的最小距离。

**12.095 浮船坞举力** lifting capacity
浮船坞升浮时所能承载船舶的最大重量。

**12.096 空坞吃水** light draft of floating dock
浮船坞在空坞且无油水和压载水及剩余水的状态下,由基线至水面的垂直距离。

**12.097 最大沉深吃水** maximum submerged draft
当安全甲板以下压载水舱全部进水后,浮船坞处于最大沉深时,由基线至水面的垂直距离。

**12.098 空坞排水量** light displacement of floating dock
浮船坞在不抬船、无压载时的轻载排水量。

**12.099 浮船坞配载** adjustment of floating

dock

为保持进坞船舶和浮船坞本身具有足够的稳性，减少两者变形的纵向挠度和应力，调节浮船坞沉浮状态而计算浮箱水位水量及确定进、排水程序的过程。

**12.100 浮船坞挠度** deflection of floating dock

浮船坞受自重和外力作用后产生的纵向弯曲值。

**12.101 防撞装置** anti-impact gear

为防止进出船坞的船舶与坞墙碰撞，而在坞墙尾端设置的缓冲装置。

**12.102 浮坞起重机** floating dock crane

一般是成对地架设在两舷坞墙顶甲板上，能行走的塔式转臂起重机。

**12.103 引船绞盘** warping capstan

牵引船舶进出船坞用的绞盘。

**12.104 沉坞坑** sinkage dock pit

在水深不够的水域，为使浮船坞下沉到必要的深度而设在水底的坑。

**12.105 浮船坞支墩** support of floating dock

为保证抬船甲板与下水滑道在同一平面，确保船舶利用浮船坞进行下水或上墩作业时的安全，在浮船坞码头水域设置的承坐浮船坞的水下支撑物。

**12.106 浮船坞试验** test of floating dock

为检验浮船坞的强度及使用性能而进行的试验。

**12.107 舾装码头** fitting-out quay

具有起重条件和动力设施，供停靠船舶进行水上安装或修理的码头。

**12.108 试车码头** quay for mooring trial

供船舶系泊试验用的码头。

**12.109 船体建造工艺** technology of hull construction

与船体建造有关的钢材预处理、放样、号料、船体加工、船体装配、焊接、船台安装、下水等阶段所采用的各种工艺方法和过程的统称。

**12.110 钢材预处理** steel pretreatment

在钢材投入使用之前，对其进行的矫正、除锈、喷涂防锈底漆等工作的统称。

**12.111 船体放样** lofting

又称"放样"。以一定手段，将船体设计线型进行光顺并获得构件在船体上的正确位置、形状和尺寸的首道船体建造工序。

**12.112 船体零件号料** marking of hull parts

又称"号料"。将船体零件的实际形状及各种施工符号标记在板材或型材上的过程。

**12.113 船体加工** hull steel fabrication

将号料后的材料通过手工或机械制成符合图样及工艺要求的船体零件的过程。

**12.114 火工矫正** distortion correction by flame

通过局部加热、手工敲击或强迫冷却等手段，使零部件或船体某部位获得正确形状的方法。

**12.115 船体装配** hull assembly

将加工好的船体零件按规定的技术要求组装成部件、分段、总段及完整船体的工艺过程。

**12.116 部件装配** subassembly

将经过加工的两个或两个以上的船体零件，组合装配成有限范围的结构单元的工艺过程。

**12.117 分段** section, unit

根据船体结构特点和建造施工工艺要求，对

船体进行合理划分所形成的区段。

**12.118 平面分段** flat section
由平直的板列与相应的骨材装配组合而成的单层船体分段。

**12.119 曲面分段** curved section
由曲面板列与相应的骨架所组成的单层结构的船体分段。

**12.120 立体分段** three-dimensional unit
由两个或多个平面分段或曲面分段及船体零件和部件进行组合后所形成的具有立体形状的分段。

**12.121 嵌补分段** joining section
在采用岛式建造法进行船台装配时,最后以嵌补方式将各"岛"互相连接成完整船体的分段。

**12.122 基准分段** basic section
在船台装配时,最先吊运上船台进行定位,并依此作为其他分段的装配基准的分段。

**12.123 总段** block, complete cross section
按船体建造的工艺需要及船体结构的特征,对主船体沿船长方向进行横向划分所形成的船体环形区段。

**12.124 分段装配** section assembly
把部件和零件组装成船体分段或总段的工艺过程。

**12.125 胎架** assembly jig, jig, moulding bed
根据船体分段有关部位的线型制造,用以承托建造船体分段并保证其外形正确性的专用工艺装备。

**12.126 船台装配** berth assembly
将船体零件、部件、分段或总段在船台上组装成为完整船体的工艺过程。

**12.127 分段建造法** sectional method of hull construction
在船台上或船坞内以船体分段为主组装成完整船体的建造方法。

**12.128 总段建造法** block method of hull construction
在船台上或船坞内以船体总段为主组装成完整船体的建造方法。

**12.129 水平建造法** horizontal method of hull construction
在船台装配时先将全船的底部分段全部装配完毕,然后再以同样的顺序逐层向上形成水平上升组装成完整船体的建造方法。

**12.130 塔式建造法** pyramid method of hull construction
在船台装配时,当基准分段定位后,向前后左右自下而上将分段进行安装形成"塔"形并逐步向前后左右进行展开,组装成完整船体的建造方法。

**12.131 岛式建造法** island method of hull construction
在船台装配时将船体分成两个或两个以上的建造区,以每个建造区的中心底部分段为基准,各自向前后左右自下而上地进行建造形成"岛",最后在"岛"与"岛"之间以嵌补分段连接成完整船体的建造方法。

**12.132 两段造船法** two-part hull construction
将船体纵向分为前后两大部分,在长度受到限制的船台或船坞内分别建造,然后再在水上或坞内连接成整个船体的建造方法。

**12.133 串联造船法** tandem shipbuilding method
在同一船台上或船坞内,建造第一艘船体的同时,在一端空余的位置上建造第二艘船的尾段,当第一艘船下水后,该尾段即移至第一艘船的位置上进行整船的建造,并在原第

二艘船尾段位置上继续建造第三艘船的尾
段并以此类推进行船舶建造的方法。

**12.134　水上合拢**　afloat joining ship sections
通过采用水密罩或水密浮箱等特殊工艺装
备,在水上将船体总段装配成完整船体的建
造方法。

**12.135　下水**　launching
船舶修造时将船舶从岸上移至水域的过程。

**12.136　艉浮**　lift by the stern
船舶纵向下水过程中,浮力对艉支架或艉下
水横梁的力矩大于重力对艉支架或艉下水
横梁力矩的瞬间所发生的艉上浮现象。

**12.137　艉落**　tipping
船舶纵向下水过程中,当重心离开滑道末
端,而重力对滑道末端的力矩仍大于浮力对
滑道末端力矩的瞬间所发生的艉部下落现
象。

**12.138　艏落**　dropping
船舶纵向下水过程中,当艏支架脱离滑道末
端后的瞬间,船首所产生的快速下落现象。

**12.139　艏沉**　dipping
船舶纵向下水过程中,发生艏落时因动力作
用使船首自静浮状态艏吃水继续下沉的现
象。

**12.140　纵向下水**　end launching
船舶在滑道上沿船长方向滑行入水的下水
方式。

**12.141　横向下水**　side launching
船舶在滑道上沿船宽方向移行入水的下水
方式。

**12.142　重力式下水**　gravity launching
利用船舶自身重力沿滑道斜面方向的分力,
克服滑板与滑道间的摩擦力,使船舶滑行入
水的下水方式。

**12.143　牵引式下水**　tractor launching
利用牵引机械牵引滑道上的船排或下水车
将搁置其上的船舶牵引入水的下水方式。

**12.144　漂浮式下水**　floating launching
利用船体外部水位的升高,将船舶就地浮起
而移入水域的下水方式。

**12.145　起升机械下水**　shiplift launching
利用升船机或起重机械,将船舶下放或吊放
入水的下水方式。

**12.146　气囊下水**　air bag launching
将船舶承托在特制的气囊上从修、造场地移
入水域的下水方法。

**12.147　艏支架压力**　fore poppet pressure
船舶纵向下水艉浮开始后,使艏支架承受的
瞬间最大压力。

**12.148　滑道末端压力**　way end pressure
船舶纵向下水过程中,当艏支架经过滑道末
端时滑道所受到的瞬时最大压力。

**12.149　精度管理**　accuracy control
在船体建造过程中,将船体零件、部件、分段
及全船的建造尺寸,控制在规定范围以内的
工作方法与管理制度。

**12.150　艏翘**　cocking up of forebody
船体建造完工后,其艏端高度与船体基线之
间距离的变化情况。

**12.151　艉翘**　cocking up of after body
船体建造完工后,其艉端高度与船体基线之
间距离的变化情况。

**12.152　舾装**　outfitting
船舶机、炉舱以外所有区域的设备及其布
置、安装工作的统称。

**12.153　船装**　hull outfitting
船舶机、炉舱以外所有区域的内舾装和外舾
装安装工作的统称。

**12.154  机装**  machinery fitting
船舶机、炉舱所有机械设备、管路装置及相关辅助装置安装工作的统称。

**12.155  管系放样**  piping layout
按比例绘出船体型线、结构，并布置每一系统的管路及有关设备，根据此图通过计算求得管路的管段实际形状、尺寸、绘制加工用的管子零件及管子安装图的过程。

**12.156  电装**  electric fitting
船舶电气设备安装和电缆敷设等工作的统称。

**12.157  预舾装**  pre-outfitting
在船体各分段和总段合拢之前，对有关设备、系统进行安装的工艺。

**12.158  单元组装**  unit assembling
将有关设备、系统组合为一单元体的工艺。

**12.159  单元舾装**  unit outfitting
将预先组装好的单元，在船体分段、总段或船上安装的工艺。

**12.160  管子预装**  pre-outfitting of pipe
在分段或总段内进行的管系安装。

**12.161  上层建筑整体吊装**  lifting and mounting complete superstructure
将上层建筑的各层结构、设备、系统装配在一起，整体吊至船上安装的工艺。

**12.162  涂装**  hull painting
钢材表面处理及船舶所有除锈、油漆工作的统称。

**12.163  托盘**  pallet
供作业、安装用的器材配套单位。

**12.164  托盘管理**  pallet control
以托盘为单位进行组织生产、物资配套以及工程进度安排的生产管理方法。

**12.165  外舾装**  deck outfitting
机、炉舱、居住舱室及上层建筑以外所有部位的舾装设备、管子安装工作的统称。

**12.166  内舾装**  accommodation outfitting
居住舱室和上层建筑内的舾装设备、管子安装以及有关处所装饰、绝缘工作的统称。

**12.167  主机校中**  determination for main engine location
以中间轴（推力轴或齿轮箱）为位置基准，按规定要求进行法兰偏移和曲折的校中。

**12.168  轴系中线**  shafting center line
全轴系的理论中心线。

**12.169  轴系找中**  centering of shafting
在船体适当部位确定和标记出轴系中心线的过程。

**12.170  主干电缆**  main cable
敷设在主配电板和应急配电板、电动机集中起动屏、区配电板及电力推进集中控制屏的直接上方或下方的电缆。

**12.171  分支电缆**  branch cable
连接用电设备配电网路的电缆。

**12.172  假舱壁**  assembly frame
用于工艺安装的临时结构形式。

**12.173  船舶建造检验**  survey for ship construction
验船机构根据规范对新建船舶所作的一系列检验。

**12.174  交验项目**  items for inspection
由船厂编制，船东和验船部门确认，船舶建造过程中必须交验的项目。

**12.175  船用产品检验**  inspection of products for marine service
验船机构为确保船用产品符合船舶规范和标准的要求而对其所作的技术监督检验。这种检验包括产品设计图纸和技术文件审查,产品制造过程中的检验,产品试制鉴定及其他鉴定等。检验合格后发给船用产品证书。

**12.176 船台标杆线** vertical template for hull assembly
从船体横剖面图上取得基线的高度数据后,再移绘在船台标杆上的高度标记线。

**12.177 船体密性试验** tightness test for hull
检查船体接缝是否存在泄漏、渗漏等的试验。根据规定,船体不同的部位分别采用冲水、灌水、水压、油压、淋水、气密、煤油、油雾等试验法。

**12.178 冲水试验** hose test
在一定的距离内,以一定压力的水柱射向船体的接缝、舷窗、舱盖、水密门等的接合部位,以检查其有无渗漏的试验。

**12.179 灌水试验** water filling test
灌水至规定高度并保持一定时间以检查船舱水密性的试验。

**12.180 水压试验** hydrostatic test
用水对船体、锅炉、压力容器、管件(管干、管路部件和配件等)作密封性或强度检验以及对管道安装时接头作密封性检验的试验。

**12.181 油压试验** oil test
用油对船体、锅炉、压力容器、管件(管干、管路部件和配件等)作密封性或强度检验以及对管道安装时接头作密封性检验的试验。

**12.182 淋水试验** water pouring test
将水淋在被试接缝上,在另一面检查有无渗漏的试验。

**12.183 气密试验** airtight test
以压缩空气充入舱内或容器内并保持规定的压力和时间,用涂肥皂水或测定压力下降的方法,以检查其有无漏气的试验。

**12.184 煤油试验** kerosine test
在船体结构焊缝上涂以煤油,利用煤油的渗透作用检查其是否有裂纹的试验。

**12.185 油雾试验** oil fog test
以煤油和压缩空气通过喷雾装置喷射出具有一定压力的油雾,利用油雾的渗透作用以检查船体结构和焊缝是否有裂纹的试验。

**12.186 锚投落试验** drop test for anchor
将锚从规定的高度垂直投落在已捣固并铺有钢板的地面上以鉴定其铸造质量是否合格的试验。

**12.187 锚拉力试验** tension test for anchor, proof load test for anchor
在拉力试验机上,按规定的要求,检查锚整体强度的试验。

**12.188 锚链拉力试验** tension test for chain cable, proof load test for chain cable
按规定的要求在专用拉力试验机上进行的试验。

**12.189 锚链拉断试验** breaking test for chain cable
对锚链及其零件的试样施加拉力,以测定其拉断负荷的试验。

**12.190 抛锚试验** anchoring trial
按照规定,在一定深度的水域内,通过抛锚和起锚,检查锚机及其刹车和锚链、止链器等的可靠性和锚设备效用的试验。

**12.191 人力应急起锚试验** manual emergency anchoring test
考核人力操作应急起锚装置效用的试验。

**12.192 操舵试验** steering test
船舶在规定状态下,使舵在规定的角度内转动,以检查操舵装置及其控制系统和舵效是否正常的试验。

**12.193 人力应急操舵试验** manual emergency steering test

检查在危急情况下,以人力操舵时的轻便性和可靠性的试验。

**12.194 救生艇抛落试验** drop test for lifeboat

对全封闭式救生艇所作的依靠其自重从艇滑架上自动抛入水中的试验。

**12.195 救生艇起落试验** lowering and lifting test for lifeboat

按规定要求检查安装在船上的救生艇,能否在载有额定人数和全部属具的情况下安全而迅速地降落和吊起的试验。旨在检查整个吊艇装置的强度和可靠性。

**12.196 救生艇架强度试验** proof test for lifeboat davit

用规定的试验荷重检查救生艇架变形损坏状况的试验。

**12.197 救生设备到位检查** general inspection of lifesaving appliance

对救生设备的布置、安装、数量和种类是否符合规定要求的检查。

**12.198 起货设备吊重试验** load test for cargo handling gear

按规定的负荷综合检查吊杆装置和起重机的结构强度、布置情况和工作可靠性的试验。

**12.199 舷梯强度试验** proof test for accommodation ladder

舷梯装船后,将试验重量施加在其上以检查其强度、各旋转部分的灵活性以及上下平台有无裂缝和变形的试验。

**12.200 引航员梯试验** proof test for pilot ladder

检验引航员专用舷梯及其附属设备的配备和设置是否符合设计要求的试验。

**12.201 轴支架投落试验** drop test for shaft bracket

为检验轴支架铸件的质量是否符合要求而作的下落试验。

**12.202 系泊设备试验** mooring arrangement test

检查带缆桩、缆索、绞盘及绞缆机械等系泊设备位置、完好程度和使用实效的各种试验的统称。

**12.203 拖曳设备试验** towing equipment test

检查拖曳设备拖带能力的试验。

**12.204 应急疏水试验** emergency draining test

为检查疏水系统的开关、泵阀、吹除系统等的可靠性和灵活性而进行的试验。

**12.205 消防系统效用试验** proof test for fire-extinguishing systems

按规定的内容检查各种消防系统效用的试验。

**12.206 艉轴管水压试验** hydraulic test of stern tube sleeve

为保证艉轴管加工后本身的水密性或压入船体后为检查其法兰和螺帽处的紧密性而作的水压试验。

**12.207 轴套水压试验** hydraulic test of tailshaft sleeve

为检查加工后的铜质艉轴轴套有否渗漏而按规定压力进行的水压试验。

**12.208 轴套油压试验** oil test of tailshaft sleeve

为检验分段热套于轴上的艉轴铜质轴套接头的水密性而按规定压力进行的油压试验。

**12.209 系泊试验** mooring trial

船舶在系泊状态下,对轮机、电气、船舶设备等按规定要求而作的一系列试验的统称。

**12.210 航行试验** sea trial
船舶在航行状态下,对船体、轮机、电气及其他设备按规定要求而作的一系列试验的统称。

**12.211 倾斜试验** inclining test
测定空船重量和重心坐标的试验。

**12.212 航速试验** speed trial
测定船舶在不同的吃水、不同的主机转速下的航速及相应的主机功率和燃料耗量的试验。

**12.213 倒车试验** astern trial
检测船舶的倒退性能及倒退时主机运转情况的试验。

**12.214 低速舵效试验** rudder effectiveness test in low speed
用以确定舵对船舶起操纵作用所必需的船舶最低航速的试验。

**12.215 发电机组负载试验** load test for generator set
为检查船舶发电机及其原动机的组装质量和发电机组的负载性能而在各种工况下进行一小时超载 10% 试验。

**12.216 发电机组并联运行试验** parallel operation test for generator set
将需要长时间并联工作的发电机加以组合,并按规定的各种并车操作方法使之一起运行,以测出各发电机的电压、电流、频率、功率和功率因数等数据的试验。

**12.217 坞修** docking repair
在船坞内对水线以下船体结构、推进装置以及浮于水面时不能施工的其他构件或设备所进行的修理工作。

**12.218 进坞** docking
将浮于水面的船舶引入船坞内,进行排水坐墩的作业。

**12.219 出坞** undocking
将坞内坐墩的船舶浮于水面,并引出坞外的作业。

**12.220 上排** up to patent slip
使船舶沿倾斜的纵向或横向滑道牵引上升而露出水面的作业。

**12.221 勘验** prerepairing inspection
船舶修理前,为核定船方提出的修理项目与相应的技术措施而进行的检验。

**12.222 摆墩** blocking arrangement
根据进坞图或型线图以及前次进坞记录而决定坞墩的位置、数量和高度并使坞墩定位的作业。

**12.223 坞内找正** alignment in dock
船坞排水过程中,随时调整使船舶按要求的位置落墩的过程。

**12.224 船底望光** light measure with eye for the bottom deforming
根据船底基线两端某两点的连线利用光线望通的办法,测量龙骨线各点相对于此连线的垂向差,判定船底龙骨局部变形的方法。

**12.225 水下维修** underwater maintenance
在水下对船体水下部分及附属装置进行的维护和修理。主要作业有:水下检查、清洗、涂装、焊接、切割、更换与维修等。

**12.226 水下黏合** underwater adhesion
封补水下破损船体的特殊工艺。通常使用水下化学黏合剂。

**12.227 轴套黏接** shaft liner bonding
用黏合剂将轴套固定在螺旋桨轴上的工艺操作。

**12.228 螺旋桨轴配键** matching key on propeller shaft

螺旋桨轴与螺旋桨锥面间连接按键槽尺寸进行配对加工与拂配工作的操作过程。

**12.229 螺旋桨螺距矫正** check of propeller pitch

螺旋桨螺距测量与对不符合要求的螺距进行修正的工作。

**12.230 螺距规** propeller pitch gauge

测量螺旋桨螺距的工具。

**12.231 螺旋桨校平衡** propeller balance test

对螺旋桨进行静平衡试验与校正。

**12.232 螺旋桨锥孔研配** scraping of propeller boss

螺旋桨锥孔经刮削或磨削至与其轴的锥体达到良好接触配合的操作过程。

**12.233 高压水清洗** hydroblasting

利用高压喷射水流的冲击作用去除船体表面的污垢、旧涂层、锈层以及水溶性的腐蚀产物等的清理方法。

**12.234 机械除锈** mechanical rust removal

由人工持电动或风动工具进行除锈的方法。

**12.235 喷砂除锈** sand blasting

用压缩空气喷射砂粒除锈的方法。

**12.236 湿喷砂除锈** wet sand blasting

将水和砂混合为喷砂工质的喷砂除锈方法。

**12.237 喷丸除锈** shot peening

利用压缩空气向钢材表面喷射铁丸以去除氧化皮和铁锈的除锈方法。

**12.238 船体外板测厚** thickness measurement of hull plates

测量船体外板厚度的工作。

**12.239 喷涂** spray painting

利用喷枪等喷射工具把涂料雾化后,喷射在被涂工件上的涂装方法。

**12.240 滚涂** roll painting

用滚筒蘸上涂料,在工件表面滚动,使涂料覆盖于工件表面的涂装方法。

**12.241 高压无气喷涂** airless spraying

采用高压泵使涂料增压到高压,然后经喷嘴小孔喷出,而将涂料涂于工件表面的涂装方法。

**12.242 喷浆法** mortar jetting method

将砂浆通过喷枪装置,喷射成型的抹浆方法。

**12.243 洗舱** washing

对船舱进行冲刷、清理的作业。

**12.244 测爆** gas-free inspection

为证明空载油舱已清除可燃气体,符合进入非油船港区或允许进行热加工作业的条件,以维护港区和船舶安全所进行的可燃气体的检测工作。

**12.245 船舶改装** ship conversion

为改变船舶用途和性能,按现行规范要求对船舶的船体、设备、系统、结构等的改装。

**12.246 曲轴修正** reconditioning of crankshaft

修正曲轴曲柄销与主轴颈间的平行度及轴颈圆度和圆柱度的工艺操作。

**12.247 轴模** shaft grinding segment

修正曲轴时,用来检查与修正曲轴颈圆度和圆柱度的工具。

**12.248 曲轴就地加工** crankshaft reconditioning in situs

在机舱内原地加工曲轴曲柄销以消除其缺陷的操作过程。

**12.249 轴承刮削** scraping of bearing

为保证各轴承中心线的直线度或使轴承与轴颈有良好的配合,用手工刮削方法对轴承表面进行修正的工艺操作。

**12.250 吊缸** lift out piston
气缸盖取下吊出活塞,对活塞、活塞杆、气缸套等进行检查,测量的操作过程。

**12.251 主轴颈下沉量** deflection of main journal
主机运行后,因主轴承磨损而造成的主轴颈相对原始安装位置的下移值。

**12.252 桥规** bridge gauge
测量主轴颈下沉量的桥式工具。

**12.253 曲轴臂距差测量** measuring of crank deflection
用曲轴量表对曲轴回转一周时曲柄臂间距离变化值的测量。

**12.254 曲轴量表** dial gauge for measuring of crank spread
测量曲轴臂距差的专用量表。

**12.255 机座找平** levelling of engine bed
用调整基座上垫块,以校正机座上平面的工艺操作。

**12.256 机架定位** positioning of engine frame
按机架中心线应与曲轴中心线垂直相交,气缸中心线在曲臂档居中的要求,调整并确定机架相对于机座位置的工艺操作。

**12.257 气缸体定位** positioning of cylinder block
按气缸中心线应与曲轴中心线垂直相交的要求,调整并确定气缸体相对于机架位置的工艺操作。

**12.258 导板定位** positioning of crosshead guide
按十字头式柴油机活塞在气缸中运动轨迹应接近气缸中心线并使活塞与气缸间有一定间隙的要求,调整导板相对于机架位置的工艺操作。

**12.259 运动件校中** centering of moving parts
柴油机运动部件安装时,力求活塞运动轨迹接近气缸中心线,并使活塞与气缸套间保持一定间隙的调整工作。

**12.260 找止点** setting of top dead center
又称"找死点"。测定某缸活塞于上止点时曲轴飞轮相对于某固定件上定位点的位置的工艺操作。

**12.261 止点规** dead center gauge
根据某活塞在上止点的位置,按曲轴或凸轮轴上某一点相对固定件上定位点制作的定距专用量规。

**12.262 校气缸余隙** check of play between piston and cylinder cover
又称"校存气"。通过变更有关零件的尺寸,调整活塞顶部与气缸盖间隙的工艺操作。

**12.263 校正时** timing
又称"校定时"。对喷油提前角、进气相位角、排气相位角或起动空气供气相位角等进行调整和测定的工艺操作。

**12.264 校气阀间隙** check of the tappet clearance
调整气阀和摇臂间间隙的工艺操作。

**12.265 阀面研磨** valve lapping
为保证阀与阀座间的密封性而对接触面的研磨。

**12.266 冲车** blowing
用压缩空气起动的柴油机,为去除积存在柴油机活塞顶上的油、水和杂质,在起动前打开示功阀,将操纵装置安放在起动位置,使压缩空气转动柴油机数转的工艺操作。

**12.267 锅炉底座定位** positioning of boiler stool
调整锅炉底座在船体基座上位置的工艺操

作。

**12.268 锅筒定位** positioning of drum
下锅筒的底座在船体基座上位置的确定与上锅筒按下锅筒进行位置确定的工艺操作。

**12.269 炉墙砌筑** furnace brickwork
在炉膛内敷设耐火材料的工艺操作。

**12.270 锅炉绝热层包扎** lagging of boiler
对锅炉本体外露部分用绝热材料、铁皮等包裹与紧固的工艺操作。

**12.271 锅炉水压试验** hydraulic test of boiler
锅炉装配后以压力水所进行的强度与密封性的试验。

**12.272 锅炉燃烧器试验** boiler burner test
对锅炉喷油器的喷油、燃烧性能等的综合试验。

**12.273 煮炉** boiling out
将一定浓度的碱性溶液在锅炉中加热使之沸腾,以除去油脂等杂物的操作过程。

**12.274 安全阀调整试验** safety valve operation test
调整检查安全阀的开启和关闭的压力范围的试验。

**12.275 炉胆顶圆** sag correction of boiler furnace
用与炉胆波形相吻合的专用模具对烧塌变形的火管锅炉炉胆进行修复还原的工艺。

**12.276 炉胆焊装** welding outfiting of boiler furnace
在变形量未超过规定值的炉胆上或在已经顶圆的炉胆上焊装加强圈的工艺。

**12.277 燃烧室板壁矫正** aligning of boiler furnace wall
用千斤顶、压排或其他设备对加热至一定温度的火管锅炉燃烧室管板、背板等局部变形处进行矫正的工艺。

**12.278 锅炉管孔堵焊** boiler tube plug welding
在锅炉修理或改装时,将闷头焊装在不用的管孔内的工艺。

**12.279 扫炉** boiler clearing
对锅炉受热面外部的烟垢进行清扫的操作。

**12.280 洗炉** washing boiler
清除锅炉内部水垢、泥渣、积盐的操作。

**12.281 测向仪自差校正** correction of direction finder deviation
用人工方法进行测向仪自差的测定与修正。

**12.282 套合** shrinking on
又称"红套"。轴与轴套间实现过盈配合的工艺操作。

**12.283 热喷涂** thermal spraying
将熔融状态的喷涂材料,通过高速气流使其雾化喷射在零件表面上,形成喷涂层的金属表面加工方法。

**12.284 电刷镀** electrochemical machining
用电化学方法,高速地在导体局部表面镀上一层金属的加工方法。

**12.285 镀铬修复** chromium plating repair
利用电化学方法将金属铬沉积于被磨损机件工作面的尺寸补偿修理方法。

**12.286 镀铁修复** iron plating repair
利用电化学方法将电解铁沉积于被磨损机件工作面的尺寸补偿修理方法。

**12.287 镶套** bushing
对具有相对运动的耦合件的磨损部分加镶外套或内套的尺寸补偿修理方法。

**12.288 光车** machining
消除因磨损或其他原因产生的缺陷,将部件

表面车圆的加工方法。

**12.289 金属扣合** tie insert
用金属块或金属键修复裂纹的方法。

**12.290 拆船** shipbreaking
将废旧的船舶进行解体,分解成钢板、废钢材、有色金属材料以及可利用的船用设备、仪器仪表等物资的工业生产活动。

**12.291 轻吨** light displacement ton, LDT
指废船不包括非金属固定压载在内的空船重量。以长吨为其计量单位,一长吨等于1.016t。

**12.292 全洗舱** full gas-free
油船所有的货油舱、油泵舱、隔离舱均经清洗排净积油、油渣,除去可燃性气体,达到施工人员可以进入,可进行作业的安全标准,并具有《可燃气体清除证书》。

**12.293 半洗舱** partial gas-free
油船的货油舱、油泵舱、隔离舱经不完全清洗,舱壁上基本无油污,舱底尚留残油,仅满足人员入内的要求,而不能达到热加工作业标准,无《可燃气体清除证书》。

**12.294 船体结构钢** hull-structural steel
适用于建造和修理船体的结构钢。

**12.295 一般强度船体结构钢** normal strength hull-structural steel
屈服点大于或等于 235MPa、低于 315MPa的船体结构钢。

**12.296 高强度船体结构钢** high strength hull-structural steel
屈服点大于或等于 315MPa 的船体结构钢。

**12.297 船体结构钢韧性等级** toughness grade of hull-structural steel
将某一强度级别的船体结构钢按冲击韧性水平划分的等级。

**12.298 球扁钢** bulb flat, bulb steel
横截面--端带有近似圆形凸起的扁钢。

**12.299 焊接锚链钢** steel for welded chain cables
焊接性良好,用于制造焊接锚链的圆钢。

**12.300 耐压壳体钢板** steel plate for pressure shell
具有较高强度、良好韧性和焊接性,用于制造潜水器和潜艇耐压壳体的钢板。

**12.301 耐海水不锈钢** seawater corrosion-resisting stainless steel
在海水中具有较高化学稳定性的不锈钢。通常比一般不锈钢含有更高的 Cr、Ni 或其他合金元素,或有更高的纯度,以提高在海水中耐氯离子局部腐蚀的能力。

**12.302 耐海洋大气结构钢** marine atmosphere corrosion-resisting structural steel
在海洋大气中具有较高化学稳定性的结构钢,通常含有 Ni、Cr、P、Cu 等合金元素。

**12.303 低磁钢** low-magnetic steel, non-magnetic steel
以 Mn、Cr、Ni、N、C 为主要合金元素,其组织为奥氏体,磁导率很低的钢。相对磁导率一般在 2 以下。

**12.304 船体结构用铸钢** cast steel for hull-structural
焊接性良好,用于铸造艉、艉柱等船体结构件的铸钢。

**12.305 船体结构用锻钢** forged steel for hull-structural
用于锻造船体结构件的钢。分为焊接构件(如艉轴架)和非焊接构件(如舵轴)两类,对前者要求焊接性良好。

**12.306 船舶机械用锻钢** forged steel for

ship machinery parts

用于锻造船舶机械零件或构件的钢。

**12.307 船舶机械用铸钢** cast steel for ship machinery parts

用于铸造船舶机械零件或构件的钢。

**12.308 船舶轴系用钢** steel for ship shafting

用于制造船舶动力系统主轴系的钢。

**12.309 铸造锚链钢** steel for cast chain cables

达到一定强度要求,适于铸造锚链的钢。

**12.310 船用铝合金** marine aluminium alloy

适用于建造船舶的铝合金。

**12.311 船用铜合金** marine copper alloy

适用于制造船舶零、部件的铜合金。

**12.312 螺旋桨用铸造铜合金** cast copper alloy for propeller

适用于铸造船舶螺旋桨的铜合金。如高强度黄铜、高锰铝青铜等。

**12.313 船用钛合金** marine titanium alloy

适用于制造船舶结构及零、部件的钛合金。如钛—铝系合金。

**12.314 牺牲阳极材料** sacrificial anode material

腐蚀电位较负,靠增加自身的腐蚀速率为被保护金属提供阴极保护的阳极材料。如锌合金、铝合金、镁合金。

**12.315 辅助阳极材料** auxiliary anode material

外加电流阴极保护系统中,与被保护金属构成回路的电极材料。一般在工作状态下腐蚀很少或基本上不腐蚀。

**12.316 船用焊条** shipbuilding electrode

用于建造船舶的电弧焊焊条。

**12.317 船用焊丝** welding wire for shipbuilding

用于船舶建造的焊接填充金属或同时作为导电用的金属丝。如埋弧焊丝、气体保护焊丝等。

**12.318 船用焊剂** flux for shipbuilding

用于建造船舶,焊接时能够熔化形成对熔化金属起保护和冶金处理作用的熔渣和气体的颗粒状物质。如熔炼焊剂、烧结焊剂、黏结焊剂等。

**12.319 船舶涂料** marine paint

用于船舶及海洋工程结构物各部位,满足防止海水、海洋大气腐蚀和海洋生物附着及其他特殊要求的涂料的统称。

**12.320 防锈涂料** anti-corrosion paint

具有防止金属腐蚀性能的涂料。

**12.321 防污涂料** anti-fouling paint

具有防止海洋生物附着性能的涂料。

**12.322 船底涂料** ship bottom paint

涂于船舶轻载水线以下部位,具有防止海水腐蚀和海洋生物附着等性能的涂料。

**12.323 船底防锈涂料** ship bottom anticorrosive paint

涂于船壳轻载水线以下部位,具有防止海水浸蚀性能的涂料。

**12.324 船底防污涂料** ship bottom antifouling paint

涂于船底防锈涂膜表面,能防止海洋生物附着的涂料。

**12.325 木船防污涂料** anti-fouling paint for wooden boat

涂于木船水下部位,能杀死或驱除船蛆等海洋生物的涂料。

**12.326 自抛光防污涂料** self polishing copolymer antifouling paint

以有机金属共聚物为基料配制成的在航行中具有自行抛光特性的船底防污涂料。

**12.327 水线涂料** boottopping paint
涂于船壳轻、重载水线之间部位,具有耐干湿交替腐蚀等性能的涂料。

**12.328 船壳涂料** topside paint
涂于船壳外板重载水线以上部位,具有耐曝晒、耐海洋大气腐蚀等性能的涂料。

**12.329 甲板涂料** deck paint
涂于船舶甲板部位,具有耐磨、耐擦洗、耐曝晒等性能的涂料。

**12.330 甲板防滑涂料** antiskid deck paint, antislip deck paint
具有防滑作用的甲板涂料。

**12.331 饮水舱涂料** potable water tank paint
涂于船舶饮水舱柜内表面,具有防腐性能并保证食用水质的涂料。

**12.332 机舱涂料** engine compartment paint
涂于机舱内表面,具有耐水、耐油等性能的涂料。

**12.333 油舱涂料** oil tank paint
涂于船舶油舱内表面,具有耐油、防锈等性能且不影响油质的涂料。

**12.334 阳极屏蔽层涂料** anode shield paint
涂于外加电流阴极保护系统的辅助阳极周围,具有良好的绝缘性、附着力和耐碱性能的涂料。

**12.335 声呐导流罩涂料** sonar dome paint
涂于声呐导流罩表面,具有良好的透声、防止海洋生物污染等性能的涂料。

**12.336 水下施工涂料** underwater brushable paint
能在水中进行涂装并固化的涂料。

**12.337 围裙材料** hovercraft skirt material
用于制作气垫船围裙,具有适宜的拉伸、剥离和黏附强度及耐拍打性能的材料。主要指橡胶涂敷织物。

**12.338 固体浮力材料** solid buoyancy material
密度比水小,能提供一定浮力的固体材料。

**12.339 非金属阻尼材料** nonmetallic damping material
能将吸收的振动能转变为热能或其他形式的能量,使振动幅值减小的非金属材料。

**12.340 水声反声材料** underwater acoustic reflection material
特性声阻抗与水的特性声阻抗失配,在水中能使入射的声波大部分反射的材料。

**12.341 水声吸声材料** underwater acoustic absorption material
特性声阻抗与水的特性声阻抗相匹配,在水中能使入射的声波极少反射,而将声能大部分转变成其他形式能量的材料。

**12.342 水声透声材料** underwater acoustic transmission material
特性声阻抗与水的特性声阻抗相匹配,对声能损耗很小,在水中能使入射的声波绝大部分透过的材料。

**12.343 水下胶黏剂** underwater adhesive
可在水中施工,快速固化的胶黏剂。

**12.344 酚醛桦木层压板** phenolic birch laminate
由酚醛树脂和桦木板片经热压而成的、具有耐磨、耐水等特性的材料。可用于制作艉轴轴承。

**12.345 甲板敷料** deck covering
敷设于船舶甲板上,具有隔热、降噪、防锈、防滑等性能的覆盖材料。

**12.346 船用隔热材料** marine thermal insulation material

具有隔热、憎水、防潮等性能的不燃或阻燃材料。如玻璃棉、岩棉、陶瓷棉和阻燃的泡沫塑料等制品。常用于船舶舱壁、天花板、门、管道等部位。

**12.347 船用胶合板** marine plywood

以酚醛树脂为胶黏剂制成的高强度、耐海水性的层合板。

**12.348 船用防火板** marine fire proof panel

具有防火隔热和一定强度性能的不燃性板材。如船用硅酸钙板等。

# 13．海洋油气开发工程设施与设备

**13.001 海洋油气开发设施** offshore unit

从事海底油气资源开发活动的移动式、固定式平台及各类生产储油船等的统称。

**13.002 海洋平台** platform, offshore unit

用于海上油气资源勘探、开发的移动式、固定式平台等统称。由上部结构、设施与设备、支承结构等组成。

**13.003 钻井平台** drilling platform, drilling unit

进行钻井作业的平台。

**13.004 井口平台** wellhead platform

进行简单油气采集的平台。

**13.005 生产平台** production platform

进行油气采集、分离及初步处理的平台。

**13.006 储油平台** oil storage platform

为生产平台所生产的原油提供短期储存的具有一定储量的平台。

**13.007 输油平台** transfer platform

供停靠穿梭油船并将原油输送到船上运走的固定式平台。

**13.008 生活平台** accommodation platform

为人员提供起居及生活设施的平台。

**13.009 动力平台** power platform

为各类海上平台提供动力的平台。

**13.010 火炬平台** flare platform

将油气处理过程中分离出的少量天然气引至火炬塔顶放空燃烧的专用平台。

**13.011 固定式平台** fixed platform

用桩将结构固定于海底或依靠自身的重量坐落于海底的平台。

**13.012 桩基平台** pile-supported platform

用桩作为支承结构的平台。

**13.013 导管架平台** jacket platform

以导管架及桩作为支承结构的平台。

**13.014 基盘式平台** template platform

导管架与水下基盘连成一体的平台。

**13.015 重力式平台** gravity platform

依靠自身的重量,坐于海底进行作业的平台。

**13.016 混凝土重力式平台** concrete gravity platform

由钢筋混凝土为主要材料建造的,具有钻、采、储油等多种功能的大型平台。

**13.017 修井平台** workover platform

对海上油井施行井下作业使油井恢复或增加产量的平台。

**13.018 移动式平台** mobile unit, mobile platform

能重复实现就位、起浮、移航等操作以改变作业地点的平台。

**13.019 移动式钻井平台** mobile drilling unit, mobile drilling platform
进行钻井作业的移动式平台。

**13.020 坐底式钻井平台** submersible drilling unit, submersible drilling platform
坐落于海底时钻井,起浮后可拖航至另一地点作业的移动式钻井平台。

**13.021 自升式钻井平台** jack-up drilling unit, jack-up drilling platform
可以进行升降,作业时桩腿插入海底一定深度,上部结构距海面一定高度;移航时桩腿升起,上部结构浮于水面时可拖航至另一作业点的移动式钻井平台。

**13.022 沉垫自升式钻井平台** mat jack-up drilling unit, mat jack-up drilling platform
在诸桩腿的下端连接有一个大面积公共沉垫的自升式钻井平台。

**13.023 桩靴自升式钻井平台** footing jack-up drilling unit, footing jack-up drilling platform
每一桩腿的下端设一面积较大的箱体以增大海底支承面积的自升式钻井平台。

**13.024 悬臂自升式钻井平台** cantilever jack-up drilling unit, cantilever jack-up drilling platform
井架及钻台安装在悬臂结构上,且能沿轨道滑移到平台甲板以外一定距离进行钻井的自升式钻井平台。

**13.025 半潜式钻井平台** semi-submersible drilling unit, semi-submersible drilling platform
具有潜没在水下的浮体(下体或沉箱)并由立柱连接浮体和上部甲板,作业时处于漂浮状态的钻井平台。

**13.026 顺应式结构** compliant structure
利用拉索、张力腿、万向接头等构件,对结构物在外载荷作用下产生的六个自由度的运动加以限制与约束,使之不易倾斜,并能吸收风浪向其作用的载荷的能量以满足定位与运动要求的平台。

**13.027 张力腿平台** tension leg platform, TLP
由几组钢管或钢缆张力构件垂直系结于海底锚碇重块以实现定位的顺应式结构的平台。

**13.028 拉索塔** guyed tower
以塔型桁架及桩作为支承结构,同时采用多根系泊钢索从塔型桁架四周拉住以保证风浪中稳定性的深水顺应式结构。

**13.029 铰接柱** articulated column, articulated tower
又称"铰接塔"。将塔柱用铰接接头连接到海底重力基础或桩基上,在近水面处设有浮力舱或浮筒的管结构或桁架结构。

**13.030 钻井船** drilling ship
设有钻井设备,能在系泊定位或动力定位状态下进行海上钻井作业的船。

**13.031 中心系泊定位钻井船** center moored drilling ship, turret moored drilling ship
将定位用系泊索系到船体中央的转筒下方,船体可绕转筒旋转的系泊定位钻井船。

**13.032 散射系泊定位钻井船** spread moored drilling ship
依靠船体四周呈辐射状分布的多根系泊索进行定位的钻井船。

**13.033 动力定位钻井船** dynamic positioning drilling ship

依靠自动控制的动力定位装置使船体保持所需位置以进行钻井作业的船。

**13.034　钻井驳　drilling barge**

设有钻井设备,一般在浅水域进行钻井作业的驳船。

**13.035　储油船　oil storage tanker**

为生产平台所生产的原油提供短期储存的具有一定储量的油船。

**13.036　浮式生产储油装置　floating production storage unit, FPSU**

以船或驳船作为支承结构,具有油气处理及原油储存功能的浮式装置。

**13.037　生产储油船　production storage tanker**

用作油气处理及原油储存的船。

**13.038　生产测试船　production test ship**

进行海上石油早期生产及延长测试的船。

**13.039　穿梭油船　shuttle tanker**

在海上生产油田和岸边终端站或炼油厂之间作定期往返的油船。

**13.040　下水驳　launching barge**

设有滑道等专用设备,将坐落在滑道上的导管架滑移到水中的驳船。

**13.041　守护船　stand-by ship**

设有救助及医疗设备,为钻井平台执行看守、值班及协助抛锚、起锚等作业的辅助船。

**13.042　固井船　well cementing ship**

设有固井用设备,装有足够水泥及淡水等,为钻井作业进行固井的船。

**13.043　修井驳　workover barge**

设有修井用各种设备的小型驳船。

**13.044　钻井供应船　drilling tender**

为钻井平台供应物资等及偶尔提供人员居

住舱室的船。

**13.045　载管驳　pipe barge**

为铺管船运载及供应钢管的驳船。

**13.046　铺管船　pipelaying vessel**

专用于铺设海底管道的船。

**13.047　铺管驳　pipelaying barge**

在近海、内河、沼泽等水域进行管道铺设、架接等作业的驳船。

**13.048　卷筒铺管驳　reel barge**

将卷绕在大直径卷筒上的钢管从船上铺设到海底的驳船。

**13.049　埋管驳　pipe-burying barge**

借助于船载埋管机完成埋管作业的驳船。

**13.050　三用拖船　tug, anchor-handling and supply vessel**

对钻井平台进行拖曳、协助就位、起抛锚作业以及器材、物资等补给、人员交通的船。

**13.051　人工岛　artificial island**

在浅海区域采用沉箱结构、泥沙吹填等方法建成的岛式油气生产基地。

**13.052　固定式生产系统　fixed production system**

以固定结构支承海上油气开采和处理的油气生产系统。

**13.053　浮式生产系统　floating production system, FPS**

以浮式平台、生产储油船等支承海上油气处理装置的生产系统。

**13.054　浮式生产储卸油装置　floating production storage offloading, FPSO**

具有油气处理、储卸油装置的浮式生产系统。

**13.055　浮式储卸油装置　floating storage offloading unit**

仅作为储卸,而不具备处理设备的浮式生产系统。

**13.056 顺应式生产系统** compliant production system

以顺应式结构支承海上油气处理装置的生产系统。

**13.057 水下生产系统** subsea production system

由水下井口等整套水下生产设备及海底管道组成的海上油气生产系统。

**13.058 早期生产系统** early production system, EPS

利用已有的少数勘探井、试油井和较简易的或在短期改装完成的采油设施先行生产或结合进行延长测试,以期进一步探明油气储量以及早期取得经济效益的海上油气生产系统。

**13.059 单井石油生产系统** single well oil production system, SWOPS

采用水下井口及动力定位生产储油船进行海上石油早期生产与延长测试的海上石油生产测试系统。

**13.060 集输系统** gathering system

将各油井的井液加以汇集并输送给油气处理装置的系统。

**13.061 储油系统** oil storage system

为海上石油生产系统所产原油提供缓冲储存的系统。

**13.062 自由漂浮状态** free floating condition

海洋工程结构物依靠浮力无约束地漂浮于水面的状态。

**13.063 系泊状态** moored condition

海洋工程结构物在系泊方式的约束下漂浮于水面的状态。

**13.064 锚泊状态** anchored condition

海洋工程结构物在锚泊系统的约束下漂浮于水面的状态。

**13.065 移航状态** transit condition

海洋工程结构物借助于自航、拖航、装运等方式从一个地点转移到另一个地点的状态。

**13.066 拖航状态** towing condition

海洋工程结构物在自由漂浮状态下被拖带,从一个地点转移到另一个地点的状态。

**13.067 坐底状态** supported on the seabed condition

坐底式、重力式平台等坐落于海底后的状态。包括坐底作业和生存状态。

**13.068 作业状态** operating condition

海洋工程结构物在作业现场进行正常作业的状态

**13.069 生存状态** survival condition

海洋工程结构物在风暴环境中承受与生存环境条件相应载荷的状态。

**13.070 安装状态** installing condition

海洋工程结构物在安装地点处于海上安装作业的状态。

**13.071 试验状态** test condition

海洋工程结构物与设施在建造完成后进行试验时的状态。

**13.072 升降状态** jacking condition

自升式平台在就位或撤离井位时,经历桩腿升或降、上部结构升或降等一系列操作时的状态。

**13.073 插拔桩状态** spud driving and pulling condition

自升式平台就位或撤离时,桩插入泥土或拔出泥土时的状态。

**13.074 移航吃水** mobile draft

海洋工程结构物从一个地点转移到另一个地点时的吃水。

**13.075 作业吃水** operating draft
海洋工程结构物在作业现场进行正常作业时的吃水。

**13.076 生存吃水** survival draft
海洋工程结构物在风暴环境中承受与生存环境条件相应载荷时的吃水。

**13.077 移航排水量** mobile displacement
移航状态时,海洋工程结构物所排开水的重量。

**13.078 作业排水量** operating displacement
作业状态时,海洋工程结构物所排开水的重量。

**13.079 生存排水量** survival displacement
生存状态时,海洋工程结构物所排开水的重量。

**13.080 冲桩** washing out pile
喷冲装置用大量海水对桩腿或沉垫下面的土壤进行喷冲,以消除土壤对结构物的吸附力的操作。

**13.081 预压状态** preloading condition
自升式平台就位或坐底式、重力式平台坐落海底时,用海水压载的方法对地基进行预压的状态。

**13.082 沉浮状态** ascending and descending condition
坐底式、重力式平台就位或撤离时,平台处于自由漂浮状态和坐底状态相互转变过程中的状态。

**13.083 环境资料** environmental data
包括水文、气象、地质、地震、海洋生物等实测资料、可靠的观测资料或统计结果。

**13.084 自然环境条件** natural environmental condition
海洋工程结构物在运输、安装及使用期间可能遇到的风、浪、流等条件。

**13.085 环境参数** environmental parameters
与各种环境现象有关的参数。

**13.086 环境设计衡准** environmental design criteria
在确定海洋工程结构物的设计环境条件时,对环境参数的重现期及环境载荷的组合等所持的原则和标准。

**13.087 设计环境条件** design environmental conditions
作业环境条件与生存环境条件的总称。

**13.088 作业环境条件** operating environmental conditions
能使海洋工程结构物安全作业的一组环境参数的上限值。

**13.089 生存环境条件** survival environmental conditions
对海洋工程结构物产生最不利影响的环境条件的组合及一组环境参数的上限值。

**13.090 安装环境条件** installing environmental conditions
海洋工程结构在海上安装作业期间能实现安全作业的一组环境参数上限值。

**13.091 重现期** recurrence period
再次出现比给定的波高、风速、流速等更为严重的情况所需的概率平均年数。

**13.092 作业水深** operating water depth
海洋工程结构物作业时所能达到的水深或水深范围。

**13.093 设计水深** design water depth
作为设计要求提出的海洋工程结构物的作业水深或作业水深范围。

**13.094 水面高程** water level elevation
海洋工程结构物所处地点受潮位等影响而出现的水位。

**13.095 特征潮位** characteristic tide level
海洋工程中常用的极端高潮位等具有代表意义的潮位。

**13.096 飞溅区** splash zone
海洋工程结构物在潮汐和波浪作用下干湿交替的区间。

**13.097 海底冲刷** seafloor scour
海洋工程结构接触海底处,土壤受波浪、海流冲击作用而发生运移的现象。

**13.098 淘空** scouring
海洋工程结构接触海底处,由于海水冲刷而造成该区域空隙的现象。

**13.099 环境载荷** environmental load
由风、浪、流等自然环境条件引起的载荷。

**13.100 作业载荷** operating load
海洋工程结构物在使用期间所受到的除环境载荷以外的其他载荷。

**13.101 固定载荷** dead load
在某一操作状态下,海洋工程结构物自身重量等恒定不变的载荷。

**13.102 可变载荷** variable load, live load
在某一操作状态下缓慢地变化其位置及大小的载荷。

**13.103 动载荷** dynamic load
对海洋工程结构物有显著动力影响的载荷。

**13.104 变形载荷** deformation load
结构变形引起的载荷。

**13.105 甲板设计载荷** design deck load
各种状态下甲板各部位最大均布载荷和集中载荷的设计值。

**13.106 风载荷** wind load
风作用在海洋工程结构物上所产生的载荷。

**13.107 波浪载荷** wave load
波浪作用在海洋工程结构物上所产生的载荷。

**13.108 海流载荷** current load
海流作用在海洋工程结构物上所产生的载荷。

**13.109 冰载荷** ice load
冰作用在海洋工程结构物上所产生的载荷。

**13.110 地震载荷** earthquake load
地震引起海洋工程结构物基础及水质点运动所产生的载荷。

**13.111 上部结构** topside, superstructure
海洋平台及各类生产储油船甲板以上结构、设备等的统称。

**13.112 下体** lower hull
又称"下船体"。半潜式平台位于立柱下端的连续浮体。

**13.113 沉垫** mat
把各个桩腿或各个立柱的底端连接起来的整体水密箱形结构。

**13.114 沉箱** caisson
半潜式平台每个立柱下端所连接的独立浮体。

**13.115 桩腿** spud leg
支持在海底并利用升降装置升降平台上部结构的筒式或桁架式结构。

**13.116 桩靴** footing
自升式平台每个桩腿下端独立的桩端结构。

**13.117 立柱** column
在半潜式平台或坐底式平台上连接上部结构和下体或沉垫的柱形结构。

**13.118  撑杆  bracing**
将主要构件组成一个空间构架的管状或其他形状的连接构件。

**13.119  抗滑桩  spud for antislip**
为保证平台坐底后,在风、浪、流等外载荷作用下不偏离井位而设置的插入土中的抗滑结构物。

**13.120  管结点  tubular joint**
钢质桁架撑杆圆管与弦杆圆管焊接的结合点而形成的结点。

**13.121  弦杆  chord**
桁架结构中的主要构件。通常指连续的大直径主管。

**13.122  裙板  skirt plate**
自升式、坐底式和重力式平台的桩靴、沉垫和底板周围设置的插入土中的围板。

**13.123  导管架  jacket**
由中空的腿柱(导管)和连接腿柱的纵横杆系所构成的空间桁架。

**13.124  导管架腿柱  jacket leg**
导管架的钢管柱,亦是桩的导向结构。用以承受并传递整个平台的水平的载荷。

**13.125  井口基盘  template**
固定于海底,用以保护预钻井口,引导平台就位以及保证井口正确回接的钢质构架。

**13.126  下水桁架  launching truss**
为保证导管架水平放置,下水滑行时能足以承受滑道反力,在其滑行方向上设置的节间细密的桁架。

**13.127  模块  module**
整个系统的设备和设施按工艺布置要求组装在钢构架内,整体运输和吊装的集装块。

**13.128  撬装块  skid**
设备和管系组装在公共底盘上,整体运输和吊装的集装块。

**13.129  防沉板  mudmat**
为保证导管架在打桩前稳定地坐在海底泥面上而设置在导管架底部的垫板。

**13.130  隔水套管  conductor tube**
底部固定在海底而将钻杆等与海水隔离的护管。

**13.131  隔水套管构架  conductor frame**
为隔水套管提供侧向支承并沿平台高度方向分层布置的水平构件。

**13.132  水下设备  subsea equipment**
海上钻井装置各种水下作业设施的统称。

**13.133  运动补偿设备  motion compensation equipment**
在漂浮状态下进行作业的海洋工程结构物为克服风、浪、流等外力作用所引起的运动,保证钻井设备正常使用而设置的补偿装置。

**13.134  钻柱运动补偿器  drill string compensator, DSC**
消除海洋工程结构物在漂浮作业状态下由于垂荡运动对钻柱工作的影响并使钻头对井底的压力保持不变的装置。

**13.135  水平运动补偿器  horizontal displacement compensator**
为消除浮式海洋工程结构物水平漂荡运动对水下设备的影响而设置的运动补偿设备。

**13.136  隔水管张力器  riser tensioners**
浮式海洋工程结构物为保证隔水管的正常工作而设置的能补偿波浪中的垂荡运动并使隔水管保持受到某一恒张力的装置。

**13.137  导向索  guideline**
供起、下隔水管、防喷器或水下设备用的导向钢索。

**13.138  导向索张力器  guideline tensioners**

安置在导向索水面一端,保证导向索始终处于合适的张紧状态的装置。

**13.139　伸缩接头**　telescopic joint
将隔水管上部设计成具有内、外筒体且可以相互伸缩以实现垂荡补偿的接头。

**13.140　胶管张力器**　pod line tensioners
使含有许多液压控制管线的胶管处于受某一恒张力状态的张紧装置。

**13.141　升降装置**　jacking system
设置在自升式平台桩腿和平台主桁交接处而能使桩腿和平台作相对升降运动的机械装置。

**13.142　楔块装置**　wedge system
为使桩腿和平台体相互紧密固定而在其间隙内置入楔块的机械装置。

**13.143　举升能力**　jacking capacity
利用平台升降机构能安全地将上部结构举升至设计要求高度的能力。

**13.144　峰隙**　air gap, wave clearance
设计波浪的波峰与上部结构底部之间的最小空隙。

**13.145　桩基**　pile foundation
依靠桩把作用在平台上的各种载荷传到地基的基础结构。

**13.146　桩贯入深度**　pile penetration
桩沉入土中的深度。

**13.147　海床地基承载力**　bearing capacity of seabed
海床地基单位面积上所能承受的载荷。

**13.148　侧向承载桩**　laterally load pile
承受与其轴线垂直的侧向载荷作用的桩。

**13.149　P-Y曲线**　*P-Y* curve
表示桩土体系的侧向位移与反作用力特性的曲线。

**13.150　T-Z曲线**　*T-Z* curve
表示桩土体系的垂向位移与摩擦阻力特性的曲线。

**13.151　P-B曲线**　*P-B* curve
表示桩土体系的垂向位移与端承力特性的曲线。

**13.152　群桩效应**　pile group effect
密集的桩所造成的对水动力性能的影响或桩土体系间的相互影响。

**13.153　抗倾稳定性**　stability against overturning
海洋工程结构物抵抗外力矩倾覆作用的能力。

**13.154　坐底稳定性**　sit-on-bottom stability
平台坐底状态下抗倾覆和抗滑移的能力。

**13.155　抗滑稳定性**　stability against sliding
海洋工程结构物抵抗水平力作用所造成滑移的能力。

**13.156　地基整体稳定性**　ground general stability
海洋工程结构物的地基在整体上抵抗倾覆和滑移的能力。

**13.157　在位分析**　in place analysis
对平台使用期间,承受作业载荷和环境载荷作用下的结构所作的受力分析。

**13.158　上驳分析**　load out analysis
对导管架、模块等结构物从制造场地装上运载驳船过程中的结构受力所作的分析。

**13.159　运输分析**　transportation analysis
对导管架、模块等结构物装在船上进行运输过程中的结构受力所作的分析。

**13.160　下水分析**　launching analysis
对导管架自运载驳船下水过程中的运动轨迹和结构受力所作的分析。

**13.161 扶正分析** uprighting analysis
对导管架下水后,在扶正就位过程中的运动轨迹和结构受力所作的分析。

**13.162 导管架上驳** jacket loadout
导管架在陆地上建造完工后,从陆地移到驳船上的过程。

**13.163 导管架下水** jacket launching
将导管架从驳船上卸到海中的过程。

**13.164 导管架就位** handling and securing after upending procedure
导管架下水并扶正后,将其安装到井位的过程。

**13.165 吊装分析** lifting analysis
对吊装过程中的结构所作的受力分析。

**13.166 拖航分析** towing analysis
对海洋工程结构物拖航过程中的运动和结构受力所作的分析。

**13.167 单点系泊** single point mooring, SPM
允许系泊船舶随着风、浪、流作用方向的变化而绕单个系泊点自由回转的系泊方式。

**13.168 单点系泊装置** single point mooring unit
既可输送油气等又可系留船舶,并具有单点系泊特性的系泊装置。

**13.169 固定式单点系泊装置** fixed single point mooring unit
以固定式结构支持的单点系泊装置。

**13.170 浮式单点系泊装置** floating single point mooring unit
以浮式结构支持的单点系泊装置。

**13.171 桩式系泊塔** piled mooring tower
用桩固定于海底的塔状固定式单点系泊装置。

**13.172 重力式系泊塔** gravity mooring tower
用重力基础固定于海底的塔状固定式单点系泊装置。

**13.173 悬链锚腿系泊装置** catenary anchor leg mooring, CALM
以若干根呈辐射状布置的锚链将一浮筒系至固定于海底的锚或桩上的单点系泊装置。

**13.174 单锚腿系泊装置** single anchor leg mooring, SALM
以单根锚腿与固定于海底的基础相连接的单点系泊装置。

**13.175 单锚腿储油装置** single anchor leg storage, SALS
以设有水下浮力舱的空间构架作为刚性系泊轭架,将储油船连结在单锚腿系泊装置上,供海上储油的单点系泊装置。

**13.176 单浮筒储油装置** single buoy storage, SBS
以刚性轭架将储油船连接在悬链锚腿系泊装置上,供在海上储油的单点系泊装置。

**13.177 刚臂式单锚腿系泊装置** single anchor leg mooring with rigid arm, SALMRA
以刚性轭架与系泊船舶相连接的单锚腿系泊装置。

**13.178 轭架式单锚腿系泊装置** yoke tower single anchor leg mooring
以一刚性轭架与浮筒顶部相铰接的单锚腿系泊装置。

**13.179 立管转塔式系泊装置** riser turret mooring
由立管、悬链和转塔结构组成的单点系泊装置。

**13.180 铰接立管转塔式系泊装置** articulated riser turret mooring

立管顶端与系泊船舶之间铰接一刚性轭架,立管底端连接着一组悬链的立管转塔式系泊装置。

**13.181 浮筒转塔式系泊装置** buoyant turret mooring, BTM

转塔结构位于船体内部,支承悬链的系泊浮筒位于转塔底部的转塔与悬链锚腿系泊相组合的单点系泊装置。

**13.182 轭架** yoke

在单点系泊装置的转台与系泊船舶之间起连接作用,并能传递两者之间所有力和力矩的具有铰接端部的刚性构架。

**13.183 转台** turntable

可让系泊在单点系泊装置上的船舶按风标特性旋转的装置。

**13.184 万向架** gimbal table

以适应系泊船舶纵摇、横摇、纵荡运动等的类似于万向接头的机械装置。

**13.185 锚腿** anchor leg

单点系泊装置的上部浮体与海底基础固定点之间的连接构件。

**13.186 系泊旋转接头** mooring swivel

在单点系泊装置中,可绕竖轴转动的部件与相对静止部件之间能传递系泊载荷的旋转连接装置。

**13.187 流体输送旋转接头** fluid product swivel

单点系泊装置中流体管系的动与静部分的连接装置。它能在旋转和固定部件之间过渡,保证有一定压力的流体无泄漏地连续输送。

**13.188 快速解脱接头** quick connect/disconnect coupler, QCDC

在紧急情况下可让系泊船舶迅速从单点系泊装置上脱开,当要恢复连接时又可迅速回接的装置。

**13.189 配重块** clump weight

在浮式单点系泊中,为使悬链线获得所要求的曲线形状而在悬链线上配挂的重块。

**13.190 回转区域半径** turning circle radius, swing circle radius

系泊船舶处于最低潮位时在作业系缆载荷作用下,与单点系泊装置的回转中心之间的距离。

**13.191 回转区域** turning circle, swing circle

系泊船舶绕着系泊点按回转区域半径回转时所扫过的海上区域。

**13.192 操纵区域** maneuvering area

为确保船舶进行靠离单点系泊装置时的操纵安全,根据所在海区情况确定的围绕单点系泊装置有一最小半径要求的海上区域。

**13.193 作业系泊载荷** operating mooring load

在作业环境条件下,单点系泊装置系有其设计系泊的最大船舶时,作用于单点系泊浮筒和基础的载荷。

**13.194 作业系缆载荷** operating hawser load

在作业环境条件下,单点系泊装置系有其设计系泊的最大船舶时,系缆上所受的最大载荷。

**13.195 作业锚泊载荷** operating anchor load

在作业环境条件下,单点系泊装置系有其设计系泊的最大船舶时,在负荷最大的锚腿中的最大载荷。

**13.196 定位系统** positioning system

能使偏离预定位置的海上浮体回复到原位,

并保持在预定位置上的系统。

**13.197　动力定位**　dynamic positioning

借助动力以自动保持海上浮体预定位置的定位方式。

**13.198　位置检测系统**　position detecting system

用于检测海上浮式海洋工程结构物在外力作用下发生偏移的系统。

**13.199　推力器系统**　thruster system

动力定位系统中的推力器按照控制指令发出推力来抵消干扰力作用的系统。

**13.200　锚泊定位**　anchor moored positioning

用锚及锚链、锚缆将船或浮式结构物系留于海上,限制外力引起的漂移,使其保持在预定位置上的定位方式。

**13.201　散射锚泊系统**　spread anchoring system

用散布于四周并固定于海底的多根锚链、锚缆共同将浮式海洋工程结构物系留于海上并保持在预定位置上的锚泊系统。

**13.202　多浮筒系泊系统**　multi-buoy mooring system

以多个系泊浮筒共同将浮式海洋工程结构物系留于海上并保持在预定位置上的系泊系统。

**13.203　定位能力**　stationkeeping ability

借助于定位系统将浮式海洋工程结构物保持在海上停泊地的能力。

**13.204　监控圈**　watch circle

动力定位的浮式海洋工程结构物在海上进行钻井作业时将其水平位移控制在一定范围内的以钻孔中心为圆心的圆圈。

**13.205　海底管道系统**　submarine pipeline system

用于输送石油、天然气及其他流体产品的海底管道工程设施的所组成的系统。

**13.206　海底管道**　submarine pipeline

海底管道系统中,于最大潮汐期间处于水面以下的管道。

**13.207　立管**　riser

连接海底管道与海洋工程结构物上生产设备之间的管道。

**13.208　外立管**　external riser

为提供有效掩蔽而直接受到风、浪、流、冰等外载荷作用的立管。

**13.209　内立管**　internal riser

受到有效掩蔽保护,能防止风、浪、流、冰等外载荷作用的立管。

**13.210　膨胀弯管**　expansion loop

能够吸收海底管道膨胀或收缩的弯管。

**13.211　管道接岸段**　pipeline shore-approach

位于接岸潮差带的管段。

**13.212　保温管道**　hot oil line

用于输送已被加热的重质黏性原油或燃料油的具有保温功能的管道。

**13.213　双层管**　double tube

能够保持输送介质温度,且结构为两层钢管的管道。

**13.214　出油管道**　flowline

水下采油系统中,用于输送直接从井口产出的原油(气)的管道。

**13.215　集输管道**　gathering line

水下采油系统中,专门用来把油从各油井和油罐集输到管汇中心的出油管道。

**13.216　埋设管道**　buried pipeline

埋设在海底泥面以下的海底管道。

**13.217　裸置管道**　unburied pipeline

放置于海底或悬跨于其上而不埋入海底泥面以下的海底管道。

**13.218　约束管道　restrained line**
受到固定支座或管子与土壤间摩擦力的约束,轴向不能自由膨胀或收缩的管道。

**13.219　非约束管道　unrestrained line**
轴向约束力可忽略的管道。

**13.220　水下管汇　subsea manifold**
水下多根管道交汇的组合体。

**13.221　水下管汇中心　subsea manifold center**
水下采油系统的集输站

**13.222　管道末端管汇　pipeline end manifold**
装于海底管道端部,经短管与输油软管相连通的管汇。

**13.223　集输中心　gathering center**
多个生产平台或水下井口的出油管道的集结点。

**13.224　立管管卡　riser clamp**
用螺栓将立管紧固在平台导管架腿柱上的卡箍。

**13.225　立管支撑件　riser support**
将立管固定在平台上的构件。

**13.226　清管器　pig**
借助于本身动力或在油、气流推动下,在管腔内运动,用于清洁管壁及监测管道内部状况的工具。

**13.227　扫线清管器　cleaning pig**
用于清扫海底管道在施工或生产过程中残留在其内部的剩余物等的清管器。

**13.228　定径清管器　gauging pig**
用于检查施工或作业中管道内径是否符合要求的清管器。

**13.229　检测清管器　instrument pig**
用于检测和记录管子内壁的任何不规则变化和破损情况的清管器。

**13.230　清管器收发装置　pig traps**
连接在海底管道系统上的能发送和回收清管器的装置。

**13.231　管道封头　cap**
铺设海底管道时,焊于第一根管子端部的圆盖形钢制封头。

**13.232　止屈器　buckle arrestor**
为防止屈曲沿管道长度方向的传播,在管道上安装的局部加强件。

**13.233　水击压力　surge pressure**
由管道内部流体流速的突变引起的流体对管壁的局部冲击压力。

**13.234　引发压力　initiation pressure**
能够导致海底管道管壁上已存在的局部屈曲或凹陷进一步扩展的外部压力。

**13.235　传播压力　propagation pressure**
管道屈曲扩展已经产生后,继续维持屈曲在管道中传播的外部压力。

**13.236　悬空段长度　suspended length**
管道中无支承管段的长度。

**13.237　埋设深度　laying depth**
管道埋置在海底泥面以下的深度。

**13.238　铺管参数　pipelaying parameters**
铺管过程中控制管道应力和变形的基本参数。

**13.239　管道标志　pipeline identification**
用浮标等浮具显示管道所处位置的标记。

**13.240　管段连接　tie-in**
海底管道管段之间或海底管道与立管之间在海上的对接连接。

**13.241 拖管法** tow method

将管子组装焊接成管段,然后由拖管船或其他牵引设备把管段拖到海上预定的位置再进行连接的施工方法。

**13.242 底拖法** bottom tow method

管段一直着落海底被拖至预定位置的拖管法。

**13.243 近底拖法** off-bottom tow method

管段在接近海底面的一定高度上被拖至预定位置的拖管法。

**13.244 定深拖法** below-surface tow method

管段沿水下一定深度被拖至预定位置的拖管法。

**13.245 水面拖法** surface tow method

管段漂浮于水面被拖至预定位置的拖管法。

**13.246 铺管船法** pipelaying vessel metbod

用铺管船铺设海底管道的方法。

**13.247 张紧器** tensioner

为了减少管道铺设时的弯曲应力,在铺管滑道处设置的能使管子处于拉伸状态的机械夹紧装置。

**13.248 托管架** stinger

安装在铺管船尾部用以支撑焊好的管子并逐步把管子下放至海底的刚性或铰接的斜架。

**13.249 J型管** J-tube

为铺设立管而预先在平台上安装的直径大于立管的J型导管。

**13.250 喷射挖沟埋管法** jetting method

用喷射高压水或气把泥沙从管道下部冲开,形成沟槽,然后利用海流和波浪运动将泥砂回填的施工方法。

**13.251 液化埋管法** fluidization method

将大量的水强注到管子周围的土壤中,并利用埋管机的振动使土壤液化,减少土壤密度而使管子沉入砂土中的施工方法。

**13.252 机械开沟法** mechanical cutting method

利用机械设备对海床进行开沟的施工方法。

**13.253 开沟犁法** plowing method

由工程船拖带海底开沟犁,将海底犁出管沟的施工方法。

**13.254 拖管头** pulling head

拖管法铺设海底管道时,用于牵引管道的专用件。

**13.255 弃管** pipe abandon

因海洋气候的突变等原因,暂停正在施工中的铺管作业,而将管子弃放海底的作业过程。

**13.256 收管** pipe retrieval

利用弃管时留下的标志,对弃放在海床上的管道进行回收的作业。

# 英 文 索 引

## A

altitude difference method 08.132

amidships-engined ship 01.130

amphibious warfare ships and crafts 01.020

analytic inertial navigation system 08.112

anchor 05.189

anchor ball 05.363

anchor bed 05.237

anchor buoy 05.244

anchor cable 05.212

anchor capstan 06.509

anchor chain 05.214

anchor chain diameter 05.215

anchor davit 05.241

anchor drop and snub test 04.295

anchored condition 13.064

anchor fluke 05.202

anchor-handling and supply vessel 13.050

anchor hawser 05.213

anchor head 05.203

anchor holding power 05.209

anchoring equipment 05.185

anchoring trial 12.190

anchor leg 13.185

anchor light 07.162

anchor line guide spud 09.117

anchor moored positioning 13.200

anchor mouth 05.239

anchor penetration 05.208

anchor pile 05.196

anchor rack 05.240

anchor recess 05.238

anchor rope for deep sea 09.128

anchor shackle 05.204

anchor shank .05.201

anchor stock 05.200

anchor stopper 05.232

angle of attack 05.206

angle of heel 03.005

angle of list 03.005

angle of maximum righting lever 03.052

angle of trim 03.007

angle of vanishing stability 03.051

anode oxidation 11.072

anode shield 11.053

anode shield paint 12.334

anodization 11.072

antenna 08.180

antenna tuner 08.188

anti-collision light 07.155

anti-corrosion 11.040

anti-corrosion paint 12.320

anti-fouling 11.080

anti-fouling paint 12.321

anti-fouling paint for wooden boat 12.325

anti-fouling with electrolyzing sea water 11.081

anti-icing system 06.216

anti-impact gear 12.101

anti-roll pump 06.317

anti-singing edge 03.194

antiskid deck paint 12.330

antislip deck paint 12.330

apparent advance coefficient 03.202

appendage resistance 03.097

appendages 02.102

approach speed on testing 03.287

aqueous film forming foam 06.469

arctic vessel 01.096

area of rudder 05.040

ARPA 08.071

articulated column 13.029

articulated riser turret mooring 13.180

articulated tower 13.029

artificial hand 08.241

artificial island 13.051

ascending and descending condition 13.082

aspect ratio of rudder 05.041

assembly frame 12.172

assembly jig 12.125

astern casing 06.184

astern condition 06.236

astern gas turbine 06.205

astern maneuverability .03.283

astern moving blade 06.188

astern nozzle 06.186

astern parts 06.169

astern rating 06.226

astern servomotor 06.189

astern trial 12.213

astern valve 06.182

astronomical position 08.128

astro tracker 08.096

asymmetrical voltage 08.245

asymptotical stability 03.273

atmosphere condenser 06.413

audible and visible signal equipment 05.340

audible and visual alarm 07.110

audible presentation 08.164

auto-alarm 08.199

autolongline machine 09.260

automatic alarm for main engine and auxiliary engine 07.112

automatic control system for marine electric power plant 07.188

automatic direction finder 08.042

automatic frequency and load adjustment system for generating set 07.190

automatic light mixture over board installation 09.106

automatic mooring winch 06.512

automatic parallel operation system for generating set 07.189

automatic power plant with microprocessor 07.193

automatic radar plotting aids 08.071

automatic radiotelegraph keying device 08.198

automatic share of reactive power 07.192

automatic shut-down device 06.242

automatic starting installation for electrical motor driven auxiliaries 07.191

autopilot  08.091

auxiliary air bottle  06.436

auxiliary anode  11.052

auxiliary anode material  12.315

auxiliary diesel engine  06.299

auxiliary feed system  06.095

auxiliary gas turbine  06.300

auxiliary gas turbine set  06.101

auxiliary hook load  09.007

auxiliary seating  04.167

auxiliary ship  01.026

auxiliary steam system  06.079

auxiliary steam turbine  06.298

auxiliary steam turbine set  06.073

auxiliary steering gear  05.005

auxiliary turbine exhaust steam feed
    heating  06.077

awning  05.381

awning curtain  05.382

awning rope  05.384

axial vibration of shafting  06.278

# B

back cavitation  03.239

backing propeller test  03.451

back of blade  03.153

back-up breaker  07.074

backward swinging gangway
    09.231

bait service tank  09.244

balanced hatchcover  05.133

balanced rudder  05.011

bale cargo capacity  02.244

ballast  02.235

ballasting system  09.214

ballast pump  06.321

ballast water tank  02.088

ball joint  09.093

band plate  04.260

bare hull  02.100

barge  01.067

barge carrier  01.065

barge warping winch  09.053

bar keel  04.052

barred-speed range  06.229

base line  02.108, 08.055

base plane  02.105

basic section  12.122

basin with x-y plot carriage  03.385

bathyscaphe  09.172

batten cleat  05.122

battery charging and discharging panel
    07.072

battery room  02.044

beam  04.111

beam gate  12.069

beam knee  04.119

beam sea  03.358

bearing capacity of seabed  13.147

bearing force  04.286

bearing span  06.280

Becker rudder  05.032

bed with drawers  05.398

behind ship test of propeller  03.449

bell  05.362

below-surface tow method  13.244

benthic trawling gear  09.127

benthic trawl winch  09.139

berth  12.001

berth assembly  12.126

berth bogie  12.007

bilge  02.166

bilge and ballast general service pump
    06.323

bilge and ballast pump  06.322

bilge block  12.014

bilge bracket  04.084

bilge keel  04.057

bilge keel damping  03.331

bilge pump  06.320

bilge radius  02.168

bilge strake  04.056

bilge suction non-return valve
    06.486

bilge water  10.017

bilge water tank  02.094

bilge well  04.085

bipod mast  05.178

black water  10.019

blade  03.147

blade area ratio  03.188

blade element  03.195

blade end  03.168

blade frequency  04.287

blade reference line  03.155

blade root  03.163

blade section  03.189

blade thickness on axial line  03.165

blade thickness ratio  03.166

blade tip  03.167

blade tip clearance  03.170

blade tip thickness  03.169

bleed steam system  06.082

block  12.011, 12.123

blockage correction  03.432

blockage effect  03.431

blockage ratio  03.430

block coefficient  02.181

blocking arrangement  12.222

block load  12.078

block method of hull construction
    12.128

block with sand box  12.015

blowing  12.266

blow-off system  06.219

boarding ladder  05.319

boat  01.003

boat carriage  12.031

boat chock  05.304

boat davit  05.301

boat deck  02.019

boat deck light  07.168

boat embarkation light  07.168

boat fall  05.306

boat handing gear  05.300

boat rope 05.305

boat winch 06.529

bobbin winch 09.263

body lines 02.154

boiler bearer 04.168

boiler blow-out system 06.096

boiler burner test 12.272

boiler clearing 12.279

boiler feed pump 06.342

boiler foundation 04.168

boiler fuel oil daily tank 06.126

boiler fuel oil heater 06.407

boiler fuel oil system 06.087

boiler room 02.036

boiler room casing 04.192

boiler tube plug welding 12.278

boiler water forced circulating pump
06.345

boiling out 12.273

bollard 05.252

bollard pull 03.208

bond 07.011

Bonjean's curves 03.018

boom outreach 05.149

boom topping 05.175

boom topping angle 05.150

boottopping corrosion 11.011

boottopping paint 12.327

boss 03.143

bottom 12.060

bottom crawling vehicle 09.166

bottom frame 04.081

bottom grillage 04.008

bottom longitudinal 04.072

bottom mounted sonar 08.149

bottom plating 04.055

bottom section modulus 04.248

bottom side tank 02.009

bottom tow method 13.242

bow anchor 05.190

bow door 05.137

bow position winch 09.114

bow rudder 05.010

bow sea 03.359

bow sheave assembly 09.022

bow transom plate 04.172

box clearance 02.132

bracing 13.118

bracket 04.027

bracket connection 04.044

bracket floor 04.078

brailling machine 09.265

braked speed 06.154

brake test 06.110

branch cable 12.171

branch line conveyer 09.238

branch line winder 09.254

breadth depth ratio 02.190

breadth draft ratio 02.191

breaking test for chain cable 12.189

breakwater 04.135

breather valve 06.489

bridge 04.186

bridge deck 02.018

bridge gauge 12.252

bridge remote control 07.175

broaching 03.345

broadband emission 08.213

broadband interference 08.218

BTM 13.181

bucket 09.065

bucket arrangement 09.067

bucket chain 09.069

bucket chain tightening device
09.066

bucket ladder 09.076

bucket ladder gantry 09.077

bucket ladder hoisting gear 09.078

bucket roller 09.073

bucket tower 09.068

bucket wheel 09.045

buckle arrestor 13.232

building berth 12.001

built-up pillar 04.125

bulb flat 12.298

bulbous bow 02.214

bulbous stern 02.219

bulb section 02.220

bulb steel 12.298

bulb-type rudder 05.015

bulk cargo ship 01.048

bulk carrier 01.048

bulkhead 04.136

bulkhead deck 04.102

bulkhead framing 04.159

bulkhead grillage 04.009

bulkhead plate 04.158

bulkhead recess 04.157

bulkhead stiffener 04.160

bulkhead stool 04.156

bulkhead stuffing box 06.269

bulkhead valve 06.488

bulwark 04.060

bulwark ladder 05.378

bumper 09.148

bunched cables 07.040

bunched flame retardant cable
07.041

buoyage winch 09.141

buoyancy 03.001

buoyancy curve 04.227

buoyancy force 03.011

buoyancy regulating system 09.217

buoyant lifeline 05.296

buoyant rescue quoit 05.337

buoyant smoke signal 05.329

buoyant turret mooring 13.181

buoy for repairing 12.084

buoy tender 01.074

burbling cavitation 03.242

buried pipeline 13.216

bushing 12.287

buttocks 02.153

by-pass governing 06.173

by-pass valve 06.183

# C

cabin 02.063

cabin fan 06.362

cabin hardware 05.403

cabin nameplate 05.414

cabin outfit 05.402

cabin unit 05.395

cable buoy 09.018

cable burying machine 09.016

cable cutter 09.021

cable layer 01.075

cable lifter 06.520

cable releaser 05.234

cable tank 09.013

cage antenna 08.181

cage mast 05.347

caisson 12.065, 13.114

calculated azimuth of celestial body 08.134

calculated water head 04.220

CALM 13.173

camber 02.164

camber curve 02.165

canalled dock 12.055

cant beam 04.117

cant frame 04.094

cantilever jack-up drilling platform 13.024

cantilever jack-up drilling unit 13.024

cap 13.231

capacity curve 02.246

capacity plan 02.247

capsizing moment 03.039

capstan 06.517

captain room 02.064

captive model test 03.463

carbonic acid gas compressor 06.374

cargo capacity 02.242

cargo carrier 01.044

cargo dead weight 02.232

cargo deck 04.104

cargo fall 05.169

cargo hatch 04.129

cargo hatchcover 05.106

cargo hold 02.074

cargo hook gear 05.168

cargo lamp 07.132

cargo lift equipment 05.143

cargo light 07.132

cargo oil control room 02.045

cargo oil pump 06.341

cargo oil tank 02.075

cargo oil valve 06.491

cargo purchase eye 05.159

cargo purchase rigging 05.166

cargo runner 05.169

cargo ship 01.044

Cargo Ship Safety Certificate 01.168

Cargo Ship Safety Construction Certificate 01.165

Cargo Ship Safety Equipment Certificate 01.166

Cargo Ship Safety Radio Certificate 01.167

cargo space 02.074

cargo torsional moment 04.256

cargo winch 06.523

carling 04.122

carpenter's store 02.055

carrying capacity of lifeboat 05.291

cascade tank 06.143

cast copper alloy for propeller 12.312

cast steel for hull-structural 12.304

cast steel for ship machinery parts 12.307

catamaran 01.124

category A noxious liquid substance 10.011

category B noxious liquid substance 10.012

category C noxious liquid substance 10.013

category D noxious liquid substance 10.014

catenary anchor leg mooring 13.173

cathodic protection 11.044

cat tackle 05.242

cattle carrier 01.064

cave for damping 04.292

cavitating propeller 03.233

cavitation 03.238

cavitation bucket 03.251

cavitation criteria 03.252

cavitation erosion 03.264

cavitation number 03.253

cavitation test 03.454

cavitation tunnel 03.381

cavity 03.255

cavity length 03.256

cavity pressure 03.258

cavity thickness 03.257

ceiling light 07.125

celestial fix 08.126

celestial-inertial navigation system 08.142

celestial navigation 08.120

celestial navigation system 08.123

celestial position circle 08.127

celestial theodolite 08.125

cementation 11.065

center girder 04.068

centering of moving parts 12.259

centering of shafting 12.169

center keelson 04.066

center line bulkhead 04.140

center line plane 02.106

center line strip on berth 12.010

center moored drilling ship 13.031

center of buoyancy 03.014

center of floatation 03.015

center of gravity 03.016

center of propeller 03.141

center of rudder pressure 05.036

center of turning circle 03.298

center shafting 06.253

center well 09.157

central cooling water system 06.055

centralized control 07.178

centralized control console of engine room 06.042

CEP 08.033

certerline rudder 05.008

certificate of class 01.150

Certificate of Ship's Nationality 01.176

certified safe type apparatus 07.003

certified safe type equipment 07.003

chain 08.050

chain link 05.223

chain locker 02.038

chain pipe 05.236

chain stopper 05.231

channel ferry 01.098

channel ship 01.098

characteristic curves of propeller 03.210

characteristic tide level 13.095

character of class 01.147

character of classification 01.147

chart room 02.030

chart table 05.397

chart table light 07.129

check of play between piston and cylinder cover 12.262

check of propeller pitch 12.229

check of the tappet clearance 12.264

chemical carrier 01.060

chemical conversion coating 11.068

chemical tanker 01.060

chief engineer room 02.068

chief officer room 02.065

chine line of keel 02.171

chock 05.247

chord 13.121

chromating 11.071

chromium plating repair 12.285

chute 09.101

circular error probability 08.033

circulating lubricating oil tank 02.095

circulating pump 06.353

circulating water channel 03.380

circulating water system 06.085

classification 01.145

classification certificate 01.150

classification society 01.143

classification survey 01.146

class notation 01.148

class of ship 01.142

clean ballast 10.028

clean ballast pump 06.324

clean ballast tank operation manual 10.030

cleaning pig 13.227

cleaning system 06.218

clearance hole 04.041

clear light size 05.086

clear size of opening 05.085

clear-view screen 05.102

cleat 05.388

click 08.210

clip connection 04.046

close-coupled rudder 05.023

closed circuit breathing apparatus 09.205

closed connected bucket chain 09.074

closed cooling water system 06.054

closed feed water system 06.089

closed potential for sacrificial anode 11.057

close loop maneuverability 03.270

cloud cavitation 03.240

clump weight 13.189

clutch test 06.114

coal carrier 01.049

coal hole cover 05.132

coastal escort 01.012

coaster vessel 01.097

coating defect 11.076

cocking up of after body 12.151

cocking up of forebody 12.150

code flag 05.361

coefficient of balance of rudder 05.045

coefficient of effective wave slope 03.370

coefficients of form 02.180

cofferdam 02.016

coincidence type rangefinder 08.092

cold start feed water pump 06.343

cold starting 06.230

collapsible mast 05.348

collision bulkhead 04.146

COLREGS 01.154

column 13.117

combatant ship 01.006

combat ship 01.006

combined air brine ejector 06.399

combined control system for engine and controllable pitch propeller 07.197

combined diesel and gas turbine power plant 06.014

combined framing system 04.013

combined gas turbine and gas turbine power plant 06.015

combined power plant 06.012

combined steam and gas turbine power plant 06.013

combined windlass/mooring winch 06.513

comb type side slipway 12.025

command rate 08.118

command telephone 07.105

commercial ship 01.039

common battery telephone 07.104

common mode voltage 08.245

companion 04.134

companion way 04.134

compartment 02.005

compass 08.072

compass course 08.025

compass deck 02.017

compass heading 08.029

compass north 08.020

compass repeater 08.081

complete cross section 12.123

compliant production system
  13.056

compliant structure 13.026

3-component balance for hydrofoil
  03.409

3-component balance for rudder
  03.419

computer controlled planar motion car-
  riage 03.394

concentrate circulating pump 06.339

concentrate pump 06.338

concrete gravity platform 13.016

concrete ship 01.139

condensate-feed water system
  06.088

condensate pump 06.354

condensate recirculating system
  06.093

condition of peak power 06.211

conditions of discharge 10.022

conducted emission 08.211

conducted interference 08.216

conducted susceptibility 08.224

conductor frame 13.131

conductor tube 13.130

connecting bridge 04.194

connecting link 05.224

connecting traverse 05.174

constant pitch 03.159

constant potential rectifier 11.050

constant tension system 09.211

container hold 02.076

container ship 01.062

continental method of self-propulsion
  test 03.444

continuous member 04.021

continuous service rating 06.153

continuous service test 06.222

contra propeller 03.230

contrarotating propellers 03.224

controllable-pitch propeller 03.223

controlled rectifier 11.050

control of discharge of oil 10.023

control position 07.177

control station 07.177

control system 07.186

conventional submarine 01.024

converging shafting 06.251

cooling water pump 06.355

cooling water system 06.052

correction of direction finder deviation
  12.281

corrosion 11.001

corrosion allowance 11.042

corrosion cell 11.003

corrosion control 11.040

corrosion current 11.006

corrosion depth 11.033

corrosion fatigue 11.021

corrosion potential 11.004

corrosion prevention 11.040

corrosion protection 11.040

corrosion rate 11.032

corrosion resistance 11.031

corrosion test 11.034

corrugated bulkhead 04.142

corrugated hatchcover 05.108

counter flooding 03.077

coupled vibration between hull and lo-
  cal structures 04.278

coupling motion 03.325

course 08.021

course change lag 03.304

course change test 03.469

course changing quality 03.281

course keeping quality 03.280

course keeping test 03.465

covered berth 12.006

COW 10.031

$CO_2$ extinguishment system 06.477

$CO_2$ room 02.051

craft 01.003

crane barge 01.071

crankcase oil mist detector 06.164

crankcase vent pipe 06.069

crankshaft reconditioning in situs
  12.248

crash maneuverability 03.284

crash stopping test 03.472

crevice corrosion 11.025

crew room 02.072

criteria of maneuverability 03.285

criteria of seakeeping qualities
  03.316

criterion of service numeral 03.065

critical cavitation number 03.254

critical Reynolds number for experi-
  ment 03.427

critical speed of shafting 06.274

cross bitt 05.253

cross curves of stability 03.056

cross ring flexible joint 09.063

cross structure 04.196

crow's nest 05.357

crude oil tanker 01.056

crude oil washing 10.031

cruiser 01.009

cruiser stern 02.217

CSC 01.157

CSR 06.153

CTD cable winch 09.147

current efficiency for sacrificial anode
  11.059

current load 13.108

current probe 08.243

current rating for cable 07.047

curtain plate 04.193

curved section 12.119

curve of areas of waterplanes

03.021

curve of declining angle 03.341

curve of dynamical stability 03.053

curve of extinction 03.342

curve of limiting positions of center of gravity 03.060

curve of molded displaced volumes versus draft 03.024

curve of sectional areas 03.019

curve of tons per centimeter of immersion 03.022

cushion area 02.223

cutter 09.047

cutter head platform 09.051

cutter ladder 09.048

cutter ladder gantry 09.049

cutting wheel 09.046

cycloidal propeller 03.232

cycloidal propeller ship 01.120

cylinder oil measuring tank 06.138

cylinder oil service pump 06.360

cylinder oil storage tank 06.139

# D

daily service fresh water pump 06.333

. daily service fuel oil pump 06.350

damage control equipment room 02.057

damaged load 04.214

damaged stability 03.032

data logger 07.187

davit launched type liferaft 05.315

davit span 05.307

daylight signalling light 07.163

D.C. electric propulsion plant 07.082

D. C. two-wire insulated system 07.021

dead center gauge 12.261

deadlight 05.103

dead load 13.101

dead reckoning 08.003

deadrise 02.167

deadweight 02.231

deadweight displacement ratio 02.234

deadweight distribution 04.225

deadweight scale 02.240

deadwood skeg 02.209

dealloying 11.029

Decca 08.045

deck 04.099

deck center line 02.162

deck compression chamber 09.177

deck covering 12.345

deck equipment and fittings 05.369

deck girder 04.120

deck grillage 04.006

deck house 04.188

deck ladder 05.372

deck light 05.100

deck line 02.160

deck longitudinal 04.123

deck outfitting 12.165

deck paint 12.329

deck plate 04.108

deck section modulus 04.247

deck side line 02.161

deck stringer 04.109

deck transverse 04.115

deck water seal 06.453

deck wetness 03.338

decometer 08.059

decompression stage 09.197

deep diving submersible 09.172

deep diving system 09.174

deep draught vessel light 07.165

deepest subdivision loadline 03.073

deep floor 04.183

deep sea anchor winch 09.126

deep sea trawl winch 09.140

deep submersible rescue vehicle 09.173

deep tank 02.014

deep tank bulkhead 04.148

deep tank frame 04.091

deflection of floating dock 12.100

deflection of main journal 12.251

deformation load 13.104

degaussing ship 01.031

degree for protection 11.045

delivered power 03.124

deluge valve installation 06.471

demand factor 07.030

demihull 04.195

demihull spacing 02.133

depressurized tank 03.375

depth at slipway end 12.041

depth of water on way end 12.041

depth temperature meter winch 09.131

derrick boom 05.148

derrick boom for dipper 09.085

derrick heel 05.161

derrick mast 05.180

derrick post 05.153

derrick rest 05.158

derrick rig 05.144

derrick rigging 05.164

design deck load 13.105

designed displacement 02.229

designed draft 02.122

designed waterline 02.158

designed waterline length 02.113

design environmental conditions 13.087

design for corrosion 11.041

design load 04.216

design speed 03.086

design water depth 13.093

destroyer 01.010

detection threshold 08.163

09.096

dredging equipment 09.024

dredging facility 09.025

drift 03.267

drift angle 08.032

driftnet shaker 09.268

drilling barge 13.034

drilling platform 13.003

drilling ship 13.030

drilling tender 13.044

drilling unit 13.003

drill string compensator 13.134

drinking water pump 06.332

drinking water tank 02.092

dripping oil range 05.407

drive on/drive off ship 01.063

driving voltage for sacrificial anode
    11.058

drop 09.101

drop able ballast 09.223

dropable solid ballast 09.219

drop ballast 09.223

drop chisel 09.004

dropping 12.138

drop test 05.211

drop test for anchor 12.186

drop test for lifeboat 12.194

drop test for shaft bracket 12.201

drum 06.531

drum type cable laying machine
    09.014

drycard compass 08.075

dry cargo ship 01.045

dry chamber 09.182

dry dock 12.052

DSC 08.201, 13.134

DSRV 09.173

dual-fuel engine 06.149

duct center girder 04.070

ducted propeller 03.225

dummy model 03.425

dummy propeller boss 03.426

duplicate supply 07.032

dustpan suction tube 09.055

dynamical bending moment 04.236

dynamical heeling angle 03.054

dynamical stability 03.031

dynamical upsetting angle 03.055

dynamic load 13.103

dynamic positioning 13.197

dynamic positioning drilling ship
    13.033

dynamic stability 03.272

dynamic swell-up 03.336

# E

early production system 13.058

earth 07.009

earth coordinate system 08.098

earthing 07.010

earthquake load 13.110

earth rate 08.103

echo depth sounder 08.150

echo sounder room 02.052

eddy making damping 03.329

effective freeboard 03.337

effective power 03.123

effective thrust 03.121

effective wake 03.118

effective wave slope 03.369

effluent concentration 10.025

effluent standard 10.024

electrical drainage protection 11.061

electrical governing 06.172

electrically propelled ship 01.115

electrical vapor compressing distillation
    plant 06.394

electric draft gauge 07.172

electric drive system 07.086

electric emergency engine telegraph
    07.094

electric engine telegraph 07.092

electric fitting 12.156

electric gong 07.113

electrician's store 02.054

electric propeller shaft revolution indi-
    cator 07.100

electric propeller shaft revolution indi-
    cator receiver 07.102

electric propeller shaft revolution indi-
    cator transmitter 07.101

electric propulsion 06.017

electric propulsion ship 01.115

electric rudder angle indicator
    07.097

electric steering gear 07.090

electrochemical corrosion 11.002

electrochemical machining 12.284

electrochemical protection 11.043

electro-hydraulic steering gear
    07.091

electromagnet control gyrocompass

08.079

electromagnetic ambient level
    08.222

electromagnetic compatibility
    08.206

electromagnetic environment
    08.221

electromagnetic interference 08.215

electromagnetic interference measuring
    apparatus 08.239

electromagnetic interference safety ma-
    rgin 08.231

electromagnetic log 08.084

electromagnetic marine proportional
    control valves 06.419

electromagnetic noise 08.207

electromagnetic pulse 08.220

electromagnetic susceptibility 08.223

electromechanical alarm 07.108

electronic alarm 07.109

elliptical stern 02.215

embarkation ladder 05.318

EMC 08.206

emergency bilge suction valve 06.487

emergency cold starting 06.233

emergency cold starting test 06.199

emergency draining test 12.204

emergency electrical power plant 07.053

emergency fire pump 06.328

emergency generator room 02.043

emergency in hot condition test 06.201

emergency light 07.135

emergency position-indicating radio beacon 08.203

emergency source of electrical power 07.052

emergency steering gear 05.006

emergency switchboard 07.063

emergeney ejectioning device 09.220

emergeney shut-down device 06.241

EMISM 08.231

EMP 08.220

enclosed spaces 02.257

end launching 12.140

end shackle 05.228

end slipway 12.019

endurance 03.109

engine compartment paint 12.332

engine control room 02.034

engine cut off test 06.119

engineer's alarm system 07.182

engine room 02.033

engine room arrangement 02.003

engine room automation 07.181

engine room auxiliary machinery 06.297

engine room auxiliary machine set 06.044

engine room casing 04.132

engine room fan 06.363

engine telegraph logger 07.095

engine telegraph repeater 07.096

engine warming steam system 06.081

English method of self-propulsion test 03.445

enlarged link 05.225

entrance 02.200

entry locker 09.180

environmental data 13.083

environmental design criteria 13.086

environmental load 13.099

environmental parameters 13.085

EPIRB 08.203

EPS 13.058

equal altitude circle 08.135

equipment for collision avoidance 08.070

equipment number 05.188

equivalent hull girder 04.239

escape hatch 04.130

escape scuttle 05.097

exciter test 04.296

exciting force 03.333, 04.284

excluded spaces 02.258

excursion vessel 01.043

Exemption Certificate 01.169

exfoliation corrosion 11.030

exhaust steam system 06.080

exhaust unit 06.105

expansion joint 09.094

expansion loop 13.210

expended area 03.184

expended area ratio 03.187

expended outline 03.179

experiment in irregular waves 03.457

experiment in regular waves 03.456

explosion cladding 11.067

explosion-proof ceiling light 07.126

explosion-proof equipment 07.004

exposed berth 12.005

exterior passage way 02.027

external riser 13.208

extinguishant control unit 06.468

extreme breadth 02.118

eye brow 05.105

# F

FAC 01.014, 01.015

face cavitation 03.241

face of blade 03.152

face pitch 03.158

face pitch line 03.156

face plate 04.016

factor of subdivision 03.066

fail-to-safety 07.179

fairlead 05.246

fairlead with horizontal roller 05.249

false bottom 03.390

fan room 02.040

fast attack craft 01.014, 01.015

feathering tread 05.390

feeder panel 07.067

feed water heater 06.409

feed water tank 02.093

feed water treatment 06.084

fender 04.098, 05.392

ferry 01.066

feul consumption test 06.115

fiberglass reinforced plastic ship 01.141

fiber rope 05.262

fibre rope handling gear 06.519

final subcircuit 07.031

fire and general service pump 06.329

fire-control room 02.042

fire damper 06.459

fire door 05.092

firefighting bottle 06.438

firefighting ship 01.091

free surface correction 03.058
freighter 01.044
fresh water cooler 06.402
fresh water expansion tank 06.142
fresh water filter 06.498
fresh water heater 06.405
fresh water hydrophore tank 06.144
fresh water tank 02.091
frictional damping 03.328
frictional resistance 03.090
frigate 01.011

front bulkhead 04.190
Froude-Kryloff hypothesis 03.371
FRP ship 01.141
fuel oil booster pump 06.348
fuel oil burning pump 06.349
fuel oil daily tank 06.124
fuel oil drain system 06.060
fuel oil leakage tank 06.127
fuel oil purifying system 06.059
fuel oil settling tank 06.122
fuel oil supply pump 06.347

fuel oil system 06.057
fuel oil tank 02.084, 06.121
fuel oil transfer pump 06.352
fuel oil transfer system 06.058
full-cavitating propeller 03.234
full gas-free 12.292
full landing area mark 02.096
full load displacement 02.228
full speed astern condition 06.238
full-speed stages 06.171
furnace brickwork 12.269

# G

gallery 12.073
galley filth disposer 05.409
galvanic anode 11.055
galvanic anode protection 11.054
galvanic corrosion 11.015
galvanic series 11.016
gangway light 07.149
gangway port 05.093
gantry 09.229
garboard strake 04.054
gas collector 06.102
gas concentration measurement instrument 07.173
gas engine power plant 06.009
gas-freeing 06.449
gas-free inspection 12.244
gasoline buoyancy system 09.225
gasoline engine power plant 06.004
gas-tight damper 06.460
gas-tight door 05.094
gas turbine electric propulsion plant 07.080
gas turbine module 06.215
gas turbine power plant 06.008
gas turbine ship 01.113
gas warning system 07.124
gate channel for repairing 12.071
gate pier 12.063
gathering center 13.223

gathering line 13.215
gathering system 13.060
gauging pig 13.228
general alarm 07.111
general arrangement 02.001
general cargo ship 01.046
general corrosion 11.022
general inspection of lifesaving appliance 12.197
general purpose ship 01.047
general service pump 06.326
generating line 03.154
generator control panel 07.066
generator-motor system 07.087
geocentric coordinate system 08.099
geocentric latitude 08.006
geodesic 08.015
geographic coordinate system 08.100
geographic latitude 08.005
geographic vertical 08.008
geoid 08.007
geological winch 09.132
geometric inertial navigation system 08.110
gillnet winch-line hauler 09.261
gimbal table 13.184
girder 04.014
gland pump 09.032
glide chute 09.100

glider 01.104
global maritime distress and safety system 08.200
global positioning system 08.067
global vibration 04.272
GMDSS 08.200
goalpost 05.154
gong with a pilot lamp 07.114
gooseneck bracket 05.162
GPS 08.067
grab 09.081
grab machine 09.080
grab stabilizer line 09.082
grade of chain cable 05.219
grain cargo capacity 02.243
grapnel 09.017
gravimeter winch 09.133
gravity collection 06.427
gravity disc 06.391
gravity forced-feed oiling system 06.064
gravity launching 12.142
gravity lubricating oil system 06.063
gravity mooring tower 13.172
gravity oil tank 06.128
gravity platform 13.015
gravity-type davit 05.302
greased slipway 12.026
great circle 08.010

grey water　10.020

grid　02.140, 08.014

grid course　08.023

grid heading　08.028

grid north　08.019

gross tonnage　02.252

ground　07.009

ground general stability　13.156

grounding　07.010

ground tackle　05.187

group starter panel　07.069

guided missile boat　01.014

guideline　13.137

guideline tensioners　13.138

gun boat　01.012

gusset plate　04.034

gutterway　04.039

guy　05.171

guyed tower　13.028

guy eye　05.160

guy post　05.157

guy tackle rigging　05.167

gyrocompass　08.077

gyrocompass alignment　08.107

gyrocompass room　02.046

gyro drift　08.117

gyroscope　08.114

# H

habor generating set　07.057

half angle of entrance　02.203

half beam　04.116

half depth girder　04.071

half-siding　02.172

Hamburg customs light　07.142

hand flare　05.328

handhole cover　05.136

hand-hydraulic steering gear　05.074

handling and securing after upending
　procedure　13.164

harbor craft　01.085

* hard chine　02.166

hard-over angle　05.049

harmful substance　10.007

hatch　04.128

hatch batten　05.119

hatch battening arrangment　05.117

hatch coaming　04.131

hatchcover　05.106

hatchcover controlling gear　05.126

hatchcover driving device　05.128

hatchcover jacking device　05.127

hatchcover winch　06.526

hatch end beam　04.113

hatch side cantilever beam　04.114

hatch side girder　04.121

hatchway　04.128

hatch wedge　05.121

hawse pipe　05.235

hawser　05.258

hazardous areas　07.013

hazardous zone 0　07.014

hazardous zone 1　07.015

hazardous zone 2　07.016

hazards of electromagnetic radiation to
　fuel　08.233

hazards of electromagnetic radiation to
　personnel　08.234

heading　08.026

heading to oblique wave correction
　04.237

headroom　05.176

head sea　03.356

heat balance calculation　06.075

heat balance diagram　06.074

heat balance test　06.111

heat exchanger　06.308

heat fire detector　07.123

heat pipe exchanger　06.416

heaving　03.321

heavy diesel oil transfer pump
　06.351

heavy-duty paint　11.074

heavy-duty rudder　05.032

heavy lift derrick　05.147

heel　03.004

heeling moment　03.037

heel on turning　03.301

helicopter deck　02.022

helicopter deck indicating light
　07.158

helicopter deck surface flood light
　07.161

helium-oxygen diving telephone
　09.200

hemispherical compass　08.076

HERF　08.233

HERP　08.234

high holding power anchor　05.199

high performance craft　01.103

high pressure air bottle　06.434

high pressure air system　09.212

high sea suction valve　06.482

high strength hull-structural steel
　12.296

high velocity projector　06.476

hogging　04.222

hoisting gear for cutter ladder
　09.050

hoisting gear for drag head ladder
　09.059

hoisting height below water level
　09.011

hoisting winch　09.052

hold　02.012

holding efficiency　05.207

hopper diluting installation　09.064

hopper door　09.107

horizon indicating lamp　07.159

horizontal bracket　04.031

horizontal building berth　12.003

horizontal displacement compensator
　13.135

horizontal fish finder　08.155

horizontal flexural vibration　04.274

horizontal girder 04.161

horizontal method of hull construction
12.129

hose test 12.178

hospital ship 01.033

hot oil line 13.212

hot starting 06.231

hot water circulating pump 06.337

hot water tank 06.146

hovercraft 01.105

hovercraft skirt material 12.337

hovering draft 02.131

hovering hull clearance 02.130

hub 03.143

hub cavitation 03.243

hub diameter 03.144

hub diameter ratio 03.145

hub length 03.146

hull 04.001

hull assembly 12.115

hull-borne engine unit 06.039

hull closures 05.083

hull deflection 04.252

hull efficiency 03.128

hull girder vibration 04.271

hull grillage strength 04.204

hull horizontal bending strength
04.251

hull natural frequency 04.280

hull outfitting 12.153

hull painting 12.162

hull-return system 07.018

hull steel fabrication 12.113

hull stiffness 04.253

hull strength 04.198

hull stress measurement 04.264

hull structural stability 04.262

hull-structural steel 12.294

hull structure 04.002

hull structure similar model 04.269

hull torsional vibration 04.277

hull vibration behaviour 04.279

hull vibration damping 04.281

hull vibration logarithmic decrement
04.294

hydraulic test of boiler 12.271

hydraulic test of stern tube sleeve
12.206

hydraulic test of tailshaft sleeve
12.207

hydroblasting 12.233

hydrodynamic force components
03.274

hydrodynamic force derivatives
03.275

hydrofoil craft 01.106

hydrogen compressor 06.373

hydrogen embrittlement 11.020

hydrographical ship 01.076

hydrographic winch 09.130

hydrojet propelled ship 01.121

hydrological davit 09.124

hydro oil storage tank 06.140

hydro oil sump tank 06.141

hydrophone intercommunicator
09.201

hydrosound cable winch 09.144

hydrostatic curve 03.017

hydrostatic release unit 05.333 .

hydrostatic test 12.180

hyperbolic system 08.044

"hysteresis" loop 03.310

# I

IACS 01.144

IBC code 01.158

ice anchor 09.003

ice belt 04.023

icebreaker 01.077

icebreaker bow 02.213

icebreaking ship 01.077

ice driller 09.270

ice-extruding force 04.218

ice hook 09.003

ice jigger 09.271

ice load 13.109

ice model tank 03.383

ice strengthening 04.024

idle curve 06.177

IGC code 01.159

ILLC 01.152

illuminated windsock 07.160

immersed transom beam 02.178

immersed transom draft 02.179

immersion 03.221

immersion ratio 03.222

immersion suit 05.320

immunity to interference 08.226

IMO 01.151

impact 04.208

impingement corrosion 11.018

impressed current cathodic protection
11.049

inboard end chain length 05.221

inclined building berth 12.002

inclined ladder 05.371

inclining test 12.211

increased safety equipment 07.007

increased safety type fluorescent ceiling
light 07.127

inert condition 06.447

inert gas blower 06.369

inert gas distribution system 06.455

inert gas generator 06.452

inert gas scrubber 06.456

inert gas system 06.312

inertial navigation 08.097

inertial navigation system 08.109

inertial-Omega-satellite navigation sys-
tem 08.140

inertial reference frame 08.102

inertial-satellite navigation system
08.139

inertial space 08.101

inerting 06.448

inflatable appliance 05.331

inflatable gasket 05.124

inflatable liferaft 05.314

inhibitor 11.078

in-hull discharge pipeline 09.039

initial alignment 08.105

initial metacentric height 03.048

initial set rudder angle 05.048

initial stability 03.029

initial starting air compressor
06.370

initial turning time 03.303

initiation pressure 13.234

inland navigation vessel 01.099

inland vessel 01.099

inlet and exhaust silencing equipment
06.221

inner bottom longitudinal 04.073

inner bottom plating 04.063

in place analysis 13.157

INS 08.109

inspection of products for marine ser-
vice 12.175

installing condition 13.070

installing environmental conditions
13.090

instantaneous rate of discharge of oil
content 10.026

instrumented tracking and telemetry
ship 01.032

instrument pig 13.229

insubmersibility 03.061

integrated navigation 08.138

intercooled regenerative cycle gas tur-
bine 06.209

inter cooler 06.163

intercostal member 04.022

intergranular corrosion 11.028

interior alleyway 02.026

interior arrangement 02.002

intermediate frame 04.095

intermediate shaft 06.258

intermediate shaft bearing 06.259

internal combustion engine power pl-
ant 06.002

internal riser 13.209

International Association of Classifica-
tion Societies 01.144

International Certificate of Fitness for
the Carriage of Dangerous Chemi-
cals in Bulk 01.175

International Certificate of Fitness for
the Carriage of Liquefied Gases in
Bulk 01.174

International Code for the Construc-
tion and Equipment of Ships Carry-
ing Dangerous Chemicals in Bulk
01.158

International Code for the Construc-
tion and Equipment of Ships Carry-
ing Liquefied Gases in Bulk
01.159

International Convention for Safety
Container 01.157

International Convention for the Pre-
vention of Pollution from Ships
01.156

International Convention for the Safe-
ty of Life at Sea 01.153

International Convention on Load Line

01.152

International Convention on Tonnage
Measurement of Ships 01.155

International Load Line Certificate
01.163

International Maritime Organization
01.151

International Oil Pollution Prevention
Certificate 01.171 ·

International Pollution Prevention Cer-
tificate for the Carriage of Noxious
Liquid Substances in Bulk 01.172

International Regulations for Prevent-
ing Collisions at Sea 01.154

International Sewage Pollution Pre-
vention Certificate 01.173

international shore connection
06.492

International Tonnage Certificate
01.170

inter-system electromagnetic compati-
bility 08.229

intra-system electromagnetic compati-
bility 08.230

intrinsically safe equipment 07.005

inverted-L antenna 08.182

inward turning 03.135

IOPP cert. 01.171

iron plating repair 12.286

iron shot 09.221

irregular wave 03.364

irreversible ballasting system 09.215

island method of hull construction
12.131

items for inspection 12.174

# J

jacket 13.123

jacket launching 13.163

jacket leg 13.124

jacket loadout 13.162

jacket platform 13.013

jacking capacity 13.143

jacking condition 13.072

jacking system 13.141

jack-knife door 05.140

jackpole automatic machine 09.259

jack-up drilling platform 13.021

jack-up drilling unit 13.021

jack-up factor 06.290

Jenckel rudder 05.020

jet dredge pump 09.035

jetting method 13.250

jet water pump 09.033

jet water spout 09.042

jib crane 06.521
jib crane 09.080
jig 12.125

joining section 12.121
joining shackle 05.226
jolly boat 01.090

J-tube 13.249
jumping collar 05.071
jury rudder 05.030

# K

kedge anchor 05.192
keel 04.065
keel block 12.012
keel clearance 02.129
keel line 02.169

kerosine test 12.184
keyless propeller 06.291
kick 03.295
king post 05.156
knife-line attack 11.027

knife-line corrosion 11.027
knock 06.159
knuckle line 02.173
knuckle line of keel 02.171

# L

lagging of boiler 12.270
laminar cavitation 03.244
landing craft 01.022
landing ship 01.021
land tie 12.008
lane 08.056
lane identification 08.057
lane-identification meter 08.058
laser doppler velocimeter 03.407
laser velocimeter 03.407
laterally load pile 13.148
lateral underwater area 03.312
lattice mast 05.347
launching 12.135
launching analysis 13.160
launching appliance 05.299
launching barge 13.040
launching beam 12.035
launching block 12.016
launching cradle 12.029
launching grease 12.034
launching poppet 12.036
launching truss 13.126
launching way 12.018
launch retrieval apparatus 09.154
layer corrosion 11.030
laying depth 13.237
L-drive 06.257
LDT 12.291
leading block 05.080

leading edge 03.171
left hand model 05.087
left-hand revolving engine unit
  06.037
left-hand turning 03.134
length between perpendiculars
  02.111
length breadth ratio 02.188
length depth ratio 02.189
length draft ratio 02.192
length of chain cable 05.216
length overall 02.110
levelling of engine bed 12.255
"L" frame 09.122
life bench 05.335
lifeboat 05.281
lifeboat skate 05.297
lifeboat with self-contained air support
  system 05.286
lifebuoy 05.322
lifebuoy self-activating smoke signal
  05.325
life float 05.334
lifejacket 05.321
lifejacket chest 05.399
lifejacket light 05.323
life line 05.324, 05.387
life line throwing appliance 05.327
liferaft 05.312
life rope 05.308

life-saving appliance 05.280,
  05.326
lift by the stern 12.136
lift effect damping 03.332
lift fan 06.365
lift hatch cover 05.113
lifting analysis 13.165
lifting and mounting complete super-
  structure 12.161
lifting beam 05.183
lifting capacity 12.095
lifting hook 05.293
lifting pontoon 09.012
lift out piston 12.250
light alloy ship 01.140
light buoy crane 09.002
light buoy room 09.001
light derrick boom 05.179
light diesel oil transfer pump 06.346
light displacement of floating dock
  12.098
light displacement ton 12.291
light draft 02.135
light draft of floating dock 12.096
lightened floor 04.079
lightening hole 04.042
lighter 01.067
lighter aboard ship 01.065
light measure with eye for the bottom
  deforming 12.224

light weight 02.227

light weight distribution 04.224

limit 08.228

limit of side projection of blade 03.181

line arranger 09.255

line casting machine 09.256

line hauler 09.253

line impedance stabilization network 08.240

liner cable laying machine 09.015

lines plan 02.137

line winder 09.239

lining 11.077

liquid cargo ship 01.054

liquid compass 08.074

liquid-filled pressure vacuum breaker 06.454

liquid tank 02.083

liquified natural gas carrier 01.058

liquified natural gas tank 02.079

liquified petroleum gas carrier 01.059

liquified petroleum gas tank 02.080

LISN 08.240

list 03.004

list pump 06.319

live load 13.102

living quarter 02.062

LNG 01.058

load alignment of shafting 06.289

load carrying capacity 04.254

load control of controllable pitch propeller 07.194

load curve 04.228

loaded draft 02.134

loaded waterline 02.159

loading capacity of boat davit 05.309

loadline 02.238

loadline mark 02.239

load out analysis 13.158

load shedding 07.075

load test 06.195

load test for cargo handling gear 12.198

load test for generator set 12.215

load waterline length 02.114

local bending 04.258

localized corrosion 11.023

local strength 04.203

local strength test 04.266

local vibration 04.276

locked propeller test 03.452

locking bar 05.120

lock-in lock-out chamber 09.183

lock-in lock-out submersible 09.161

lock-out submersible 09.161

locus of metacenters 03.046

lofting 12.111

log 08.083

log carrier 01.053

log room 02.049

* long bossing 02.207

long crested waves 03.361

long forecastle ship 01.128

longitudinal 04.025

longitudinal bending 04.221

longitudinal bulkhead 04.138

longitudinal forced oscillatory device 03.403

longitudinal framing system 04.012

longitudinal girder 04.026

longitudinal metacenter 03.044

longitudinal section in center plane 02.152

longitudinal stability 03.028

longitudinal strength 04.199

longitudinal strength member 04.241

longitudinal strength test 04.265

longitudinal vibration 04.275

longitudinal vibration of shafting 06.278

long land tie 12.009

long poop ship 01.129

long-term astern condition 06.237

long-term stop 06.180

long-wave communication 08.176

Loran 08.046

Loran A 08.047

Loran C 08.048

Loran-inertial navigation system 08.141

lost buoyancy 03.012

lost waterplane area 03.070

lower hull 13.112

lowering and lifting test for lifeboat 12.195

lower mast 05.352

lower tumbler 09.071

low-magnetic steel 12.303

low pressure air bottle 06.432

low pressure steam generator 06.098

low sea suction valve 06.481

low speed wind tunnel 03.382

LPG 01.059

lubricating oil batch purification 06.067

lubricating oil by pass purification 06.068

lubricating oil cooler 06.403

lubricating oil drain system 06.066

lubricating oil drain tank 06.133

lubricating oil heater 06.408

lubricating oil pump 06.356

lubricating oil purifying system 06.065

lubricating oil settling tank 06.130

lubricating oil sludge tank 06.134

lubricating oil storage tank 06.129

lubricating oil sump tank 06.132

lubricating oil system 06.061

lubricating oil tank 02.085

lubricating oil transfer pump 06.357

lug connection 04.045

luggage room 02.082

lugless joining shackle 05.224

# M

machinery fitting 12.154

machinery space of category A
07.012

machining 12.288

magnetic compass 08.073

magnetic course 08.024

magnetic north 08.018

magnetohydrodynamic propulsion
plant 07.085

magnetometer winch 09.136

magnetostrictive transducer 08.169

mail room 02.081

main air bottle 06.435

main cable 12.170

main chamber 09.179

main diesel engine 06.148

main electrical power plant 07.051

main engine 06.025

main engine foundation 04.166

main feed system 06.094

main frame 04.089

main gas turbine 06.203

main gas turbine set 06.100

main generating set 07.055

main hook load 09.006

main hull 04.005

main line guide pipe 09.237

main propulsion gas turbine 06.204

main push-towing rope 05.269

main receiver 08.193

main source of electrical power
07.050

main steam pressure 06.174

main steam system 06.078

main steam temperature 06.175

main steam turbine 06.166

main steam turbine set 06.072

main steering gear 05.004

main stop valve 06.181

main switchboard 07.062

main transmitter 08.191

maneuverability test 03.461

maneuverable range 03.286

maneuvering area 13.192

maneuvering basin 03.377

maneuvering characteristics curve
03.309

maneuvering gear 06.239

maneuvering light 07.153

maneuvering period 03.288

maneuvering tank 03.377

manhole 04.036

manhole cover 05.135

man-made noise 08.209

manned submersible 09.150

manual emergency anchoring test
12.191

manual emergency steering test
12.193

manual fire alarm system 07.120

manual operated marine proportional
control valves 06.418

manual override system 07.176

manual steering gear 05.073

margin line 03.074

margin plate 04.064

marine accumulator batteries 07.061

marine air bottle 06.311

marine aluminium alloy 12.310

marine atmosphere corrosion-resisting
structural steel 12.302

marine atmospheric corrosion 11.008

marine automatic fire alarm system
07.119

marine auxiliary machinery 06.296

marine centrifugal separator 06.306

marine centrifugal type chiller
06.378

marine centrifugal type refrigeration
compressor unit 06.377

marine compressor 06.304

marine condenser for refrigeration
06.383

marine copper alloy 12.311

marine corrosion 11.007

marine diesel engine 06.147

marine electrical equipment 07.001

marine electrical installation 07.002

marine electrical power plant
07.049

marine electric range 07.169

marine electro hydraulic servo valves
06.421

marine explosion-proof fan 06.368

marine fire fighting system 06.314

marine fire proof panel 12.348

marine furniture 05.396

marine galley equipment 05.405

marine gas tubine 06.202

marine hydraulic control balance valves
06.420

marine hydraulic fluid filtration unit
06.423

marine hydraulic fluid purifier
06.424

marine hydraulic power unit 06.422

marine hydropneumatic components
and units 06.309

marine incinerator 06.443

marine incinerator boiler composite
plant 06.445

marine kitchens waste shredder dispo-
sal 06.442

marine lithiumbromide absorption
refrigerating machine 06.382

marine multifunctional incinerator
06.446

marine navigation 08.002

marine oil content meter 06.466

marine oil separator 06.386

marine paint 12.319

marine piston type chiller 06.384

marine piston type condensing unit
06.376

marine piston type refrigeration com-
pressor unit 06.375

marine plywood 12.347

marine pollution 10.001

marine power plant 06.001

marine public address system 07.106

marine pump 06.302

marine range 05.406

marine refrigerating plant 06.305

marine sanitary fixtures 05.410

marine screw type chiller 06.381

marine screw type condensing unit
06.380

marine screw type refrigeration com-
pressor unit 06.379

marine sewage treatment system
06.310

marine solid waste shredder 06.441

marine steam turbine 06.165

marine storage batteries 07.061

marine thermal insulation material
12.346

marine thermoelectric refrigerating u-
nit 06.385

marine titanium alloy 12.313

marine transformer 07.060

marine-type fan 06.303

marine valves 06.479

marine waste oil incinerator 06.444

maritime engineering 01.001

marking of hull parts 12.112

MARPOL 01.156

married hook 05.182

mast 05.341

mast and rigging 05.339

master compass 08.080

master station 08.053

mast rigging 05.358

mast room 02.047

mast [head] light 07.147

mat 13.113

matching key on propeller shaft
12.228

mathematical lines 02.145

mat jack-up drilling platform 13.022

mat jack-up drilling unit 13.022

maximum blade width ratio 03.149

maximum continuous condition
06.210

maximum continuous rating 06.152

maximum loading list angle 09.009

maximum loading trim angle 09.008

maximum section 02.150

maximum submerged draft 12.097

maximum transverse section coefficient
02.186

maximum width of blade 03.148

MCR 06.152

mean blade width 03.150

mean blade width ratio 03.151

mean draft 02.126

mean increase of power in waves
03.346

mean increase of propeller revolution in
waves 03.350

mean increase of resistance in waves
03.347

mean increase of thrust in waves
03.349

mean increase of torque in waves
03.348

measurement of ship vibration
04.298

measuring of crank deflection
12.253

measuring section 03.388

mechanical cutting method 13.252

mechanical noise 04.301

mechanical rust removal 12.234

medium pressure air bottle 06.433

medium velocity watersprayer

06.475

medium-wave communication
08.177

Mellor rudder 05.033

member 04.017

merchant ship 01.039

mercury balance log 08.085

meridian 08.009

metacenter 03.042

metacentric height 03.047

metacentric radius 03.045

metal coating 11.063

metal hot dipping 11.064

metal spraying 11.066

midship section 02.149

midship section coefficient 02.185

midstation 02.142

midstation plane 02.104

minehunter 01.018

minelayer 01.019

mineralizing equipment of drinking
water 06.401

minesweeper 01.017

minimum self sustaining condition
06.212

minimum starting pressure test
06.197

missile range instrumentation ship
01.032

mitre caisson 12.067

mixing water and steam injector
06.400

mobile auxiliary gas turbine 06.208

mobile auxiliary gas turbine unit
06.301

mobile displacement 13.077

mobile draft 13.074

mobile drilling platform 13.019

mobile drilling unit 13.019

mobile platform 13.018

mobile unit 13.018

model propeller 03.424

model towing carriage 03.387

model towing point 03.433

module　13.127

molded breadth　02.115

molded depth　02.119

molded displacement　02.225

molded draft　02.121

molded hull surface　02.099

molded lines　02.144

molded volume　02.101

moment of inertia of midship section
　04.246

moment of turning ship　03.311

moment to change trim one centimeter
　curve　03.023

monkey frame　09.072

mono-hull ship　01.123

moonpool　09.157

moored condition　13.063

mooring anchor　05.193

mooring arrangement test　12.202

mooring cleat　05.245

mooring equipment　05.184

mooring fittings　05.186

mooring line　05.259

mooring pipe　05.251

mooring swivel　05.230, 13.186

mooring trial　12.209

Morse signal light　07.167

mortar jetting method　12.242

mother ship of submersible　09.153

motion compensation equipment
　13.133

motor lifeboat　05.289

motor sailer　01.116

motor ship　01.112

motor siren　07.115

moulding bed　12.125

moving and fixing facility　09.027

mud box　06.499

mud breaker　09.079

mud holder　09.110

mudmat　13.129

multi-bladed rudder　05.024

multi-body position fixing　08.131

multi-buoy mooring system　13.202

multi-decked ship　01.136

multi-engines geared drive　06.050

multi-hulled ship　01.125

multi-pintle rudder　05.028

multiple-path coupler　08.187

multiple-pile driver tower　09.005

multiple shafting　06.250

multipurpose cargo ship　01.047

multi-stages feed heating　06.076

multi-stylus fish finder　08.158

Munk monent　03.276

myriametric wave communication
　08.175

# N

naked hull　02.100

naked hull resistance test　03.441

narrowband emission　08.214

narrowband interference　08.219

natural environmental condition
　13.084

natural frequency of shafting
　06.276

natural noise　08.208

naval ship　01.005

navigation　08.001

navigational aid　08.004

navigational draft　02.127

navigation bridge　02.029

navigation deck　02.018

navigation light　07.137

navigation light indicator　07.170

navigation parameter　08.013

navigation radar　08.068

navigation satellite　08.063

navigation signal equipment　05.338

navigation sonar　08.148

NAVTEX receiver　08.202

2nd engineer room　02.070

2nd officer room　02.066

neck bearing　05.059

negative earthed D. C. two-wire sys-
　tem　07.022

negative hull-return D. C. single-wire
　system　07.023

net carrying pipe　09.242

net drum　09.251

net hauling system　09.252

net shifter　09.266

net-sounder　08.159

net tonnage　02.253

net width between wing walls
　12.094

net winch　09.249

neutral axis of hull girder　04.245

no load test　06.193

nominal wake　03.117

nonautomatic mooring winch
　06.511

non-cavitating　03.245

non-hazardous areas　07.017

non-magnetic steel　12.303

nonmetallic damping material
　12.339

non-opening window　05.099

non-powered ship　01.117

non-propelled ship　01.117

non-stationary cavity　03.259

non-watertight bulkhead　04.150

non-watertight door　05.089

normal strength hull-structural steel
　12.295

normal stress due to longitudinal bend-
　ing moment　04.249

not-under-command light　07.164

no-volt alarm　07.117

noxious liquid substance　10.010

nuclear power electric propulsion plant
　07.081

nuclear power plant　06.016

nuclear submarine　01.025

# O

oar-propelled lifeboat 05.287

oblate tube cooler 06.414

oblique model towing test 03.475

OBO 01.052

observation mast 05.343

obstacle avoidance sonar 08.151

ocean going ship 01.095

oceanographic research ship 01.069

off-bottom tow method 13.243

offsets 02.146

offsets of rudder sections 05.043

offshore unit 13.001, 13.002

oil 10.008

oil buoyancy system 09.225

oil carrier 01.055

oil discharge monitoring system 06.463

oil filtering equipment 06.505

oil fog test 12.185

oil free air compressor 06.371

oil recovery ship 01.087

oil separate working condition 06.388

oil skimmer 01.087

oil spill skimmer 06.464

oil storage platform 13.006

oil storage system 13.061

oil storage tanker 13.035

oil tanker 01.055

oil tank hatchcover 05.131

oil tank paint 12.333

oil test 12.181

oil test of tailshaft sleeve 12.208

oiltight bulkhead 04.151

oiltight floor 04.077

oil-water demarcation face 06.390

oil-water interface detector 06.465

oily bilge separator 06.313

oily mixture 10.009

oily-water separating equipment 06.504

oily water separator 06.462

Omega 08.049

omnidirectional range 08.062

one-direction truss 04.127

open and closed circuit underwater breathing apparatus 09.207

open area 08.236

open breathing apparatus 09.204

open connected bucket chain 09.075

open cooling water system 06.053

open feed system 06.091

open lifeboat 05.282

open loop maneuverability 03.269

open potential for sacrificial anode 11.056

open stern well 09.156

open stokehold draft 06.043

open water propeller efficiency 03.209

open-water test boat 03.391

operating anchor load 13.195

operating condition 13.068

operating displacement 13.078

operating draft 13.075

operating environmental conditions 13.088

operating hawser load 13.194

operating load 13.100

operating mooring load 13.193

operating water depth 13.092

operational pollution 10.003

optical azimuth device 08.093

optical celestial navigation 08.122

optical rangefinder 08.094

optimum diameter 03.220

optimum revolution 03.219

ordinate station 02.141

ore/bulk/oil carrier 01.052

ore carrier 01.050

ore/oil carrier 01.051

organic coating 11.073

orientation system 09.119

oscillator test 03.477

outboard cooling 06.056

outboard engine propulsion 06.020

outboard propulsion with inboard engine 06.021

outboard shot 05.220

outfit of deck and accommodation 05.001

outfitting 12.152

outreach of boat davit 05.310

outrigger 05.353

outrigger off-board pole 09.234

outward turning 03.136

overall length of floating dock 12.093

overboard blow off valve for boiler 06.490

overboard discharge valve 06.484

over board out reach of boom 09.010

overflow device 09.108

overflow oil tank 02.086

overlap propeller 03.228

over protection 11.046

overshoot angle 03.305

overspeed protection device 06.245

overspeed test of steam turbine 06.194

overtorque protection device 06.220

# P

packaged auxiliary unit   06.045

paddle wheel   03.236

paint store   02.058

pallet   12.163

pallet control   12.164

Panama canal signalling light   07.146

Panama canal tonnage   02.255

Panama chock   05.263

panelboard   07.065

panting arrangement   04.173

panting beam   04.174

parallax in altitude   08.137

paralleling panel   07.068

parallel middle body   02.199

parallel operation test for generator set   12.216

parallel running test   06.112

parallel waterline   02.196

partial bulkhead   04.155

partial cavity   03.260

partial gas-free   12.293

partially enclosed lifeboat   05.283

partially immersed test   03.453

partially under hung rudder   05.026

partition bulkhead   04.144

passage   02.025

passenger cabin   02.073

passenger-cargo ship   01.042

passenger ship   01.041

Passenger Ship Safety Certificate   01.164

passivation   11.069

patent slip   12.032

payload   02.233

P-B curve   13.151

peak frame   04.092

pedestal roller   05.248

pendant light   07.128

pendulous gyrocompass   08.078

percentage of protection   11.045

permissible length   03.068

phase sequence indicator   07.071

phenolic birch laminate   12.344

phosphating   11.070

piezoelectric transducer   08.170

pig   13.226

pig traps   13.230

piled anchor   05.196

piled mooring tower   13.171

pile driving barge   01.072

pile foundation   13.145

pile group effect   13.152

pile penetration   13.146

pile-supported platform   13.012

pilot chair   05.401

pilot hoist   05.376

pilot ladder   05.377

pinch-point temperature difference   06.214

pin tube heat exchanger   06.415

pipe abandon   13.255

pipe barge   13.045

pipe-burying barge   13.049

pipelaying barge   13.047

pipelaying parameters   13.238

pipelaying vessel   13.046

pipelaying vessel method   13.246

pipeline end manifold   13.222

pipeline flexible joint   09.040

pipeline identification   13.239

pipeline shore-approach   13.211

pipe penetration piece   06.496

pipe retrieval   13.256

pipe stanchion   04.124

piping layout   12.155

pitch   03.157

pitch angle   03.162, 08.034

pitch control for controllable pitch propeller   07.196

pitching   03.318

pitch ratio   03.161

pit for caisson   12.072

pit for gate   12.072

pitting   11.024

pitting corrosion   11.024

pivoting point   03.299

planar motion mechanism   03.393

planar motion mechanism test   03.476

plane bulkhead   04.141

planing boat   01.104

planing bottom area   03.081

plankton davit   09.123

plate floor   04.075

plate heat exchanger   06.417

plate keel   04.053

platform   04.110, 13.002

platform erection   08.106

pleasure craft   01.089

pleasure trip ship   01.043

plowing method   13.253

plumer block   06.259

plunger type wave generator   03.396

pneumatic dredge pump   09.034

pneumatic wave generator   03.398

pod line tensioners   13.140

pollutants   10.006

polluted sea water corrosion   11.014

pontoon   01.088, 12.090

pontoon deck   12.088

pontoon dock gate   12.066

pontoon floating dock   12.081

pontoon hatchcover   05.107

poop   04.187

portable fan   06.367

portable hatch beam   05.116

purging 06.450
purified lubricating oil tank 06.131
purse line davit 09.235
push and towing arrangement
　　05.265

push boat 01.084
push due to surface slope 03.106
pushed beam 05.278
pusher 01.084
push-towing steering rope 05.270

P-Y curve 13.149
pyramid method of hull construction
　　12.130
pyrotechnic signal 05.364

# Q

QCDC 13.188
quadrant 05.062
quartering sea 03.360
quarter rudder 05.009

quay for mooring trial 12.108
quick-closing hatchcover 05.134
quick connect/disconnect coupler
13.188
quick power increasing test 06.198
quick reversing test 06.200

# R

racing boat 01.092
radar for collision avoidance 08.069
radar mast 05.344
radar platform 05.359
radar room 02.032
radar transponder 08.204
RADHAZ 08.232
radial davit 05.303
radiated emission 08.212
radiated interference 08.217
radiated susceptibility 08.225
radiation force 03.334
radiation hazards 08.232
radio beacon 08.061
radio celestial navigation 08.121
radio communication 08.173
radio compass 08.043
radio direction finder 08.041
radio direction finding 08.039
radio frequency anechoic enclosure
　　08.235
radiolocation 08.038
radio navigation 08.037
radio range finding 08.040
radio room 02.031
radiotelephone alarm signal generator
　　08.197
radiotelephone distress frequency wa-
　　tch receiver 08.196

radius of leading edge 03.190
radius of trailing edge 03.191
raft 01.004
raft davit 05.317
railing 05.385
railway slip 12.023
raised deck 04.106
raised foredeck ship 01.132
raised quarter-deck ship 01.133
rake 03.173
rake angle of propeller 03.174
raked bow 02.211
rake of keel 02.170
ramp 02.028
ramp door 05.139
ramp gate 09.232
ram-wing craft 01.107
range light 07.147
rated condition 04.215
rated figure 04.261
rated section 04.240
rated voltage for cable 07.048
rated wind pressure lever 03.041
rate gyro 08.115
rate-integrating gyro 08.116
ratio of holding power to weight
　　05.207
3rd engineer room 02.071
RDF 08.041

3rd officer room 02.067
reach 03.307
reaction propeller 03.230
reaction rudder 05.012
reactor room 02.035
receiving antenna exchanger 08.190
receiving transducer 08.168
reception facilities 06.506
reconditioning of crankshaft 12.246
recreation ship 01.043
recurrence period 13.091
reduction coefficient 04.244
reel barge 13.048
reference direction 08.016
reference electrode 11.051
refreshment boat 01.089
refrigerated cargo hold 02.077
refrigerated [cargo] carrier 01.061
refrigerating chamber 02.060
refrigerator room 02.061
refrigerator ship 01.061
regenerative steam turbine plant
　　06.070
register of shipping 01.143
regular wave 03.363
reheat steam turbine plant 06.071
relative rotative efficiency 03.129
remote control system for controllable
　　pitch propeller 07.195

repair ship   01.036

rescue bell   09.209

rescue boat   05.298

rescue ship   01.034

research ship   01.035

reserve buoyancy   03.013

reserve receiver   08.194

reserve transmitter   08.192

residual oil standard discharge connec-
tion   06.494

resistance coefficient   03.107

resistance dynamometer   03.405

resistance measuring device in waves
03.415

resistance of trailing stream   03.098

resistance test   03.440

resistance test in waves   03.458

resonance   03.324

resonant vibration of shafting
06.275

response spectrum   03.353

restoring lever   03.035

restoring moment   03.034

restrained line   13.218

restricted landing area mark   02.097

restricted maneuver light   07.166

restricted water resistance   03.103

reverse frame   04.082

reverse osmosis desalination device
06.392

reverse spiral test   03.468

reversible ballasting system   09.216

reversible liferaft   05.316

reversing gas turbine   06.206

reversing gear   06.240

reversing rudder   05.021

reversing time   06.158

rib   04.032

right hand model   05.088

right-hand   revolving   engine   unit
06.038

right-hand turning   03.133

righting lever   03.035

righting moment   03.034

rigid liferaft   05.313

rigid member   04.242

riser   13.207

riser clamp   13.224

riser support   13.225

riser tensioners   13.136

riser turret mooring   13.179

riveted hull structure   04.004

rock breaker   09.004

rocket parachute flare signal   05.330

roll angle   08.035

roller fairlead   05.250

roller fairlead for chain cable   05.243

rolling   03.319

rolling damping   03.327

rolling hatchcover   05.110

rolling torsional moment   04.257

roll on-roll off ship   01.063

roll painting   12.240

roll stowing hatchcover   05.112

root cavitation   03.250

root thickness   03.164

root vortex   03.211

rope guide   06.516

rope ladder   05.375

ropeless linkage   05.268

rope reel   09.247

rope stopper   05.256

rope storage reel   05.257

Ro/Ro access equipment   05.129

Ro/Ro ship   01.063

rotating arm basin   03.379

rotating-arm test   03.473

rotating bollard   05.254

rotating cylinder rudder   05.031

roughness resistance   03.104

rough-sea resistance   03.100

rubberized dredge pump   09.030

rubber sleeve   09.040

rudder   05.007

rudder and steering gear   05.002

rudder angle   05.047

rudder angle indicator receiver
07.099

rudder angle indicator transmitter
07.098

rudder area ratio   05.044

rudder arm   05.055

rudder axle   05.056

rudder bearing   05.057

rudder blade   05.052

rudder brake   05.063

rudder breadth   05.039

rudder carrier   05.058

rudder cavitation   03.313

rudder coupling   05.068

rudder effectiveness test in low speed
12.214

rudder frame   05.064

rudder gudgeon   05.060

rudder head   05.067

rudder height   05.038

rudder horn   04.179

rudder pintle   05.069

rudder plate   05.053

rudder plating   05.052

rudder post   04.178

rudder pressure   05.035

rudder propeller   03.226

rudder section   05.042

rudder stock   05.054

rudder stop   05.072

rudder thickness ratio   05.046

rudder torque   05.037

rudder yoke   05.082

rules for classification and construction
of ships   01.149

run   02.201

runner boat   01.092

running light   07.137

running light indicator   07.170

running trial   06.118

rust preventive oil   11.079

# S

sacrificial anode  11.055

sacrificial anode cathodic protection
11.054

sacrificial anode material  12.314

saddle chamber  09.222

safety deck  12.087

safety falling velocity  05.311

safety feature test  06.246

safety system  07.185

safety valve operation test  12.274

safety voltage  07.008

safe working load  05.177

sag correction of boiler furnace
12.275

sagging  04.223

sailer  01.118

sailing boat  01.118

Saint Lawrence fairlead  05.264

Saint Lawrence sea way signal light
07.143

SALM  13.174

SALMRA  13.177

SALS  13.175

salt fog test  06.224

salt spray test  11.036

salt temperature deep cable winch
09.145

salvage pump  06.340

salvage ship  01.073

sampan  01.093

sampan signalling light  07.156

sampling platform  09.125

sand blasting  12.235

sand block  12.015

sanitary pump  06.331

sanitary unit  05.411

satellite communication  08.174

satellite navigation  08.065

satellite navigation system  08.066

SBS  13.176

SBT  02.089

SBT/PL  10.029

scale effect  03.429

scale ratio  03.428

scallop  04.037

scanning sonar  08.152

scantling draft  02.123

Schilling rudder  05.034

scoop circulating water system
06.086

scouring  13.098

scout ship  01.029

scraping of bearing  12.249

scraping of propeller boss  12.232

screen bulkhead  04.144

screw propeller  03.132

screw shaft  06.262

screw ship  01.119

SCUBA  09.203

scupper  06.503

sea direction  03.354

seafloor scour  13.097

sea-going ship  01.094

seakeeping qualities  03.314

seakeeping tank  03.376

seakeeping test  03.455

sea mud zone corrosion  11.013

sea suction valve  06.480

sea trial  12.210

seawater corrosion-resisting stainless
steel  12.301

sea water desalting plant  06.307

sea water distillation plant  06.393

sea water filter  06.497

sea water hydrophore tank  06.145

sea water pump  06.334

seaworthiness  03.315

secondary distribution system
07.020

secondary member  04.020

section  12.117

sectional dock  12.083

sectional method of hull construction
12.127

section assembly  12.124

section board  07.064

segmented model test  03.478

segregated ballast  10.027

segregated ballast tank  02.089

seismic cable winch  09.142

selective corrosion  11.029

self-aligning device  09.020

self-contained underwater breathing
apparatus  09.203

self-emptying installation  09.105

self-igniting buoy light  05.336

self polishing copolymer antifouling
paint  12.326

self-propelled vessel  01.109

self-propulsion element messuring de-
vice in waves  03.417

self-propulsion factor  03.112

self-propulsion point of model
03.438

self-propulsion point of ship under tank
condition  03.439

self-propulsion test  03.443

self-propulsion test in waves  03.459

self-righting  05.290

semianalytic inertial navigation system
08.111

semi-balanced rudder  05.026

semi-closed circuit underwater breath-
ing apparatus  09.206

semi-closed feed water system
06.090

semi-dock building berth  12.004

semi-submerged ship  01.102

semi-submersible drilling platfor  13.025

semi-submersible drilling unit  13.025

senhouse slip  05.222

series of ship models  03.423

service speed  03.087

service test  11.038

set-back  03.192

setnet pile hammer  09.269

setting of top dead center  12.260

sewage  10.018

sewage cutting pump  06.429

sewage holding tank  06.426

sewage macerator chlorintor system  06.425

sewage pump  06.335

sewage standard discharge connection  06.493

sewage water pump  06.336

sextant  08.095

shade curtain  05.412

shadow diagram  10.032

shaft bossing  02.207

shaft cut off test  06.120

shaft disengaged test  06.107

shaft flange  06.260

shaft for adjustment  06.263

shaft generator  07.059

shaft grinding segment  12.247

shafting  06.247

shafting alignment  06.287

shafting brake  06.271

shafting center line  12.168

shafting-earthing device  06.272

shafting-grounding device  06.272

shafting torsional vibration test  06.117

shaft liner  06.266

shaft liner bonding  12.227

shaft lining  06.265

shaft locked test  06.108

shaft-locking device  06.271

shaft power of main steam turbine-geared-units  06.178

shaft trailed test  06.109

shaft tunnel  04.163

shallow water effect  03.102

shallow water resistance  03.101

shallow water tank  03.374

shape  05.360

shearing stress due to longitudinal bending moment  04.250

sheathed deck  04.100

sheer  02.163

sheer strake  04.059

sheet cavitation  03.244

shell plate  04.051

shielded enclosure  08.237

shielding cable  07.044

shift winch  09.264

ship  01.002

shipboard coaxial cable  07.037

shipboard low smoke toxic-free cable  07.043

shipboard pair-twisted telephone cable  07.035

shipboard power cable  07.033

shipboard radio-frequency cable  07.036

shipboard telecommunication cable  07.034

ship bottom anticorrosive paint  12.323

ship bottom antifouling paint  12.324

ship bottom paint  12.322

shipbreaking  12.290

shipbuilding electrode  12.316

ship cabin air conditioner  06.457

ship control center  07.174

ship conversion  12.245

ship-directional quay  12.058

ship elevator  12.049

ship engineering  01.001

ship hull vibration testing tank  03.386

ship lift  12.049

shiplift launching  12.145

ship maneuverability  03.265

ship model  03.420

ship model experimental tank  03.372

ship noise  04.299

ship oscillation  03.317

ship propulsion  03.130

ship resistance  03.079

ship resistance and performance  03.078

ship side valve  06.483

ship speed  03.083

ship vibration  04.270

ship's light  07.136

ship's stowage factor  02.250

shore connecting plant  09.095

shore connection  06.495

shore connection box  07.070

shore connection cable  07.046

* short bossing  02.207

short crested waves  03.362

short-wave communication  08.178

shot ballast  09.221

shot peening  12.237

shoulder  02.202

shovel  09.084

shrinking on  12.282

shrouded propeller  03.225

shuttle tanker  13.039

side block  12.014

side discharge installation  09.104

side framing  04.087

side gallows  09.121

side girder  04.069

side grillage  04.007

side keel block  12.013

side keelson  04.067

side launching  12.141

side light  07.148

side longitudinal  04.096

side-looking sonar  08.147

side plating  04.058

side port  05.095

side power roller 09.272

side projection of blade 03.180

side rolling hatch cover 05.114

side scuttle 05.098

side shafting 06.254

sideslip 03.266

side slipway 12.020

side stringer 04.097

side thrust device 06.023

side winch 09.116

signal flag 05.361

signal light engine telegraph 07.093

signal line 09.193

signalling light for air horn 07.154

signalling searchlight 07.157

signal mast 05.342

significant wave height 03.367

sill 12.062

Simplex rudder 05.014

simulative corrosion test 11.037

simultaneous disengaging gear 05.294

single anchor leg mooring 13.174

single anchor leg mooring with rigid arm 13.177

single anchor leg storage 13.175

single bottom 04.061

single buoy storage 13.176

single-casing running device of steam turbine 06.191

single-cylinder and single-flow steam turbine 06.167

single-decked ship 01.134

single plate rudder 05.016

single point mooring 13.167

single point mooring unit 13.168

single pull hatchcover 05.111

single shafting 06.248

single unit floating dock 12.080

single well oil production system 13.059

sinkage dock pit 12.104

sit-on-bottom stability 13.154

skew angle 03.176

skew back 03.175

skid 13.128

skirt plate 13.122

skylight 05.101

slack meter 09.019

slamming 04.209

slamming load 04.217

slapping 04.211

slave station 08.054

slewing angle 05.151

slewing guy 05.171

slewing winch 06.522

sliding pressure starting 06.176

sliding way 12.033

slip 03.204

slip hook 09.236

slip stopper 12.048

slipstream 03.200

slipway 12.018

slipway turn cradle 12.027

slipway turntable 12.028

slipway with two supporting points 12.022

slipway with wedge type launching 12.024

slope of building berth 12.017

slope of slipway 12.039

slope of wave surface 03.368

sloping bulkhead 04.139

slop tank 02.090

sloshing 04.212

slow-speed stages 06.170

sludge tank 02.087, 06.430

small waterplane area twin hull 01.108

Smith correction 04.238

smoke fire detector 07.122

smoke signal 05.365

snake type wave generator 03.399

snap heel on turning 03.302

snip end 04.047

socket 05.389

* soft chine 02.166

soil discharging facility 09.026

soil discharging nozzle 09.092

soil receiver suction end 09.038

soil valve 09.103

SOLAS 01.153

sole piece 04.182

solid buoyancy material 12.338

solid dielectric cable 07.038

solid floor 04.075

sonar 08.143

sonar array 08.171

sonar cable winch 09.146

sonar dome 08.172

sonar dome paint 12.335

sonar equations 08.144

sonar parameters 08.145

sonar receiver 08.162

sonar transducer space 02.048

sonar transmitter 08.161

sonobuoy 08.153

sounding rocket 05.366

sounding rod 06.502

sound powered telephone 07.103

sound signal instrument 05.368

sound signal shell 05.367

sound velocimeter 08.160

source of pollution 10.002

space 02.006

spacing of frame 04.050

spacing of longitudinals 04.049

spacing of slipway 12.040

spade rudder 05.025

span 04.048

span rigging 05.165

span rope 05.170

span tackle 05.165

span winch 06.524

spark arrester 06.478

special area 10.021

special minesweeper 01.016

special type cargo light 07.133

specific air consumption 06.156

specific lubricating oil consumption 06.155

speed drop on turning 03.300

speed loss   03.343

speed of advance   03.196

speed over the ground log   08.088

speed through the water log   08.087

speed trial   12.212

spiral duct   06.458

spiral test   03.467

splash zone   13.096

splash zone corrosion   11.009

split drum   06.532

SPM   13.167

spoil hopper   09.110

sponson deck   04.105

spray   03.340

spraying tube   09.043

spray painting   12.239

spray resistance   03.099

spread anchoring system   13.201

spread moored drilling ship   13.032

springing   04.289

sprinkler   09.241

spud   09.111

spud carriage   09.113

spud driving and pulling condition
   13.073

spud for antislip   13.119

spud gantry   09.112

spud leg   13.115

squid angling machine   09.258

stability   03.026

stability against overturning   13.153

stability against sliding   13.155

stability at large angle   03.033

stability criterion numeral   03.036

stabilized gyrocompass   08.082

stairway and passage way arrangement
   02.004

stalling rudder angle   05.050

standard   discharge   connection
   06.507

standard ship model   03.421

stand-by generating set   07.056

stand by pump   06.315

stand-by ship   13.041

star chain   08.052

starting air distributor   06.161

starting air system   06.051

starting device   06.103

starting pressure   06.234

statical resultant bending moment
   04.234

statical resultant shearing force
   04.233

statical stability   03.030

statical stability curve   03.050

static stability   03.271

stationary auxiliary gas turbine
   06.207

stationkeeping ability   13.203

station ordinates   02.143

statutory survey   01.162

stayed mast   05.345

steadiness test at maximum continous
   rating   06.157

steady cavity   03.262

steady turning diameter   03.297

steady turning period   03.290

steam distribution device   06.192

steam engine power plant   06.006

steamer   01.110

steam power plant   06.005

steam ship   01.110

steam turbine electric propulsion plant
   07.079

steam turbine power plant   06.007

steam turbine ship   01.111

steam whistle   06.501

steel for cast chain cables   12.309

steel for ship shafting   12.308

steel for welded chain cables   12.299

steel plate for pressure shell   12.300

steel pretreatment   12.110

steel ship   01.137

steering chain   05.077

steering engine room   02.039

steering gear   05.003, 06.514

steering gear alarm   07.116

steering gear control system

07.089

steering gear power unit   07.088

steering gear room   02.039

steering light   07.140

steering rod   05.079

steering shaft   05.081

steering stand   05.075

steering test   12.192

steering wheel   05.070

steering wire   05.078

stem   04.171

stem structure   04.170

1st engineer room   02.069

stern anchor   05.191

stern barrel   09.227

stern-engined ship   01.131

stern light   07.150

stern port   05.138

stern position winch   09.115

stern post   04.177

stern roll   09.227

stern shaft   06.262

stern shaft sealing   06.270

stern sheave   09.023

stern structure   04.175

stern transom plate   04.176

stern tube   06.267

stern tube lubricating oil gravity tank
   06.135

stern  tube  lubricating  oil  pump
   06.358

stern tube lubricating oil sump tank
   06.136

stern-tube stuffing box   06.268

stern vibration   04.282

stiffener   04.032

stiff shafting   06.281

still water bending moment   04.230

still water shearing force   04.229

still wave bending moment   04.232

still wave shearing force   04.231

stinger   13.248

stirling engine power plant   06.010

stock anchor   05.197

# T

total displacement curve 03.025

totally enclosed lifeboat 05.284

totally enclosed portable type cargo light 07.133

total resistance 03.089

toughness grade of hull-structural steel 12.297

tourist ship 01.043

tourist submersible 09.167

tow boat 01.083

towed vehicle 09.164

towing analysis 13.166

towing arch 05.276

towing beam 05.271

towing block 05.279

towing bridle winch 06.528

towing chock bullnose 05.277

towing condition 13.066

towing equipment test 12.203

towing force in self-propulsion test 03.437

towing force of ship 03.207

towing hook 05.273

towing hook platform 05.274

towing light 07.151

towing line 05.260

towing lock 09.233

towing post 05.275

towing slipway 12.021

towing speed 03.084

towing tank 03.373

towing vessel 01.083

towing winch 06.527

towknee 05.267

towknee type linkage 05.266

tow method 13.241

towrope 05.260

TPS 09.226

track 08.030

track angle 08.031

tractive winch 09.262

tractor launching 12.143

trailing edge 03.172

trailing edge bar 05.065

trailing vortex cavitation 03.249

training ship 01.037

transducer 08.166

transfer 03.294

transfer alignmeut 08.108

transfer chamber 09.180

transfer platform 13.007

transfer skirt 09.208

transfer tank 06.431

transient wave 03.365

transient wave test 03.460

transit condition 13.065

transition carriage 12.046

transition period 03.289

transition pit 12.045

transition section 12.043

transition zone 12.044

transmission efficiency of shafting 06.283

transmission gear efficiency of shafting 06.285

transmisson gear of shafting 06.284

transmitting antenna exchanger 08.189

transmitting transducer 08.167

transom 02.204

transom beam 04.118

transom floor 04.080

transom stern 02.216

transportation analysis 13.159

transport ship 01.040

transverse bulkhead 04.137

transverse electromagnetic wave cell 08.238

transverse forced oscillation device 03.404

transverse framing system 04.011

transverse metacenter 03.043

transverse sections 02.148

transverse stability 03.027

transverse strength 04.202

travelling winch 09.116

trawl gallow 09.228

trawlink 08.159

trial speed 03.088

triangular plate 05.173

trigger 12.047

trim 03.006

trim adjustment 03.010

trim by bow 03.008

trim by stern 03.009

trim-heel regulating system 09.213

trim measuring meter 03.406

trimming moment 03.038

trimming pump 06.318

triplet 08.051

tripod mast 05.346

tripping bracket 04.029

trolling gurdy 09.257

truck 05.356

true azimuth of celestial body 08.133

true course 08.022

true heading 08.027

true north 08.017

trunk 04.133

trunk bulkhead 04.189

trunnion carriage 09.061

tube shaft 06.262

tubular joint 13.120

tubular pillar 04.124

tug 01.083, 13.050

tugboat 01.083

tumble home 02.175

tumbling door 09.103

tunnel recess 04.164

tunnel stern 02.218

tunnel top line 02.174

turbine driven feed pump 06.344

turbine steam seal system 06.083

turbocharger 06.160

turbulence detector 03.418

turbulence stimulator 03.392

turning circle 13.191

turning circle radius 13.190

turning gear 06.243

turning gear interlocking device 06.244

turning gland　09.099

turning path　03.291

turning period　03.292

turning quality　03.282

turning test　03.464

turn on the water working condition
　06.389

turntable　13.183

turntable of dipper machine　09.086

turret moored drilling ship　13.031

tweendeck bulkhead　04.145

tweendeck frame　04.093

tweendeck space　02.015

twin-hull ship　01.124

twin shafting　06.249

twin-skeg　02.210

two-body position fixing　08.129

two circuit feeding　07.032

two-direction truss　04.126

two-gate caisson　12.067

two-part hull construction　12.132

*T-Z* curve　13.150

# U

ultimate bending moment of ship hull
　04.235

ultra-short-wave communication
　08.179

umbilical　09.185

unattended machinery space　07.180

unbalanced rudder　05.022

unburied pipeline　13.217

under hung rudder　05.025

underside handholds　05.295

underwater acoustic absorption materi-
　al　12.341

underwater acoustic reflection material
　12.340

underwater acoustic transmission ma-
　terial　12.342

underwater adhesion　12.226

underwater adhesive　12.343

underwater brushable paint　12.336

underwater explosion tank　03.384

underwater habitat　09.178

underwater maintenance　12.225

underwater monitoring station
　09.170

underwater operating machine
　09.169

underwater revetement　11.082

underwater ship　01.101

underwater sightseeing-boat　09.167

underwater working station　09.171

underway　replenishment　ship
　01.027

undocking　12.219

union purchase [system]　05.146

unit　12.117

unit assembling　12.158

unit outfitting　12.159

universal chock　05.255

unmanned submersible　09.151

unravel water tank　09.240

unrestrained line　13.219

unsteady cavity　03.263

unsymmetrical flooding　03.076

untethered remotely operated vehicle
　09.165

upper deck　02.023

uprighting analysis　13.161

up to patent slip　12.220

U-section　02.221

utilization coefficient for sacrificial
　anode　11.060

# V

vacuum collection　06.428

vacuum condenser　06.411

vacuum pump air removal system
　06.092

valve lapping　12.265

vapor and water mixing heater
　06.410

vaporizing oil range　05.408

variable ballast　09.224

variable ballast tank　09.218

variable load　13.102

variable pitch　03.160

V-drive　06.255

vehicle deck　04.103

vehicle hold　02.078

vertical bow　02.212

vertical fish finder　08.156

vertical flexural vibration　04.273

vertical girder　04.162

vertical ladder　05.370

vertical prismatic coefficient　02.183

vertical template for hull assembly
　12.176

vertical-type resistance dynamometer
　03.416

very long wave communication

08.175

vessel　01.002

VHF-radiotelephone　08.205

vibration exciter　04.297

vibration severity　04.283

virtual initial metacentric height
　03.049

viscous pressure resistance　03.093

viscous resistance　03.091

visual presentation　08.165

void space　09.109

Voith-Schneider propeller　03.232

Voith-Schneider ship　01.120

wing shafting   06.254
wing tank   02.011
wing wall   12.085
wing wall passage   12.092
wooden vessel   01.138

work boat   01.090
work-done factor   06.213
working ship   01.068
workover barge   13.043
workover platform   13.017

work pile   09.111
work ship   01.068
work shop   02.053
wrong operation alarm   07.118

# Y

yacht   01.089
Yagi antenna   08.186
yard   05.354

yaw angle   08.036
yawing   03.320
yoke   13.182

yoke tower single anchor leg mooring
   13.178

# Z

Z-drive   06.256
zero trim   03.003

zigzag test   03.470

Z-peller propulsion   06.019

# 汉文索引

## A

## B

# C

# E

轭架　13.182
轭架式单锚腿系泊装置　13.178
饵料柜　09.244
二次配电系统　07.020

二副室　02.066
二管轮室　02.070
*二维谱　03.366

二氧化碳灭火系统　06.477
二氧化碳室　02.051
二氧化碳压缩机　06.374

# F

发电机电动机系统　07.087
发电机屏　07.066
发电机组并联运行试验　12.216
发电机组负载试验　12.215
发电机组自动并车装置　07.189
发电机组自动调频调载装置
　07.190
发射换能器　08.167
发射天线交换器　08.189
筏　01.004
阀面研磨　12.265
法定检验　01.162
帆船　01.118
反射舵　05.021
反渗透海水淡化装置　06.392
反向横距　03.295
反应堆舱　02.035
反应舵　05.012
反应推进器　03.230
反转试验　03.451
方龙骨　04.052
方艉　02.216
方艉端面　02.204
方艉浸宽　02.178
方艉浸深　02.179
方向稳定性　03.278
方形系数　02.181
防冰系统　06.216
防沉板　13.129
防喘系统　06.217
防火舱壁　04.152
防火风门　06.459

防火门　05.092
防浪阀　06.485
防倾肘板　04.029
防蚀　11.040
防蚀设计　11.041
防水盖布　05.118
防污　11.080
防污涂料　12.321
防险救生船　01.034
防锈涂料　12.320
防锈油　11.079
防撞舱壁　04.146
防撞装置　12.101
放气系统　06.219
放艇安全索　05.308
*放样　12.111
非法排放　10.004
非机动船　01.117
非金属阻尼材料　12.339
非水密舱壁　04.150
非水密门　05.089
非危险区域　07.017
非约束管道　13.219
非自动系泊绞车　06.511
*非自航船　01.117
飞车　03.344
飞溅　03.340
飞溅区　13.096
飞溅区腐蚀　11.009
飞溅阻力　03.099
费尔索夫图谱　03.020
酚醛桦木层压板　12.344

分舱吃水　03.071
分舱因数　03.066
分舱载重线　03.072
分出功率输出装置　06.273
分段　12.117
分段建造法　12.127
分段拼模试验　03.478
分段装配　12.124
分级卸载　07.075
分罗经　08.081
分泥板　09.103
分配电箱　07.065
分体式浮船坞　12.083
分油工况　06.388
分支电缆　12.171
粪便泵　06.335
封闭式潜水呼吸器　09.205
封舱锁条　05.120
封舱楔　05.121
封舱楔耳　05.122
封舱压条　05.119
封舱装置　05.117
峰隙　13.144
风暴扶手　05.386
*风暴盖　05.103
风暴钩　05.404
风帆助航推进　06.022
风浪流试验水池　03.378
风向灯　07.160
风压倾斜力矩　03.040
风雨密门　05.090
风雨密性　05.084

# G

# H

# K

# L

# N

# O

# P

# T

# X

# Y

# Z